Teubner Studienbücher Physik

Hans-Günther Wagemann, Tim Schönauer

Silizium-Planartechnologie

Hans Günther Wagemann, Tim Schönauer

Silizium-Planartechnologie

Grundprozesse, Physik und Bauelemente

B. G. Teubner Stuttgart · Leipzig · Wiesbaden

Bibliografische Information der Deutschen Bibliothek
Die Deutsche Bibliothek verzeichnet diese Publikation in der Deutschen Nationalbibliographie; detaillierte bibliografische Daten sind im Internet über <http://dnb.ddb.de> abrufbar.

Prof. Dr.-Ing. Dr. h. c. Hans-Günther Wagemann
Geboren 1935 in Soest/Westf., Studium der Physik an der Technischen Universität Berlin, Promotion 1970 („Strahlungsbelastbarkeit von MOS-Bauelementen"), wissenschaftlicher Mitarbeiter 1965 - 76 am Hahn-Meitner-Institut Berlin auf dem Gebiet der Betriebssicherheit von Halbleiterbauelementen in Weltraumsatelliten. Seit 1977 Universitätsprofessor für Halbleitertechnik im Fachbereich Elektrotechnik der Technischen Universität Berlin mit Arbeiten auf den Gebieten der MOS-Bauelemente und der Solarzellen. Autor mehrerer Studienbücher im Teubner-Verlag.

Dr.-Ing. Tim Schönauer
Geboren 1969 in Berlin, Studium der Elektrotechnik an der Technischen Universität Berlin (TUB), ENSERG (Frankreich), Stanford University (USA), Diplom 1995, Promotion 2002 bei Prof. H. Klar am Institut für Mikroelektronik der TUB. Von 2000-2002 Schaltungsentwicklung für breitbandige, optische Netze bei Multilink Technologies. Seit 2003 bei Infineon Technologies AG in München.

1. Auflage Oktober 2003

Der B. G. Teubner Verlag ist ein Unternehmen der Fachverlagsgruppe BertelsmannSpringer.
www.teubner.de

Umschlaggestaltung: Ulrike Weigel, www.CorporateDesignGroup.de

Gedruckt auf säurefreiem und chlorfrei gebleichtem Papier.

ISBN-13:978-3-519-00467-7 e-ISBN-13:978-3-322-80070-1
DOI: 10.1007/978-3-322-80070-1

Vorwort

Dieses Buch behandelt die Grundlagen der Mikroelektronik. Integrierte Schaltkreise unterschiedlichster Art sind ihre Bauelemente, und deren Produktionstechnik wird von Ingenieuren der Festkörpertechnik betrieben, die in der Elektrotechnik, der Physik und in der Chemie ausgebildet sind. Dieses Buch wendet sich an Studenten. Es ist entstanden aus einer Lehrveranstaltung der Elektrotechnik an der Technischen Universität Berlin für die Studienrichtung Mikroelektronik. Der Stoffumfang entspricht einer dreistündigen Lehrveranstaltung. Der angehende Ingenieur soll die Grundlagen der Systemtechnik überschauen, dank derer Integrierte Schaltkreise hergestellt werden können.

Die Entstehung des Buches in dieser Form wäre nicht ohne die Hilfe zahlreicher Personen möglich gewesen. In erster Linie ist dabei den studentischen Mitarbeitern, vor allem Bernd Weise, aber auch Matthias Issing und Thomas Meyer-Thorke zu danken für viele Anregungen und ihren geduldigen Einsatz bei der Umsetzung des Manuskriptes in eine druckfähige Form. Bernt Müller hat aus seiner breiten Erfahrung durch viele Hinweise das Vorhaben gefördert. Ebenfalls Dank für ihre Mithilfe gebührt Brigitte Auerbach und Andreas Eckert, aber auch allen Kollegen und Mitarbeitern, durch deren konstruktive Kritik das Manuskript verbessert werden konnte.

Übersicht über den Stoff des Buches

Im Mittelpunkt des Buches steht eine Einführung in die **Planartechnologie des Siliziums** und die damit hergestellten Halbleiterbauelemente. Insofern werden zunächst die **Grundprozesse** der Planartechnologie dargestellt und die damit erzielten Veränderungen des Halbleitermaterials physikalisch erläutert und mathematisch beschrieben. Die Grundprozesse stehen zur Verfügung, um Teile und Strukturen von Bauelementen zu erzeugen. Ein Standardprozess zur Herstellung eines CMOS-Inverters wird in der Maskenfolge beschrieben Zur physikalischen Funktionsweise von **Grundstrukturen**, wie z. B. Widerstände, Kontakte, Transistoren usw., müssen die **Grundgleichungen** der Halbleitertechnik herangezogen werden und die Modelle des Quasi-Gleichgewichtes der Ladungsträger im Halbleitermaterial für das Dioden-Modell von W. Shockley hier erweitert werden zu **Nicht-Gleichgewichtsmodellen**. Deshalb werden **Quasi-Fermi-Niveaus** der Ladungsträger beschrieben, ebenso die für Siliziumbauelemente wichtige **Zwischenniveau-Rekombination** behandelt, mit der das Halbleitermaterial vom Nichtgleichgewicht ins Gleichgewicht übergeht. Es folgt die

Behandlung der wichtigen Grundstrukturen der Siliziumplanartechnologie für MOS-Bauelemente.

Da ist zunächst das Grundelement aller Halbleiterbauelemente, der ***pn*-Übergang** oder als Bauelement die „Halbleiterdiode“, in einer realistischen Beschreibung. Danach werden dann die **Metallkontakte** auf dem Halbleiter Silizium behandelt, die Widerstands- oder Dioden-Eigenschaften haben können: also entweder ohmsches Verhalten zeigen oder aber Schottky-Dioden sind. Weiter beschäftigen wir uns mit der **MOS-Oberfläche,** deren theoretische und experimentelle Beherrschung eine Voraussetzung für das Verständnis und den Bau von MOS-Schaltungen ist. Hier schließen wir mit der Beschreibung des in jeder MOS-Technologie betriebenen C(U)-Versuches. Dann wenden wir uns dem **MOS-Transistor** zu, dem Grundbaustein aller MOS-Schaltungen. Als einfachstes Beispiel für Integrierte Schaltungen steht wieder der bereits in der Technologie behandelte **CMOS-Inverter**. Eine kurze Betrachtung über **Halbleiterbauelemente als Massenprodukt** schließt dieses Buch ab.

Die Themen werden unter dem Aspekt behandelt, dass in der Praxis **Standardbeschreibungen** der Prozesstechnologie („**process modeling**“) und der physikalischen Funktion („**device modeling**“) existieren und zu **Programm-Systemen** benutzerfreundlich zusammengefasst werden. Für die Prozesstechnologie existieren beispielsweise Programmpakete **ISE-TCAD** mit dem Simulationsprogramm **DIOS** für die Prozesstechnologie [ISE03], für Bauelementfunktionen und Schaltungen z. B. das Programm **SPICE** [SPI03]. Insofern stehen neben physikalischen Erläuterungen algorithmische Beschreibungen im Mittelpunkt, und bis zu ihnen führen die Erörterungen. Meist wird in diesem Buch auch die Ableitung einer Gleichung angegeben. Hinweise auf neueste Verfahren und Prozeduren werden als Einschub knapp gehalten, weil es im Buch um eine einführende Darstellung geht.

Das Buch beschäftigt sich mit dem kristallinen **Silizium**, aus dem 1999 ca. 95% der weltweit gefertigten Halbleiterbauelemente gefertigt wurden. Demgegenüber tritt die Bedeutung anderer Materialien zurück, z. B. die des amorphen Siliziums (für Solarzellen und Dünnschichttransistoren) und die des Galliumarsenids sowie anderer Verbindungshalbleiter (für optoelektronische Bauelemente).

Das Buch zielt auf die **Standardbausteine der Silizium-Planartechnologie**, die Anreicherungs-MOS-Transistoren und den CMOS-Inverter. In CMOS-Technologie werden mehr als 90 % aller am Markt gängigen ICs gebaut. Insofern wird auf die Behandlung des

Bipolar-Transistors in diesem Buch weitgehend verzichtet und auf andere Darstellungen verwiesen, z. B. [Gro67], [Sze85].

Zusätzlich zu den Literatur-Referenzen im Text folgen hier einige **Hinweise auf zusammenfassende Darstellungen** (vorwiegend in englischer Sprache) zum ergänzenden oder weiterführenden Studium der Halbleitertechnik allgemein bzw. für einzelne Kapitel dieses Buches. Bei der Auswahl wurde der didaktische Wert der Werke über die Aktualität gestellt. Insofern wird auch das Buch A. S. Grove aus dem Jahre 1967 angeführt, das seinerzeit eine neue Epoche der Halbleitertechnik eröffnete und bis heute seine zeitlose Geltung bewahrt hat.

Allgemein:	S. M. Sze, *Physics of Semiconductor Devices*, John Wiley, 1981.
	D. A. Neamen, *Semiconductor Physics and Devices*, Irwin, 1992.
	K. Hoffmann, *VLSI-Entwurf*, Oldenbourg, 1998.
	J. D. Plummer; M. D. Deal; P. B. Griffin, *Silicon VLSI Technology*, Prentice Hall Electronics, 2000.
Kap. 1:	I. Ruge, *Halbleitertechnologie*, Springer, 1985.
	S. M. Sze, *VLSI-Technology*, Mc Graw Hill, 1983.
	C. Y. Chang; S. M. Sze, *ULSI-Technology*, Mc Graw Hill, 1996.
Kap. 2:	A. Schenk, *Advanced Physical Models for Silicon Device Simulation*, Springer, 1998.
	S. Selberherr, *Analysis and Simulation of Semiconductor Devices*, Springer, 1984.
Kap. 3:	A. Möschwitzer, *Halbleiterelektronik*, A. Hüthig, 1975.
Kap. 4:	A. S. Grove, *Physics and Technology of Semiconductor Devices*, John Wiley, 1967.
Kap. 5:	E. H. Rhoderick, *Metal-Semiconductor Contacts*, Clarendon Press, 1978.
Kap. 6:	S. M. Sze, *Semiconductor Devices, Physics and Technology*, John Wiley, 1985.
Kap. 7:	Y. P. Tsividis, *Operation and Modeling of the MOS transistor*, Mc Graw Hill, 1988.

Die meisten der in diesem Buch dargestellten Kurvenscharen, die anhand der behandelten Gleichungen gezeichnet wurden, sind im Programm MATHCAD Version 8 errechnet worden.

Inhaltsverzeichnis

Symbole

a	Beschleunigung / m/s^2
A	Konstante
A*	Richardson-Konstante / $Acm^{-2}K^{-2}$
b	Breite / m
B	Konstante
$C_\sim$	Kleinsignalkapazität / F
C'	Flächenbezogene Kapazität / F/cm^2
C_{db}	Kapazität zwischen Drain und Bulk / F
C_{diff}	Differentieller Wert der Kapazität / F
C'_{FB}	Flachbandkapazitätsbelag / F/cm^2
C_g	Gatekapazität / F
C_{gb}	Kapazität zwischen Gate und Bulk / F
C_{gd}	Kapazität zwischen Gate und Drain / F
C_{gs}	Kapazität zwischen Gate und Source / F
C_{ges}	Gesamtkapazität / F
C'_{ges}	Gesamtkapazitätsbelag / F cm^{-2}
C_n	Proportionalitätskonstante beim Elektronen-Einfang (SRH-Theorie) / cm^3s^{-1}
C_{OX}	Oxidkapazität / F
C'_{OX}	Oxidkapazitätsbelag / F cm^{-2}
C_p	Proportionalitätskonstante beim Löcher-Einfang (SRH-Theorie) / cm^3s^{-1}
C_s	Sperrschichtkapazität / F
C_{sb}	Kapazität zwischen Source und Bulk / F
C_{SC}	Halbleiterkapazität / F
C'_{SC}	Halbleiterkapazitätsbelag / F cm^{-2}
C'_{SS}	Kapazitätsbelag umladbarer Phasengrenzzustände / F cm^{-2}
C_{SS}	Kapazität umladbarer Phasengrenzzustände / F cm^{-2}
C_{stat}	Statischer Wert der Kapazität / F
d	Dicke / m
d_{OX}	Oxiddicke / nm
D	Diffusionskonstante / cm^2s^{-1}
$\underline{D}$	Kanaltiefe eines MOSFET / µm
$\vec{D}$	Elektrische Verschiebungsdichte / As/cm^2
D_0	Häufigkeitsfaktor / cm^2s^{-1}
D_L	Zustandsdichte im Leitungsband / cm^{-3}
D_V	Zustandsdichte im Valenzband / cm^{-3}
DI	Deionisiertes Wasser
E_{Br}	Durchbruchfeldstärke / V/µm
E_n	Proportionalitätskonstante bei Elektronen-Aussendung (SRH-Theorie) / s^{-1}
E_p	Proportionalitätskonstante bei Löcher-Aussendung (SRH-Theorie) / s^{-1}
$f_M(v)$	Maxwellsche Geschwindigkeitsverteilung
F	Kraft / N
F	Teilchenflussdichte / $cm^{-2}s^{-1}$
$F_{1/2}$	Fermi-Dirac-Integral
g	Thermische Generationsrate / $cm^{-3}s^{-1}$
g_{DS}	Kanalleitfähigkeit / A V^{-1}
g_L	Generationsrate Zentrum/Leitungsband / $cm^{-3}s^{-1}$
g_m	Steilheit / A V^{-1}

g_V	Generationsrate Zentrum/Valenzband / $cm^{-3}s^{-1}$
G_{OPT}	Optische Generationsrate / $cm^{-3}s^{-1}$
GW	Gleichgewicht
h	Belegungsdicke / μm
h	Plancksches Wirkungsquantum ($6{,}6260755 \cdot 10^{-34}$ Ws^2)
$\hbar$	Plancksches Wirkungsquantum $h/2\pi$
HR	Halbraum
I_D	Drainstrom / A
j_{gen}	RLZ-Generationsstromdichte / A/cm^2
j_n	Stromdichte der Elektronen / A/cm^2
j_p	Stromdichte der Löcher / A/cm^2
j_{RLZ}	RLZ-Rekombinationsstromdichte / A/cm^2
k	Wellenzahl / cm^{-1}
k	Boltzmann-Konstante / ($1{,}380658 \cdot 10^{-23}$ Ws/K)
k	Steilheitsparameter / A V^{-2}
KF	Korrekturfaktor
l	Länge / m
L	Kanallänge / μm
L_D	Diffusionslänge von Störstellen / μm
L_D	Debye-Länge / μm
L_{Di}	Debye-Länge eines Eigenhalbleiters / μm
L_n	Diffusionslänge der Elektronen/ μm
L_p	Diffusionslänge der Löcher/ μm
m_0	Ruhemasse des Elektrons ($0{,}910956 \cdot 10^{-30}$ kg)
m_L	Effektive Masse der Ladungsträger im Leitungsband / kg
m_V	Effektive Masse der Ladungsträger im Valenzband / kg
n	Elektronenkonzentration / cm^{-3}
n^+	Elektronenkonzentration bei starker n-Leitung / cm^{-3}
n^-	Elektronenkonzentration bei schwacher n-Leitung / cm^{-3}
n_0	Elektronenkonzentration im thermischen Gleichgewicht / cm^{-3}
n_i	Eigenleitungsdichte / cm^{-3}
n_n	Konzentration der Majoritätsträger im n-Halbleiter / cm^{-3}
n_{n0}	Konzentration der Majoritätsträger im n-Halbleiter im Gleichgewicht / cm^{-3}
n_p	Konzentration der Minoritätsträger im p-Halbleiter / cm^{-3}
n_{p0}	Konzentration der Minoritätsträger im p-Halbleiter im Gleichgewicht / cm^{-3}
n_r	Gleichgewichts-Elektronendichte für $W_F = W_R$ / cm^{-3}
N	Teilchendichte / cm^{-3}
N_0	Anfangskonzentration / cm^{-3}
N_A	Dichte der Akzeptoren / cm^{-3}
N_A^-	Dichte der ionisierten Akzeptoren / cm^{-3}
N_A^x	Dichte der neutralen Akzeptoren / cm^{-3}
N_B	Konzentration der Dotierung in der Basis / cm^{-3}
N_D	Dichte der Donatoren / cm^{-3}
N_D^+	Dichte der ionisierten Donatoren / cm^{-3}
N_D^x	Dichte der neutralen Donatoren / cm^{-3}
N_E	Konzentration der Dotierung im Emitter / cm^{-3}
N_K	Konzentration der Dotierung im Kollektor / cm^{-3}
N_L	Effektive Zustandsdichte im Leitungsband / cm^{-3}
N_t	Dichte der Oberflächenzustände des Halbleitermaterials (*t* für engl. traps) / cm^{-2}
N_{OX}	Flächendichte der Oxidschichtladung / cm^{-3}

N_S	Oberflächenkonzentration / cm^{-3}
N_V	Effektive Zustandsdichte im Valenzband / cm^{-3}
NGW	Nicht-Gleichgewicht
ORG	Oberflächenrekombinationsgeschwindigkeit [s] / cm s^{-1}
ORZ	Oberflächenrekombinationszentrum
p	Elektronenimpuls / N s
p	Löcherkonzentration / cm^{-3}
p^+	Löcherkonzentration bei starker p-Leitung / cm^{-3}
p^-	Löcherkonzentration bei schwacher p-Leitung / cm^{-3}
p_0	Löcherkonzentration im thermischen Gleichgewicht / cm^{-3}
p_n	Konzentration der Löcher als Minoritätsträger im n-Halbleiter / cm^{-3}
p_{n0}	Gleichgewichtskonzentration der Löcher im n-Halbleiter / cm^{-3}
p_p	Konzentration der Löcher als Majoritätsträger im p-Halbleiter / cm^{-3}
p_{p0}	Gleichgewichtskonzentration der Löcher im p-Halbleiter / cm^{-3}
p_r	Gleichgewichts-Löcherdichte für $W_F = W_R$ / cm^{-3}
q	Elementarladung / ($1{,}60217733 \cdot 10^{-19}$As)
Q	Oberflächenbelegung / cm^{-2}
Q_{ges}	Gesamtladung / As cm^{-2}
Q_{mob}	Mobile Ladung im MOSFET-Kanal / As cm^{-2}
Q_M	Ladung im Metal / As cm^{-2}
Q_{OX}	Ladung im Oxid / As cm^{-2}
Q_{SC}	Halbleiterladung im Oberflächenbereich / As cm^{-2}
Q_{SS}	Ladung von Phasengrenzzuständen an der Oberfläche des Halbleiters / As cm^{-2}
r	Rekombinationsrate / $cm^{-3}s^{-1}$
r_L	Rekombinationsrate Zentrum/Leitungsband / $cm^{-3}s^{-1}$
r_V	Rekombinationsrate Zentrum/Valenzband / $cm^{-3}s^{-1}$
R	Überschussrekombinationsrate / $cm^{-3}s^{-1}$
R_C	Kontaktwiderstand / Ω cm^2
R_L	Überschussrekombinationsrate Zentrum/Leitungsband / $cm^{-3}s^{-1}$
R_P	Mittlere projizierte Weglänge / µm
R_{SRH}	Überschussrekombinationsrate nach Shockley-Read-Hall / $cm^{-3}s^{-1}$
R_S	Schichtwiderstand / $\Omega/\square$
R_V	Überschussrekombinationsrate Zentrum/Valenzband / $cm^{-3}s^{-1}$
RLZ	Raumladungszone
s	Oberflächenrekombinationsgeschwindigkeit / cm/s
SRH	Shockley-Read-Hall
t	Zeit / s
T	Temperatur / K
T_S	Schmelzpunkt / °C
TRI	Trichlorethylen
U	Potentialdifferenz / V
U_{Br}	Durchbruchspannung / V
U_{DS}	Spannung zwischen Drain und Source / V
U_{FB}	Flachbandspannung / V
U_G	Gate-Spannung / V
U_{GS}	Spannung zwischen Gate und Source / V
U_j	Anteil der äußeren Spannung, der über der RLZ abfällt / V
U_{OX}	Spannung, die über dem Oxid eines MOS-Varaktors abfällt / V
U_{SB}	Spannung zwischen Source und Bulk / V
U_T	Thermische Spannung (= kT/q, U_T (T = 300K) = 25,6mV) / V

U_{TH}	Schwellenspannung / V
U_{THn}	Schwellenspannung eines n-MOSFETs / V
U_{THp}	Schwellenspannung eines p-MOSFETs / V
US	Ultraschallbad
V	Volumen / m^3
w_n	Grenze der Raumladungszone zum n-Silizium
w_p	Grenze der Raumladungszone zum p-Silizium
w_{RLZ}	Weite der Raumladungszone / mm
W	Energie / eV
w	Kanalweite / µm
W_A	Aktivierungsenergie / eV
W_A	Energieniveau der Akzeptoren / eV
W_D	Energieniveau der Donatoren / eV
W_F	Fermienergie / eV
W_{F0}	Fermienergie im thermodynamischen Gleichgewicht / eV
W_{Fm}	Fermienergie von Metall / eV
W_{Fn}	Quasi-Fermienergie in n-Halbleiter / eV
W_{Fp}	Quasi-Fermienergie in p-Halbleiter / eV
W_{Fs}	Fermienergie vom Halbleiter / eV
W_i	Eigenleitungsenergie, intrinsische Energie / eV
W_g	Bandabstand / eV
W_L	Energie der Unterkante des Leitungsbands / eV
W_t	Energie der Oberflächenzustände des Halbleitermaterials (t für engl.: traps) / eV
W_R	Energie des Rekombinationszentrums / eV
W_V	Energie der Oberkante des Valenzbands / eV
W_{Vak}	Vakuum-Energie-Niveau / eV
x	Tiefe / m
Z	Ladungszahl
α	Winkel
α	Schaltungsaktivität
β	Reziproke thermische Spannung (β (T = 300K) $\approx 40V^{-1}$) / V^{-1}
χ	Elektronenaffinität / eV
χ_S	Elektronenaffinität eines Halbleiters / eV
χ_{S0}	Modifizierte Elektronenaffinität eines Halbleiters ($\chi_S - \chi_I$) / eV
χ_I	Elektronenaffinität eines Isolators / eV
δ	Abstand / nm
ΔR_p	Standardabweichung der mittleren Weglänge R_p
ΔW	Bandabstand / eV
ε_0	Dielektrizitätskonstante ($8{,}854187817 \cdot 10^{-14}$ As/Vcm)
ε_I	Relative Dielektrizitätskonstante Isolator
ε_r	Relative Dielektrizitätskonstante
ε_{Si}	Relative Dielektrizitätskonstante Silizium (11,9)
ε_{SiO2}	Relative Dielektrizitätskonstante Siliziumdioxid (3,9)
Φ_M	Austrittsarbeit im Metall / eV
Φ_{M0}	Modifizierte Austrittsarbeit im Metall ($\Phi_M - \chi_I$) / eV
Φ_{MS}	Austrittsarbeitsdifferenz zwischen Metall/Halbleiter / eV
Φ_n	Schottkybarriere im n-Halbleiter / eV
Φ_p	Schottkybarriere im p-Halbleiter / eV
Φ_S	Austrittsarbeit im Halbleiter / eV
φ_B	Volumenpotential (Index B für engl.: bulk) / eV

φ_S	Oberflächenpotential (Index S für engl.: surface) / eV
γ	Substratsteuerfaktor / $V^{0,5}$
λ	Parameter der Kanallängenmodulation / AV^{-1}
μ_{eff}	Effektive Beweglichkeit / cm^2/Vs
μ_n	Beweglichkeit der Elektronen / cm^2/Vs
μ_p	Beweglichkeit der Löcher / cm^2/Vs
ρ	Spezifischer Widerstand / Ωcm
ρ	Raumladungsdichte / As/cm^3
σ_n	Elektronenanteil der spezifischen elektrischen Leitfähigkeit / $\Omega^{-1}cm^{-1}$
σ_n	Einfangquerschnitt eines Rekombinationszentrums für Elektronen / cm^2
σ_p	Löcheranteil der spezifischen elektrischen Leitfähigkeit / $\Omega^{-1}cm^{-1}$
σ_p	Einfangquerschnitt eines Rekombinationszentrums für Löcher / cm^2
τ	Lebensdauer / s
τ	Transitzeit / s
τ_{SRH}	Shockley-Read-Hall-Lebensdauer / s
$\bar{\upsilon}_{th}$	Mittlere thermische Geschwindigkeit / cm s^{-1}
ξ_Z	Proportionalitätskonstante für Rekombination über Zentren / s^{-1}
ξ_{BB}	Proportionalitätskonstante für Band-Band-Rekombination / cm^3s^{-1}
ξ_{Au}	Proportionalitätskonstante für Auger-Rekombination / cm^6s^{-1}
Ψ_S	Bandverbiegung an der Halbleiteroberfläche / V

1 Technologische Grundprozesse

1.1 Die Planartechnologie des Silizium

Die Siliziumplanartechnologie wird in diesem Kapitel unter dem Gesichtspunkt der Erzeugung von Halbleiterstrukturen für integrierte Schaltungen erörtert. Unter Planartechnologie versteht man eine Reihe aufeinanderfolgender Einzelprozessschritte, die an einkristallinen Halbleiterscheiben durchgeführt werden. Die wichtigsten Prozesse sind Lithographie, Oxidation, Diffusion, Ionenimplantation, Ätztechnik, Epitaxie und Metallisierung. Damit wurden weitere Verfahren zur Erzeugung von *pn*-Übergängen (Legierung und Ziehen aus der Schmelze) in Spezialanwendungsbereiche verdrängt. In der Planartechnologie werden die einzigartigen Eigenschaften der oxidierten Siliziumoberfläche (amorphes Siliziumdioxid SiO_2) ausgenutzt:

- **Chemische Stabilität** und damit Passivierung der Siliziumoberfläche, auch bei hohen Temperaturen ($T \leq 1300\ °C$),
- **Diffusionshemmende Wirkung** gegenüber Fremdatomen,
- **Feinstrukturierbarkeit** von SiO_2-Schichten auf Silizium,
- **Hohe elektrische Durchbruchfeldstärke** (wichtig z. B. für den MOSFET).

Die verwendeten einkristallinen Halbleiterscheiben (Wafer) mit einem Durchmesser von 75mm (3") bis 300mm (12") sowie einer Dicke von 0,4 bis 0,8mm werden von hochreinen einkristallinen Siliziumstäben abgesägt, die eine Grunddotierung aufweisen. Diese Wafer sind das Ausgangsmaterial der Planartechnologie.

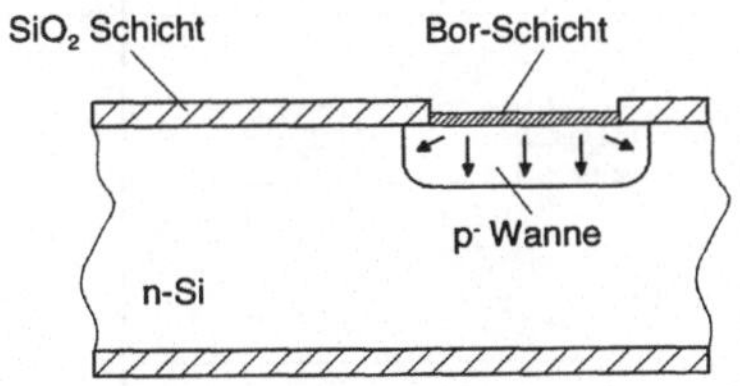

Abb. 1.1 Erzeugung eines pn-Übergangs durch Diffusion

Ein Kernprozess der Planartechnologie ist die Erzeugung von präzise strukturierten Öffnungen in einer SiO_2-Schicht auf der Siliziumoberfläche. Der Isolator SiO_2 hat gegenüber Dotieratomen wie Phosphor oder Bor diffusionshemmende Wirkung, so dass nur in den

Öffnungen der SiO_2-Schicht die Dotieratome durch Diffusion in die Siliziumoberfläche eindringen können und *pn*-Übergänge ausbilden. Die Anordnung mehrerer *pn*-Übergänge nebeneinander und auch ineinander ergibt die Grundstrukturen unterschiedlicher Halbleiterbauelemente. Insgesamt entsteht ein Integrierter Schaltkreis (engl. integrated circuit / IC) als ebene (planare) Schichten-Struktur.

1.2 Mikrolithographie

Die lithographischen Verfahren dienen zur Herstellung der sehr feinen und präzise strukturierten Öffnungen (mit möglichst senkrechten Kanten) in einer SiO_2-Schicht mit der Dicke von ca. 0,5µm auf einem Siliziumwafer.

Die SiO_2-Schicht auf dem Siliziumwafer wird dazu mit einem Fotolackfilm beschichtet und durch eine Fotomaske mit UV-Licht bestrahlt. Fotolacke sind polymere Materialien. Die

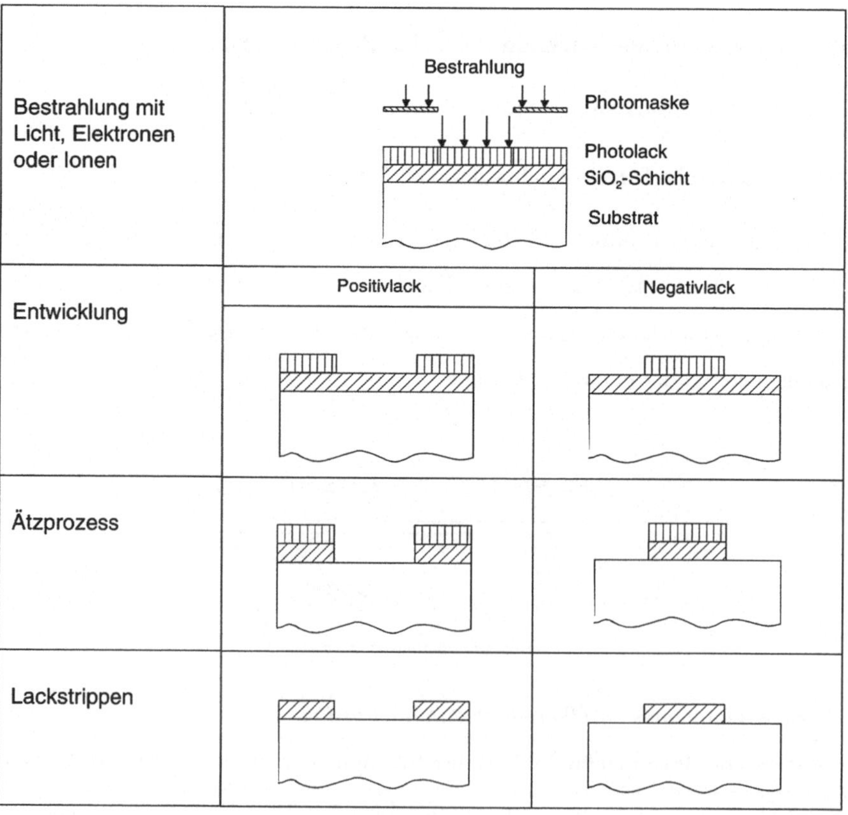

Abb. 1.2 Schematische Darstellung des Lithographieprozesses bei Verwendung von Positiv- und Negativlacken

Bestrahlung mit Licht ändert ihre Löslichkeit in einer Entwicklerlösung. Bei Verwendung von Positivlacken werden die bestrahlten Bereiche durch die Entwicklerlösung abgelöst. Bei Negativlacken sind die nicht bestrahlten Bereiche löslich (Abb. 1.2). Nach der Entwicklung liegen in den Öffnungen des Lacks die SiO_2-Bereiche frei und können in einem Ätzprozess mit Flusssäure HF gepuffert mit Ammoniumfluorid NH_4F (Dauer: ca. 15min für 1µm SiO_2) abgelöst werden.

Die Vorlagen für die Maskenerstellung werden mit CAD-Systemen in einem 100 bis 1000 mal größerem Maßstab als die endgültige Maske erstellt. Nach Reduktion werden die Vorlagen auf der Fotomaske (Glasmaske) im Maßstab 1:1, 1:5 oder 1:10 für Projektionsbelichtung abgebildet. Dabei bedarf es unbedingter Staubfreiheit in der Arbeitsumgebung.

Gegenwärtiger Stand der Siliziumlithographie

Gegenwärtig nähert sich die industrielle Strukturfeinheit der Siliziumlithographie dem Werte von 0,1µm. Um derartig feine Strukturen verlässlich abbilden zu können, bedarf es der Nutzung von Licht entsprechend kleiner Wellenlänge λ. Die erzielbare laterale Auflösung *R* hängt mit der numerischen Apertur[1] *NA* des Abbildungssystemes zusammen:

$$R \approx 0,5 \cdot \frac{\lambda}{NA} \qquad \text{mit } NA = n \cdot \sin(\alpha),$$

wobei der Brechungsindex *n* des abbildenden Systems und der maximale Öffnungswinkel α entscheidende Rollen spielen. Benutzt man anstelle der früher üblichen Hg-Emissionslinien (g-Linie: 436nm; i-Linie: 365nm) heute KrF-Laser (λ = 248 nm), so verringert sich *R* auf 60%. Die Auflösung wird dabei von der Beugung begrenzt nach dem **Rayleigh-Kriterium**: Zwei Bildpunkte werden dann getrennt abgebildet, wenn das Beugungsmaximum des einen in das 1. Beugungsminimum des anderen Bildpunktes fällt. So erhalten wir für $NA \approx 0{,}5$ mit UV-Hg-Licht $R = 0{,}365$ µm und für den KrF-Laser $R = 0{,}25$ µm.
Man unterscheidet bei den Lithographie-Verfahren die **Kontakt-Abbildung** und die **Proximitiy-Abbildung**. Bei der Kontakt-Abbildung wird die Maske gegen die mit Photolack beschichtete Siliziumscheibe gepresst. Die hohe Auflösung wird durch Beschädigungen der Maske und ungleichmäßige Auflage auf der Siliziumscheibe beeinträchtigt. Proximity-Masken dagegen haben längere Lebensdauern wegen des Abstandes von 20...50µm zwischen Maske und Siliziumscheibe, allerdings leidet die Auflösung durch Abbildungsunschärfe.
Die Masken werden heute allgemein mit einem hochauflösenden **Elektronenstrahl** „geschrieben", dessen de Broglie-Wellenlänge λ über die Strahlenergie eingestellt wird (z. B. $\lambda(e/20keV) \approx 10^{-3}nm$). Für die Scheibenbelichtung sind diese Geräte i. Allg. zu langsam, da sie nacheinander - im „Raster-Scan" oder „Vector-Scan" - jeden Bildpunkt einzeln softwaregesteuert erzeugen.

1. Als "Apertur" bezeichnet man den halben Öffnungswinkel eines Lichtkegels α. Die numerische Apertur *NA* ist definiert als Produkt aus dem Brechungsindex *n* eines abbildenden Systems und der Apertur selbst.

1.3 Thermische Oxidation des Silizium

Voraussetzung für die Mikrolithographie ist eine homogen oxidierte Siliziumoberfläche. Ein Grundverfahren zur Herstellung von SiO_2-Schichten ist die thermische Oxidation. Dabei wird die heiße Siliziumoberfläche (800°C...1100°C) mit Sauerstoff (trockene Oxidation) oder Wasserdampf (nasse Oxidation) überströmt (Abb. 1.3). Durch Eindiffusion von Sauerstoff O_2 oder Sauerstoffmolekülgruppen, z. B. H_2O, in die Siliziumoberfläche wird das kristalline Silizium in amorphes SiO_2 umgewandelt.

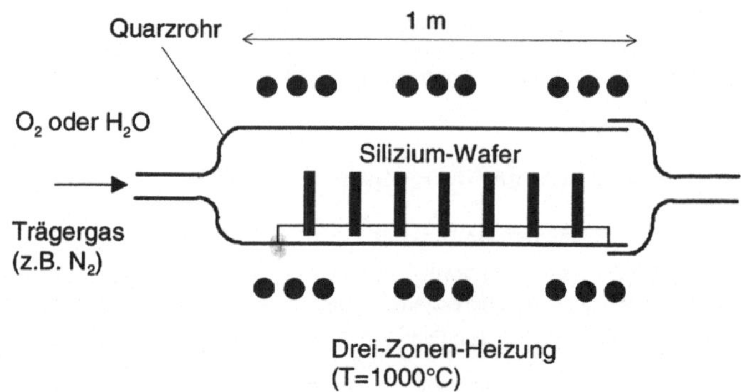

Abb. 1.3 Thermische Oxidation

$$Si(fest) + O_2 \rightarrow SiO_2(fest) \qquad \text{(trockene Oxidation)} \qquad (1.1)$$

$$Si(fest) + 2\,H_2O\,(Gas) \rightarrow SiO_2\,(fest) + 2\,H_2 \qquad \text{(nasse Oxidation)} \qquad (1.2)$$

Zur Oxidation sind drei Teilschritte erforderlich:

1. **Transport** von O_2 bzw. H_2O vom Gasinneren an die Phasengrenze zum Festkörper,
2. **Diffusion** von O_2 bzw. H_2O durch die bereits vorhandene SiO_2-Schicht zum Silizium,
3. **Reaktion** zwischen O_2 bzw. H_2O und Silizium.

Die Oxidationsgeschwindigkeit hängt hauptsächlich davon ab, wie schnell die reagierenden Stoffe durch das wachsende Oxid diffundieren können. Die eindringenden Sauerstoffatome „schwemmen" das Silizium auf. Daher wird zur Erzeugung einer SiO_2-Schicht der Dicke d eine Siliziumschicht der Dicke 0,45 d verbraucht.

Thermisches Oxid wird neben der Mikrolithographie als **Feldoxid** zur Passivierung der Siliziumoberfläche vor allem als **Gateoxid** für elektrische Belastungen verwendet. SiO_2-Schichten mit hoher Reinheit weisen eine sehr hohe Durchbruchfeldstärke auf ($E_{Br} \approx 10^3 V/\mu m$). Mit sehr dünnen SiO_2-Schichten kann daher noch eine ausreichende Sperrfähigkeit erzielt werden. Bei der 0,5µm CMOS-Technologie mit Betriebsspannungen < 5V beträgt zum Beispiel die Gateoxiddicke ≈10nm.

Heutige Oxidationsverfahren der Siliziumplanartechnik

Wie bereits zu Beginn im Abschnitt 1.1 auf S. 1 dargestellt, ist die Herstellung von Schichten aus thermischem SiO_2 auf einem Siliziumsubstrat der charakteristische Verfahrensschritt der Siliziumplanartechnologie. Die Anwendungszwecke sind recht unterschiedlich: rein chemische Zwecke (Maskierung) (chemische Stabilität und diffusionshemmende Wirkung) sind mit 0,5 bis 1,0µm SiO_2-Schichten zu erreichen. Für moderne MOS-Bauelemente jedoch gilt es, die Forderung nach möglichst dünnen und dabei auch elektrisch-stabilen SiO_2-Schichten zu erfüllen. Bei einer Durchbruch-Feldstärke von $E_{Br}(SiO_2) \leq 10MV/cm$ gilt es, für maximale Spannungsfestigkeit von 10V die geringste Oxiddicke auszunutzen, die in diesem Falle bis $d \geq 10nm$ beherrscht wird.
Um gleichmäßige und fehlerfreie SiO_2-Schichten der Dicke $\approx 10nm$ zu erzielen, bedient man sich des **Verfahrens der Schnellen Thermischen Oxidation** (RTO, engl. rapid thermal oxidation), die sich nicht im thermischen Ofen (Abb. 1.3) durchführen lässt. RTO-Prozesse laufen in einem Strahlungsofen ab, dessen Temperatur mit hoher Geschwindigkeit zwischen Werten von 800°C...1200°C exakt verändert werden kann. Derartige Prozesse werden als **Kaltwand-Prozesse** bezeichnet, weil das transparente Quarz-Rohr von der Strahlungsquelle (z. B. Wolfram-Band-Lampen) nicht aufgeheizt wird und deswegen Verunreinigungen in geringerem Maße als im thermischen Ofen in die entstehende SiO_2-Schicht eingebaut werden.
Eine weitere Qualitätsverbesserung der dünnen thermischen Oxide sind Gate-Dielektrika aus mehreren Schichten: z. B. als ONO-Material einer Folge von Si-Oxid / Si-Nitrid / Si-Oxid. Deren Dicke kann heute bereits bis auf 4,0nm verringert werden. Allerdings sind derart dünne Oxidschichten nicht mehr im gleichen Maße isolierend wie solche mit Dicken > 100nm. Die Stromleitung findet aufgrund der wirksamen hohen elektrischen Feldstärke über **Tunnel-Prozesse** statt (Fowler-Nordheim-Tunneln). Dies sind ähnliche Prozesse, wie sie beim Laden und Entladen von elektrisch-setzbaren Speichern (EPROM, engl. electrically programmable read only memory) benutzt werden.

Bei der thermischen Oxidation muss in besonderem Maße auf die chemische Reinheit des Prozesses geachtet werden. Bei hohen Temperaturen können sehr schnell unerwünschte Störatome, z. B. Natrium, in das Siliziumsubstrat diffundieren und zu unerwünschten elektrischen Eigenschaften führen (Instabilität der elektrischen Parameter).

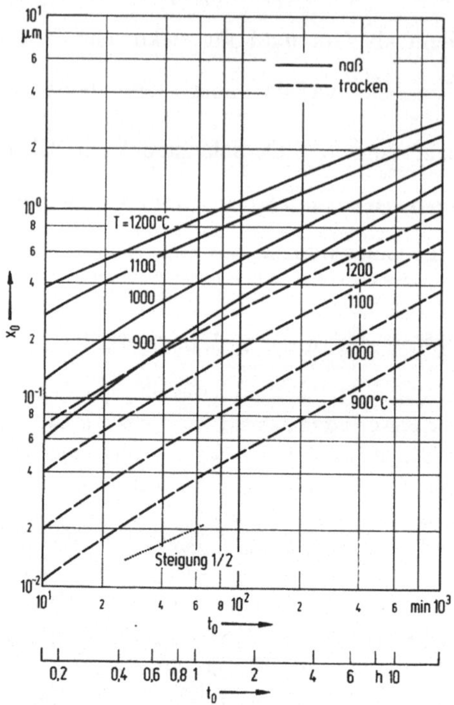

Abb. 1.4 Dicke x_0 von thermischen Oxidschichten für (111) Si-Orientierung (t_0: Oxidationszeit, T: Oxidationstemperatur) [Rug84]

1.4 Diffusion

Unter Diffusion (lat.: „das Auseinanderfließen") versteht man einen Teilchenfluss in Richtung abnehmender Konzentration. Durch thermische Bewegung der Teilchen kommt es zum Ausgleich von Konzentrationsunterschieden in einem Volumen.

Das eindimensionale Modell in Abb. 1.5 verdeutlicht den Diffusionsvorgang. Die oberen Zahlen in den Zellen stellen im Ausgangszustand die örtliche Verteilung der Teilchen dar. Als Folge thermischer Bewegung werden im Laufe der Zeit die Hälfte der Teilchen ihre jeweilige

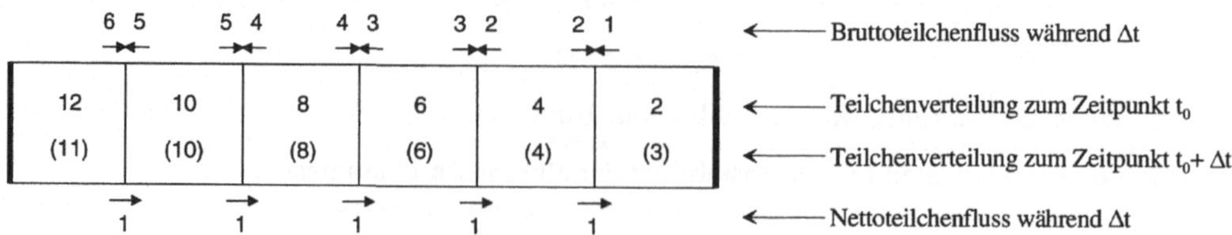

Abb. 1.5 Eindimensionales Modell eines Diffusionsvorgangs

Zelle nach links und nach rechts verlassen haben. Es wird angenommen, dass die Oberflächen ganz rechts und ganz links für Teilchen undurchlässig sind. Die Zahlen an den oberen Pfeilen geben den Fluss durch die Grenzflächen der Zellen an. Infolge der Konzentrationsunterschiede kommt es zu einem Netto-Teilchenfluss (Zahlen an den unteren Pfeilen) in Richtung abnehmender Konzentration, bis sich eine Gleichverteilung eingestellt hat. Die eingeklammerten Zahlen in den Zellen geben die örtliche Verteilung der Teilchen nach dem ersten Schritt an.

Der Diffusionsvorgang kann allgemein durch die Kontinuitätsgleichung und die Fickschen Gesetze beschrieben werden:

$$\vec{F} = -D \cdot grad(N) \qquad \text{(1. Ficksches Gesetz),} \tag{1.3}$$

$$\frac{\partial N}{\partial t} = -div(\vec{F}) \qquad \text{(2. Ficksches Gesetz).} \tag{1.4}$$

Das **1. Ficksche Gesetz** besagt, dass die Teilchenflussdichte F [$cm^{-2}s^{-1}$] proportional dem räumlichen Gefälle der Teilchendichte N [cm^{-3}] ist (das negative Vorzeichen entspricht dem Gefälle). Dabei ist D der Diffusionskoeffizient in cm^2s^{-1}. Das **2. Ficksche Gesetz** besagt, dass die zeitliche Änderung der Teilchendichte der Bilanz von Zu- und Abfluss (Quellen und Senken) der Teilchen entspricht (das negative Vorzeichen entspricht hier dem Zufluss).

Durch Einsetzen von Gl. (1.3) in Gl. (1.4) erhält man

$$\frac{\partial N}{\partial t} = div\big(D \cdot grad(N)\big). \tag{1.5}$$

Unter der Annahme, dass der Diffusionskoeffizient D ortsunabhängig ist, lässt sich Gl. (1.5) weiterhin umformen zu der **Diffusionsgleichung**

$$\frac{\partial N}{\partial t} = D \cdot div(grad(N)) = D \cdot \Delta N \tag{1.6}$$

mit dem Laplace-Operator Δ.

Im Eindimensionalen lautet die Diffusionsgleichung also

$$\frac{\partial N}{\partial t} = D \cdot \frac{\partial^2 N}{\partial x^2}. \tag{1.7}$$

1.4.1 Diffusionsmechanismen und Diffusionskoeffizient

In einkristallinen Festkörpern kann die Diffusion grundsätzlich über vier Diffusionsmechanismen ablaufen: **Zwischengitterdiffusion**, **Leerstellendiffusion**, **Platztausch** und **Ringtausch** (Abb. 1.6). Über die Ausprägung der verschiedenen Diffusionsmechanismen entscheidet die erforderliche Aktivierungsenergie und die Art der Dotierungsatome (Wertigkeit, Atomradius, Ionisierungsenergie). Für die Diffusion mit Platztausch und Ringtausch mit Gitternachbarn sind sehr hohe Aktivierungsenergien (>10eV) erforderlich, die in Silizium nicht erreicht werden, so dass diese Mechanismen ausscheiden. Sehr schnell diffundierende Atome, z. B. Natrium und Lithium, diffundieren als Ionen mit geringem Durchmesser über Zwischengitterplätze. Für die Zwischengitterdiffusion sind nur sehr geringe Aktivierungsenergien erforderlich, da keine Bindungen aufgebrochen werden müssen. Die Diffusion über Leerstellen erfordert eine höhere Aktivierungsenergie, da die Dotieratome auf regulären Gitterplätzen eingebaut werden müssen. Die langsame Diffusion der mit den Wirtsgitteratomen im Durchmesser vergleichbaren Atome, z. B. Bor, Phosphor, läuft vorwiegend nach diesem Mechanismus ab.

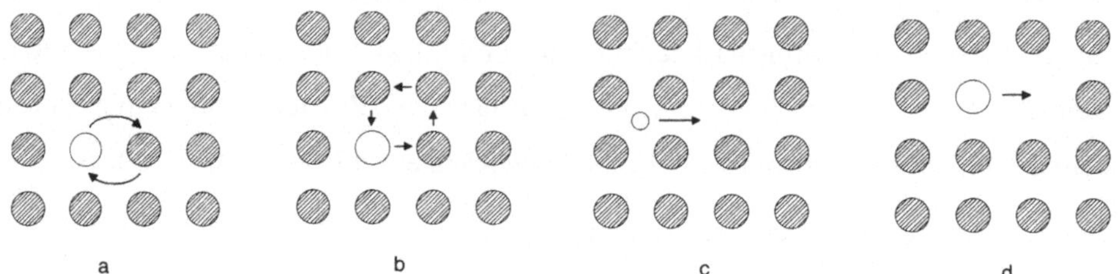

Abb. 1.6 Diffusionsmechanismen eines Atoms im Kristall: (a) Platztausch, (b) Ringtausch, (c) Zwischengitterdiffusion, (d) Leerstellendiffusion

Der Diffusionskoeffizient ist nach dem Arrhenius-Gesetz exponentiell mit $1/T$ und der Aktivierungsenergie W_A verknüpft

$$D(T) = D_0 \cdot \exp\left(-\frac{W_A}{kT}\right). \tag{1.8}$$

Die graphische Darstellung („**Arrhenius-Plot**“) bedient sich der sogenannten halblogarithmischen Auftragung:

$$\ln(D(T)) = \ln(D_0) - \frac{W_A}{k} \cdot \frac{1}{T} \qquad \text{oder} \tag{1.9}$$

$$\log(D(T)) = \log(D_0) - 0{,}43 \cdot \frac{W_A}{k} \cdot \frac{1}{T} \qquad \text{mit } log(e) \approx .0{,}43. \qquad (1.10)$$

D_0 ist der auf unendlich hohe Temperatur extrapolierte Wert des Diffusionskoeffizienten und wird als **Häufigkeitsfaktor** bezeichnet (Schnitt mit der Ordinaten-Achse in Abb. 1.7). Die Diffusanten lassen sich für die Diffusion in Silizium in langsam diffundierende Elemente ($D = 10^{-15}...10^{-10}$cm^{2}s^{-1}) und in schnell diffundierende Elemente ($D = 10^{-9}...10^{-3}$cm^{2}s^{-1}) einteilen. Die **Aktivierungsenergie** W_A lässt Hinweise auf den Mechanismus der Diffusion zu. Leerstellendiffusion wird angenommen für $W_A > 1$eV (z. B. $W_A(B) = 3{,}46$eV; $W_A(P) = 3{,}66$eV). Zwischengitterdiffusion überwiegt für $W_A < 1$eV. Dies gilt z. B. für die ionische Verunreinigung Natrium $W_A(Na) = 0{,}72$eV.

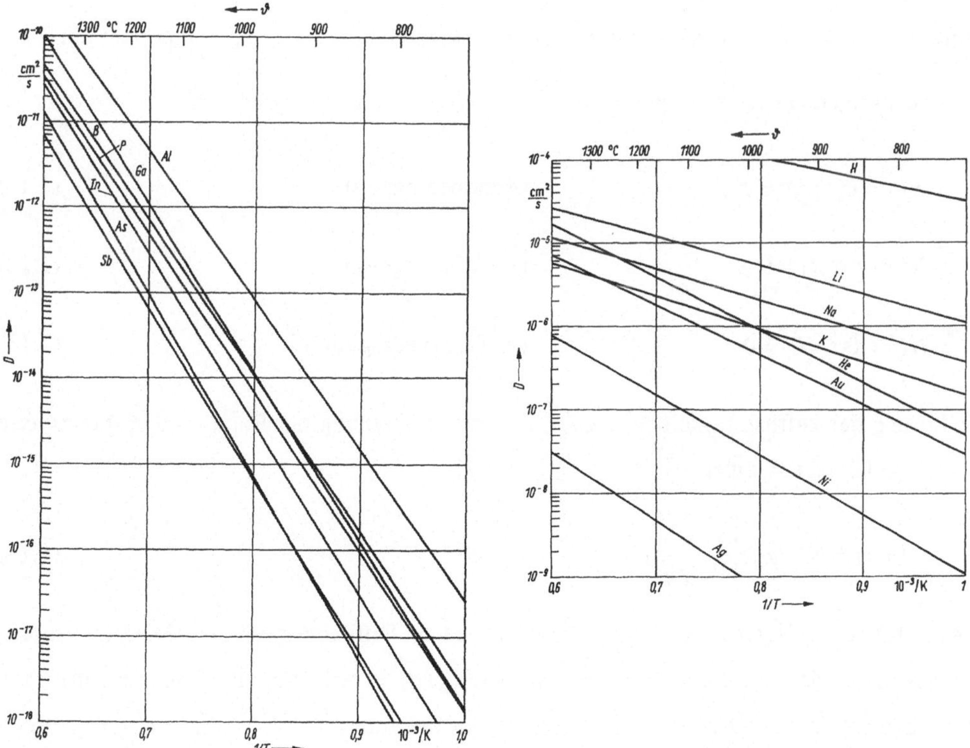

Abb. 1.7 *Diffusionskoeffizienten D von (links) langsam diffundierenden Elementen und (rechts) schnell diffundierenden Elementen in Silizium ("Arrhenius-Plot") [Rug84]*

1.4.2 Diffusionsprofile

Zur Lösung der Diffusionsgleichung Gl. (1.6) bzw. Gl. (1.7) müssen Rand- und Anfangswerte vorgegeben werden. Es werden dabei grundsätzlich zwei Diffusionsvorgänge unterschieden. Existiert an der Kristalloberfläche während des Diffusionsprozesses eine ständig konstante Konzentration von Dotieratomen, spricht man von Diffusion aus einer unerschöpflichen Quelle. Liegt an der Oberfläche des Halbleiters nur eine endliche Menge von Dotierungsatomen pro Flächeneinheit vor (Oberflächenbelegung), deren Konzentration im Laufe des Diffusionsprozesses stetig abnimmt, spricht man von Diffusion aus einer erschöpflichen Quelle.

1.4.3 Diffusion aus einer unerschöpflichen Quelle

Eine unerschöpfliche Quelle liegt vor, wenn die Diffusion z. B. aus der Gasphase erfolgt und der Dampfdruck der Dotierungsatome während des Prozesses konstant gehalten wird. Die konstante Konzentration N_S der Dotieratome in der Oberflächenschicht des Kristalls stellt sich gemäß der Löslichkeit des Dotierstoffes bei gewähltem Dampfdruck und Temperatur ein.

Es werden folgende Randbedingungen und Anfangswerte angenommen:

$$N(x=0;t>0)=N_S \qquad \text{(Randbedingung)}, \tag{1.11}$$

$$N(x\to\infty;t)=0 \qquad \text{(Randbedingung)}, \tag{1.12}$$

$$N(x>0;t=0)=0 \qquad \text{(Anfangsbedingung)}. \tag{1.13}$$

Die Lösung der Diffusionsgleichung Gl. (1.7) unter Einhaltung der Rand- und Anfangswerte Gl. (1.11) - Gl. (1.13) lautet

$$N(x,t)=N_S\cdot erfc\left(\frac{x}{2\sqrt{Dt}}\right). \tag{1.14}$$

In Abb. 1.9 ist zur Veranschaulichung für verschiedene Diffusionszeiten das Dotierungsprofil eingezeichnet. Die komplementäre Fehlerfunktion (*erfc* = error function complement) ist in Abb. 1.8 abgebildet und ist definiert als Lösung des Integrales

$$erfc(y)=1-erf(y)=1-\frac{2}{\sqrt{\pi}}\cdot\int_0^y \exp(-\alpha^2)d\alpha\,. \tag{1.15}$$

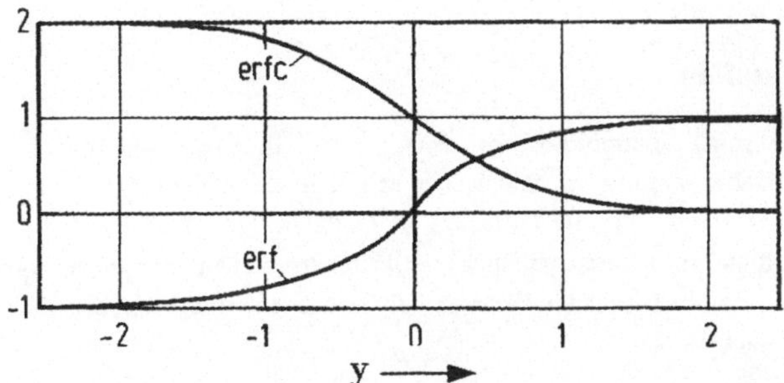

Abb. 1.8 Funktionsverlauf der Error- und komplementären Error-Funktion

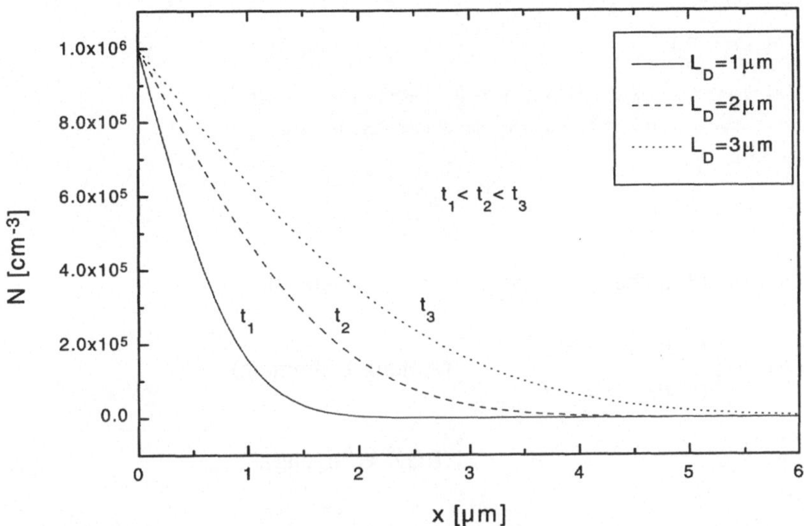

Abb. 1.9 Diffusionsprofil der Diffusion aus einer unerschöpflichen Quelle zu verschiedenen Zeitpunkten t, dargestellt durch die Diffusionslänge $L_D = 2 \cdot \sqrt{D \cdot t}$ *(mit* $D = 10^{-10} cm^2/s$*).*

1.4.4 Diffusion aus einer erschöpflichen Quelle

Zur Beschreibung der Diffusion aus einer erschöpflichen Quelle wird von einer Schicht der Dicke h auf der Oberfläche des Halbleitermaterials ausgegangen, die eine konstante Konzentration N_0 von Dotieratomen enthält. Es ergibt sich daraus die Oberflächenbelegung Q [cm^{-2}]

$$Q = N_0 \cdot h\,. \tag{1.16}$$

Diffusion von Dotierstoffen

Diffusion entsteht aufgrund thermischer Bewegung von Teilchen und einem Gefälle der Teilchenkonzentration. Dabei wandern im statistischen Mittel Teilchen von Orten hoher Konzentration zu Orten niedriger Konzentration. Für die Diffusion als Dotierstoffverfahren werden je nach Art der Zuführung der Dotieratome zwei unterschiedliche Fälle unterschieden. Für diese ergeben sich die folgenden Störstellenprofile N in Abhängigkeit von der Tiefe x im Halbleiter, der Diffusionsdauer t sowie der Diffusionskonstanten D.

Erschöpfliche Quelle:

$$N(x, t) = N_S(t) \cdot \exp\left(-\frac{x^2}{L_D^2}\right) \text{ mit } N_S(t) = \frac{Q}{\sqrt{\pi \cdot D \cdot t}}$$

mit der Oberflächenbelegung Q [cm^{-2}].

Unerschöpfliche Quelle:

$$N(x, t) = N_S \cdot erfc\left(\frac{x}{L_D}\right)$$

N_S ist die Oberflächenkonzentration und L_D die Diffusionslänge $L_D = 2\sqrt{D \cdot t}$.

Die Diffusionskonstante ist eine Materialkonstante, die temperaturabhängig ist:

$$D(T) = D_0 \cdot \exp\left(-\frac{W_A}{kT}\right).$$

Folgende Anfangs- und Randbedingungen werden angenommen:

$$N(x;\, t = 0) = \begin{cases} N_0 & \text{für } 0 < x < h \\ 0 & \text{für x} > h \end{cases} \qquad \text{(Anfangsbedingung),} \qquad (1.17)$$

$$\left[\frac{\delta N(x; t > 0)}{\delta x}\right]_{x=0} = 0 \qquad \text{(Randbedingung),} \qquad (1.18)$$

$$N(x = \infty; t) = 0 \qquad \text{(Randbedingung).} \qquad (1.19)$$

Die Anfangsbedingung Gl. (1.17) folgt unmittelbar aus der Definition der Oberflächenbelegung. Die Randbedingung Gl. (1.18) resultiert aus der Tatsache, dass nach dem Beginn der Diffusion keine Dotieratome mehr durch die Oberfläche nachgeliefert werden (erschöpfliche Quelle!). Somit wird der Teilchenstrom bei $x = 0$ also null (und entsprechend nach Gl. (1.3) auch der Gradient der Ladungsträgerkonzentration). Randbedingung Gl. (1.19) sagt aus, dass in der unendlichen Tiefe des Halbleiters zu keinem Zeitpunkt sich Dotieratome befinden können.

Die Lösung der Diffusionsgleichung führt in erster Näherung (exakte Lösung nur für eine Belegung der Dicke $h \to 0$) zu einem Gauß-Profil und lautet

$$N(x;\,t) = N_S(t) \cdot \exp\left(-\frac{x^2}{L_D{}^2}\right). \tag{1.20}$$

Die Oberflächenkonzentration N_S nimmt mit wachsender Diffusionsdauer zwangsläufig ab, da von außen keine neuen Dotieratome zugeführt werden. Entsprechend Gl. (1.18) ist die Diffusion aus dem Außenraum stets Null. Für die Oberflächenkonzentration gilt zum Zeitpunkt t gilt

$$N_S(t) = \frac{Q}{\sqrt{\pi D t}} = \frac{2Q}{L_D\sqrt{\pi}}\,. \tag{1.21}$$

L_D [µm] wird für beide Diffusionsvorgänge als **Diffusionslänge** der Dotieratome bezeichnet und entspricht der Tiefe, bis zu der die Dotierstoffkonzentration auf $1/e$ der Oberflächenkonzentration abgesunken ist. Dabei gibt t die Dauer der Diffusion an. Für die Diffusionslänge gilt

$$L_D = 2 \cdot \sqrt{Dt}\,. \tag{1.22}$$

Die Diffusionslänge kann also als Maß für die mittlere Weglänge interpretiert werden, die ein Dotierstoffatom während der Diffusion zurücklegt. Sie ist nicht zu verwechseln mit der Diffusionslänge von Ladungsträgern L_n, L_p.

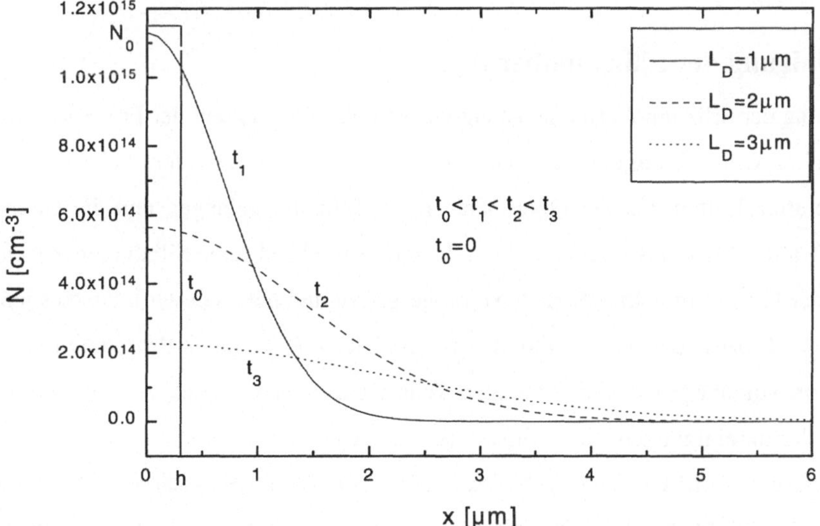

Abb. 1.10 Diffusionsprofil der Diffusion aus einer erschöpflichen Quelle zu verschiedenen Zeitpunkten t, dargestellt durch die Diffusionslänge $L_D = 2 \cdot \sqrt{D \cdot t}$ *(mit* $D = 10^{-10}\,\mathrm{cm^2/s}$*).*

Abb. 1.10 gibt den Konzentrationsverlauf für die Diffusion aus einer erschöpflichen Quelle zu verschiedenen Zeitpunkten wieder. Der Verlauf der Diffusionsprofile, die von der Oberfläche in das Silizium abklingen, werden durch den Diffusionskoeffizienten *D* stark beeinflusst. Da der Diffusionskoeffizient *D* von Natrium viele Größenordnungen größer ist als derjenige von Bor bzw. Phosphor, diffundieren Natrium-Verunreinigungen sehr viel schneller in die Probe ein. Vor Temperaturbehandlungen müssen deshalb die Proben von Verunreinigungen gründlichst gesäubert werden.

Heutige Durchführung der Festkörper-Diffusion als Verfahren der Siliziumdotierung

Die Diffusion als alleiniges Verfahren zur Einstellung der Dotanden-Konzentration ist heute gegenüber seiner anfänglichen Bedeutung stark modifiziert worden durch die Kombination mit der Ionenimplantation (s. Abschnitt 1.9 auf S. 25). Das neuere Verfahren aus den siebziger Jahren hat das ältere Verfahren aus den fünfziger Jahren ergänzt und damit die Dotierungstechnologie außerordentlich verbessert.

Man beginnt die Dotierung von Wafern durch Störstellenimplantation in eine dünne Oberflächenschicht des Siliziums (oder eine zuvor erzeugte SiO_2-Schicht). Damit hat eine "Belegung" des Siliziumwafers mit Störstellen stattgefunden, die anschließend bei erhöhter Temperatur aus dieser "Quelle" in die Tiefe des Wafers diffundieren. Gleichzeitig heilen dabei die Gitterschäden aus, die jede Ionenimplantation unbeabsichtigt verursacht.

So dienen hier Diffusionsprozesse mehreren Zielen: einmal zur Gitterregeneration nach Ionenimplantation, zum anderen zum Einstellen eines Störstellenprofiles. Der Vorteil der Kombination von Ionenimplantation und Diffusion liegt in der zunächst präzise eingestellten „erschöpflichen Quelle", aus der dann diffundiert wird.

1.5 Reinigung der Siliziumoberfläche

Die Reinigung der Siliziumoberfläche ist ein wesentlicher Bestandteil der Prozessierung eines Siliziumwafers. Ohne Reinigung könnten Verunreinigungen insbesondere bei nachfolgenden Hochtemperaturschritten von der Oberfläche in das Silizium gelangen und die elektrischen Eigenschaften des Materials unerwünscht verändern. Eine ideal reine Siliziumoberfläche liegt vor, wenn der Kristall im Ultra-Hoch-Vakuum gespalten und belassen wird. Da dies jedoch in der Praxis der Prozessierung nicht möglich ist, sind feste Reinigungs-Prozeduren vor jedem Prozessschritt vorzunehmen. Die jeweiligen Teilschritte dienen gezielt zur Entfernung ganz bestimmter Verunreinigungen. Sie bestehen jeweils aus einem säubernden und oxidierenden Schritt, dem die Auflösung der gebildeten SiO_2-Schicht in Flusssäure (HF) folgt. Die Sauberkeit der verbleibenden Oberfläche von Säure-Radikalen wird sorgfältig durch Vermessung der Leitfähigkeit des abfließenden deionisierten Wassers verfolgt (DI-H_2O). Zu Beginn der IC-Fabrikation werden die luftdichten Verpackungen, in denen sich die Wafer befinden, erst unmittelbar vor dem Prozessieren geöffnet und die Wafer gereinigt. Vor bestimmten Prozessschritten wird die Reinigung wiederholt. Ob die ausgeführten Reinigungen erfolgreich waren, kann bei MOS-Bauelementen mit dem *C(U)*-Grundversuch (Abschnitt 6.6.1 auf S. 164) quantitativ überprüft werden.

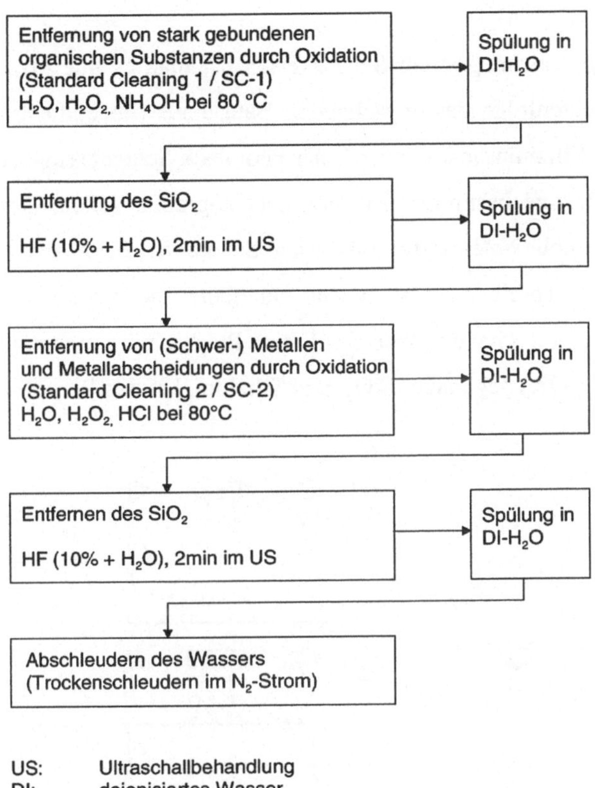

Abb. 1.11 Folge von Reinigungsschritten der RCA-Reinigung benannt nach der Firma Radio Cooperation of America [Ker70]

Stark gebundene organische Substanzen sind Lacke und Wachse, an Schwermetallen treten in der Regel Kupfer, Platin, Silber (Rekombinationszentren) und Alkali-Ionen auf. Alle verwendeten Reagentien müssen von höchster Reinheit sein (Reinheit ≥ 99,999...99,9999% - "5...7 Neunen"). Ferner darf die Luft im Labor weder mechanische noch chemische Verunreinigungen enthalten (benötigte Qualität entspricht “Klasse 10”: maximal 300 Staubteilchen pro m³ mit einer Größe > 0,5µm sowie maximal 10^4 Staubteilchen pro m³ mit einer Größe > 0,1µm).

1.6 Ätzverfahren der Siliziumbauelemente

Bereits bei der Reinigung der Siliziumoberfläche (Abschnitt 1.5) vor der Prozessierung wurden spezielle Mischungen von Reagentien verwendet, um jeweils einen bestimmten Typ von Verunreinigungen zu entfernen. Diese Verfahren betreffen dann i. Allg. die gesamte Waferfläche.

Bei der Herstellung von Integrierten Schaltkreisen hat man es mit Ätzschritten zu tun, die innerhalb der Schichtenfolge des entstehenden Bausteines (im einfachsten Fall ein dünner SiO_2–Film auf dem Siliziumsubstrat unter einer Photolack-Schicht (engl. „resist"), wie z. B. in Abb. 1.12) lediglich eine bestimmte Einzelschicht angreifen sollen. Der dabei verwendete Ätzprozess soll eine hohe **Selektivität** aufweisen. Selektivität beim Ätzen hinsichtlich zweier Schichtmaterialien beschreibt man durch den Quotienten der beiden Ätzraten. Ein Prozess ohne jegliche Selektivität S hat den Wert $S = 1$, eine Prozess mit ausgeprägter Selektivität, wie z. B. Flusssäure HF (40%) gegenüber SiO_2 und Silizium, hat den Wert $S \approx 100$.

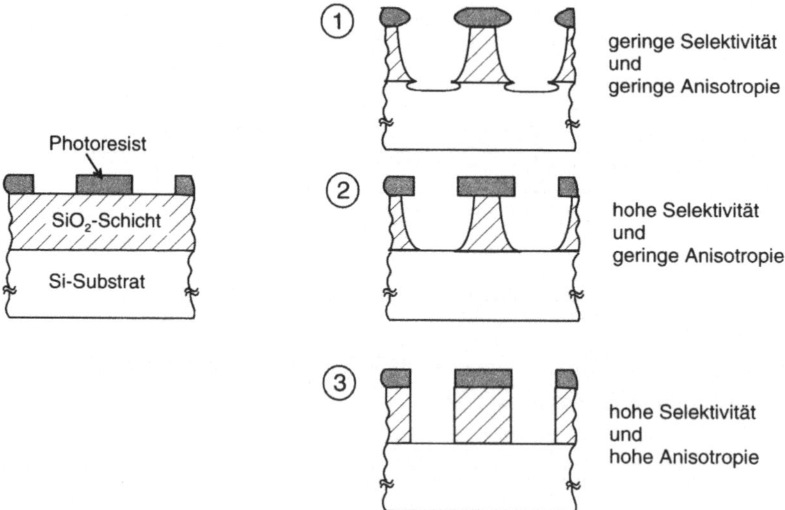

Abb. 1.12 Selektivität und Anisotropie des Ätzens. Während die Ergebnisse 1 und 2 durch Flüssigätzen entstehen, ist 3 nur durch Plasmaätzen zu erreichen.

Ein weiterer Gesichtspunkt bei der Auswahl von Ätzverfahren entsteht durch die fortschreitende Miniaturisierung aller topologischen Strukturen des Bauelementes. Je feiner die Strukturen sind, umso wichtiger werden präzise senkrecht geätzte Kanten. Quantitativ lässt sich dieser Gesichtspunkt durch das Maß von **Anisotropie** im Ätzangriff beschreiben (die

Anisotropie *T* beschreibt dabei wiederum als Quotient von Ätzraten die Abweichungen der Wirksamkeit des Ätzprozesses in bestimmten räumlichen Richtungen von der Kugelsymmetrie, der „Isotropie"). Die Abb. 1.12 verdeutlicht die beiden Gesichtspunkte.

Bei der Entwicklung der heute geläufigen Ätzprozesse hat man zunächst mit den Verfahren des **Flüssigätzens** begonnen, das darin besteht, den beschichteten und lithographierten Wafer in eine flüssige Ätzlösung zu tauchen. Eine der Standard-Ätzlösungen zur Ätzung von SiO_2-Schichten ist wässrige Flusssäure HF (49%), die Silizium in wasserlösliches H_2SiF_6 umwandelt

$$SiO_2 + 6HF \rightarrow H_2SiF_6 + 2H_2O\,. \tag{1.23}$$

Um Silizium zu ätzen, verwendet man eine Mischung von wässriger Flusssäure und Salpetersäure[1], die zunächst Silizium in SiO_2 umwandelt und dann diese auflöst

$$Si + HNO_3 + 6HF \rightarrow H_2SiF_6 + HNO_2 + H_2O + H_2\,. \tag{1.24}$$

Häufig wird die Stärke einer Ätzlösung, die sich ansonsten aufzehren könnte, durch Pufferzusätze (engl. buffering agents) stabilisiert, so z. B. durch Hinzugabe von Ammoniumfluorid NH_4F zur Flusssäure bei der SiO_2-Ätzung (engl. buffered oxide etch **BOE**).

Derartige Ätzverfahren sind hochselektiv, jedoch aufgrund der in jeder Richtung gleichartig erfolgenden Benetzung der Struktur mit Ätzflüssigkeit sind sie isotrop und nicht anisotrop. Die Folge sind starke unerwünschte Unterätzungen von Schichten in lateraler Richtung, mit der Gefahr der Ablösung oder der Strukturveränderung[2].

Schon frühzeitig hat man das **Plasmaätzen** als einen hervorragend anisotropen Ätzprozess erkannt. Bei der häufig verwendeten Siliziumnitrid-Beschichtung (Si_3N_4) erweisen sich Flüssigätzen als wenig geeignet infolge ihrer geringen Ätzrate. Man erkannte, dass das Plasma eines Gasgemisches von Kohlenstoffhexafluorid CF_4 und Sauerstoff O_2 sehr viel stärker wirkt. In einem Plasmareaktor (Abb. 1.13, Parallelplattenreaktor mit geerdeter Elektrode als

1. im Verhältnis 1 : 50 mit zusätzlich 20 Teilen H_2O
2. Durch Kalilauge KOH lässt sich eine hochgradige Ätzanisotropie bei unterschiedlichen kristallographischen Halbleiteroberflächen erreichen: z. B. beträgt der Anisotropiequotient *T* der Ätzraten in Si-(100)-Richtung zur Si-(111)-Richtung $T \approx 100$.

beheizbarer Waferunterlage) existiert stets ein Gemisch von Elektronen, Ionen und Neutralteilchen der verwendeten Gase innerhalb der leuchtenden Gasentladung im Druckbereich von 0,1...1mbar. Der Druck ist so geregelt, dass häufige Stöße im RF-Feld stattfinden, jedoch andererseits so wenige Teilchen im Reaktor vorhanden sind, dass deren mittlere freie Weglänge zwischen zwei Stößen den Reaktorabmessungen entspricht. Die Waferauflage ist gegenüber der Gegenelektrode i. Allg. positiv gepolt ($U \approx 100...1000$V). Das Plasma wirkt dann auf zweifache Weise. Einmal mittels seiner neutralen Bestandteile (CF_4, O_2, HF, Ar) trägt es durch gerichteten Stoß hochgradig anisotrop, jedoch mit geringer Selektivität, die Waferoberfläche ab; dies nennt man **physikalisches Ätzen** bzw. **Sputtern** (von engl. sputtering, Abtragen). Zum anderen wirkt das Plasma mittels seiner ionisierten Bestandteile (CF_3^+; CF_2^+, F^+, e^-): diese tragen die Oberfläche wenig anisotrop, jedoch hochgradig selektiv ab, indem sie den Wafer an seiner Oberfläche chemisch umwandeln, dann auflösen und in eine gasförmige (engl. volatile) Verbindung überführen, die abgepumpt wird; alles zusammen wird als **chemisches (Trocken-) Ätzen** (engl. chemical etching) bezeichnet. Beide Wirkungen vereint einsetzen nennt man **Reaktives Ionen-Ätzen** (engl. reactive ion etching RIE). Das **RIE-Verfahren** ist das heutige Standardverfahren bei der Ätzung von Photolack, dielektrischen und Halbleiter-Schichten und auch beim Siliziumsubstrat.

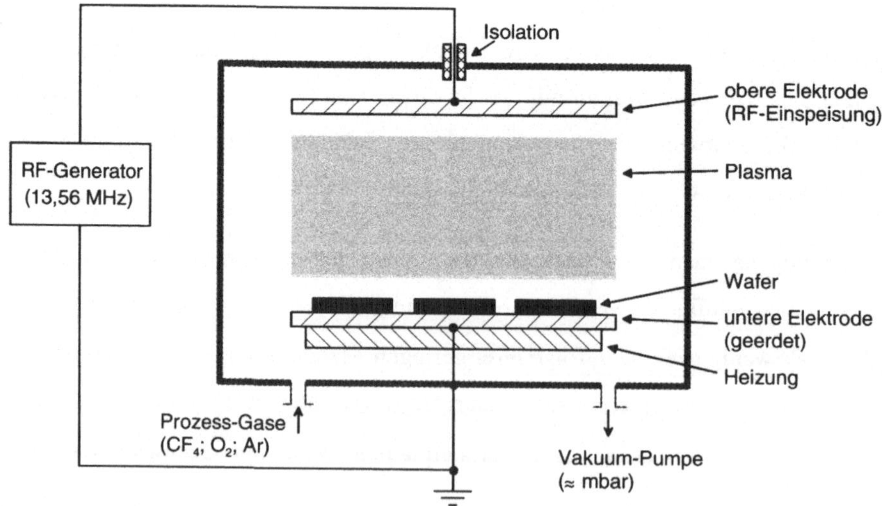

Abb. 1.13 Schema eines Parallelplattenreaktors zum Plasma-Ätzen

1.7 Durchführung von Dotierstoff-Diffusionen

Als Anschauungsbeispiel für die Systemtechnik wählen wir zuerst die Herstellung eines CMOS-ICs[1] auf einem *n*-leitenden Siliziumsubstrat. Zur Herstellung von *n*-MOSFETs[2] und *p*-MOSFETs mittels Diffusion sind mindestens drei Diffusionsvorgänge erforderlich, die in Abb. 1.14 dargestellt sind. Die Diffusion erfolgt durch Öffnungen in einer SiO_2-Schicht auf dem Siliziumwafer, die durch Mikrolithographie zuvor "strukturiert" wurden.

Bei der Diffusion durch Maskenfenster muss die Unterdiffusion berücksichtigt werden. Unterdiffusion bezeichnet eine Diffusion in lateraler Richtung. Sie führt dazu, dass die Dotierstoffatome unter die Maske diffundieren können. Sie spielen besonders für die Kanallänge von MOSFETs eine wichtige Rolle. Die Unterdiffusion ist ein unerwünschter Effekt: beim MOSFET entstehen so parasitäre Kapazitäten, wie z. B. eine Gate-Drain-Kapazität, die das dynamische Verhalten des Transistors negativ beeinflusst. Bei der

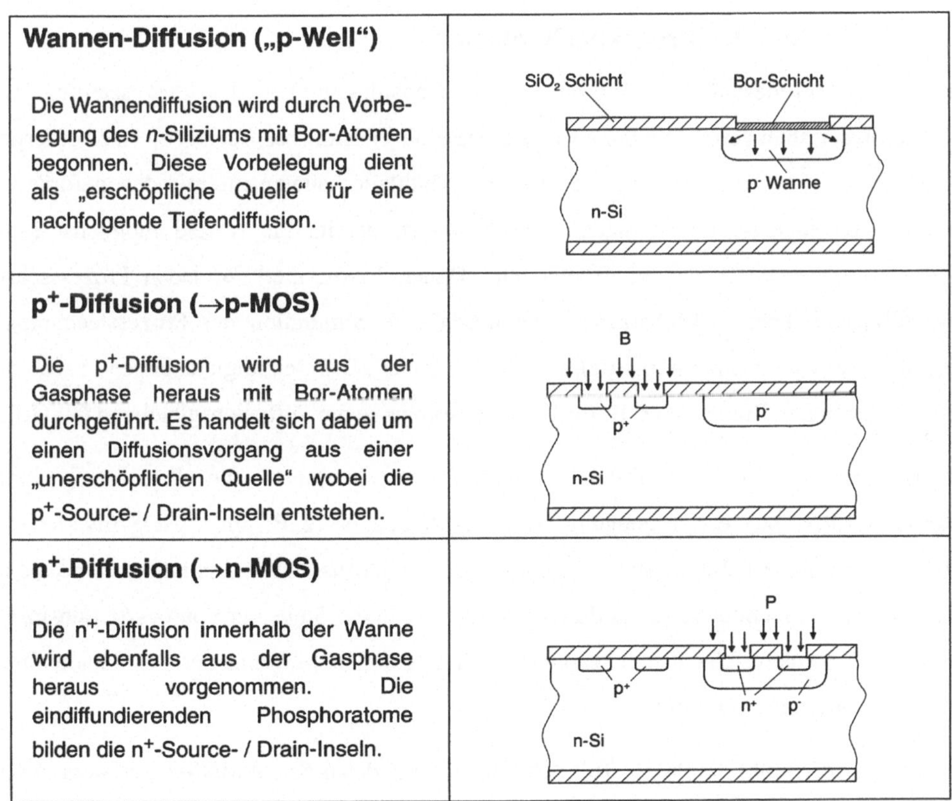

Abb. 1.14 Herstellung von n-MOSFET und p-MOSFET für einen CMOS-Inverter auf einem n-Silizium-Substrat mittels Diffusionsverfahren

1. CMOS-IC: Complementary Metal Oxide Semiconductor - Integrated Circuit
2. n-MOSFET: n-channel Metal Oxide Semiconductor Field Effect Transistor

Verwendung der Ionenimplantation und des Auto-Alignment-Verfahrens (Abb. 1.26) kann die Unterdiffusion verringert werden.

Die Dotierung des Halbleiters erfolgt in dieser Prozessbeschreibung der Übersichtlichkeit wegen ausschließlich durch Diffusionsvorgänge. In der modernen Technologie hat sich hingegen die Ionenimplantation durchgesetzt, da mit diesem Verfahren die Dotierungen sehr viel exakter eingestellt und reproduziert werden können. Dies ist wichtig, da durch die Oberflächendotierung der *p*-Wanne die Schwellenspannung U_{TH}[1] des *n*-MOSFETs eingestellt wird. Erfolgen die Dotierungen durch Ionenimplantationen, sind weniger zusätzliche Hochtemperatur-Prozessschritte nötig. Unser Ziel hier ist die Vermittlung der Notwendigkeit, beim Einstellen von Diffusionsprofilen die gesamte thermische Geschichte des Wafers zu verrechnen („**Wärmebudget**").

1.8 Simulation der Prozesstechnologie

Die hohen Anforderungen an Reinheit und Genauigkeit bei der Prozessierung von Halbleitermaterialien verursacht hohe Kosten, und eine Vielzahl von Versuchen ist erforderlich bis der Prozess so "eingefahren" ist, dass ein Halbleiterbauelement mit den geforderten Eigenschaften entsteht. Es ist daher wünschenswert, bereits im Vorfeld möglichst exakt abzuschätzen, welche Parameter (Temperatur, Dauer, Dosis, etc.) für jeden Prozessschritt notwendig sind. Diese Abschätzung kann durch eine Simulation der Prozesstechnologie überprüft werden. Computerprogramme lösen dabei Differentialgleichungen nach der Methode der finiten Elemente (z. B. für Diffusionsprozesse die Diffusionsgleichung Gl. (1.6)).

Als Beispiel sei hier im Rahmen einer Prozesssimulation die Errechnung eines Dotierungsprofils bei der Erzeugung eines *n*-MOSFETs (z. B. im CMOS-Inverter der Abb. 1.14) geschildert. Bei dieser Simulation wird der Diffusionsprozess nur eindimensional entlang eines senkrechten Schnittes durch das Substrat an der Stelle der Source- / Drain-Inseln betrachtet. Es handelt sich entsprechend um die Erzeugung der *p*-Wanne und der Gebiete für *n*-Source bzw. *n*-Drain im *n*-Substrat.

Die Tab. 1.1 beschreibt die Prozessfolge zur Herstellung des n-Kanal MOS-Transistors in acht Schritten. Die Abb. 1.15 gibt die Programmschritte als DIOS-Simulation [ISE03] an. Weiterhin veranschaulicht Abb. 1.16 die Vorgänge an der Bauelementoberfläche in der

1. TH = threshold (engl. für Schwelle)

Schritt 1	Bor-Belegung aus der Gasphase im inerten Trägergas N_2 zur Erzeugung der *p*-Wanne. Bei ca. 900°C / 65min erzielt man mit der unerschöpflichen Diffusionsquelle des Gasstroms eine hohe Vorbelegung für die nachfolgende Diffusion. Die Tiefe der Belegungsschicht lässt sich über die Diffusionslänge L_D abschätzen: Mit der Diffusionskonstanten $D(B;\,900°C) = 1 \cdot 10^{-15} cm^2 s^{-1}$ (vgl. Abb. 1.7) und der Diffusionszeit $t = 1h$ gilt: $L_D \approx 40nm$.
Schritt 2	Austreiben der Vorbelegungsschicht im trockenen O_2-Trägergas. Bei ca. 1200°C / 40min diffundieren die Bor-Atome 1,1µm in das Silizium hinein, gleichzeitig bildet sich aber auch eine SiO_2-Schicht der Dicke von 0,1µm (siehe Abb. 1.16). Zur Bildung einer Oxidschicht von 0,1 µm werden 0,045µm Silizium verbraucht.
Schritt 3	Abätzen des Vorbelegungsoxids. Erst durch die Entfernung des Vorbelegungsoxids kann eine zu hohe Dotierung der *p*-Wanne vermieden werden, denn die Dotierung der Vorbelegungsschicht liegt aus prozesstechnologischen Gründen über der gewünschten Konzentration an Bor-Atomen.
Schritt 4	Starkes Oxidwachstum zur Erzeugung einer SiO_2-Schicht zur Maskierung durch feuchte Oxidation. Bei ca. 1100°C / 185min werden im H_2O-Trägergas 1,2µm SiO_2 erzeugt, wobei die *p*-Wanne um weitere 0,9µm tiefer diffundiert und ca. 0,5µm Silizium verbraucht werden.
Schritt 5	Bildung einer guten Oxidoberfläche durch trockene Oxidation. Bei 1200°C / 480min im trockenen O_2-Trägergas werden 0,6µm SiO_2 erzeugt, wobei die *p*-Wanne um weitere 4,1µm tiefer diffundiert und ca. 0,3µm Silizium verbraucht werden.
Schritt 6	Inertes Ausbacken zur Verbesserung der Oxidqualität. Bei ca. 1200°C / 500min im N_2-Trägergas bildet sich kein weiteres SiO_2, die *p*-Wanne wächst aber um weitere ca. 4,1µm.
Schritt 7	Abätzen der Oxidschicht zur Öffnung über den Source / Drain-Inseln.
Schritt 8	Source / Drain-Diffusion aus der Gasphase mit Phosphor-Atomen. Bei ca. 1000°C / 200min diffundieren die Phosphor-Atome aus der Gasphase, die als unerschöpfliche Quelle dient, 0,2µm in das Substrat. Die *p*-Wanne wächst gleichzeitig um ca. 1µm weiter in die Tiefe.

Tab. 1.1 Prozessschritte zur Herstellung eines n-Kanal MOS-Transistors (n-MOSFET). Die Schichtdicken werden durch L_D (vgl. Gl. (1.22)) beschrieben, d. h. Absinken der diffundierenden Störstellen auf den e-ten Teil.

Erzeugung und Abtragung unterschiedlicher Schichten und verfolgt den Gesichtspunkt der "**Planarität**", d. h. die Abweichungen der Halbleiteroberfläche von ihrer anfänglichen Lage. Schließlich gibt Abb. 1.17 die erzielten Störstellenprofile der Prozessfolge an.

Die Abb. 1.17 zeigt das errechnete Netto-Störstellenprofil im senkrechten Schnitt nach einer Simulationsrechnung. Ausgangsmaterial ist <100> *n*-Silizium ($\rho \approx 1..2\Omega cm$) mit einer *n*-Grunddotierung von $3 \cdot 10^{15} cm^{-3}$ Phosphor-Atomen. Der Prozessablauf besteht aus 8 aufeinander folgenden Schritten. In Schritt 1 wird auf dem Halbleiter eine Bor-Vorbelegung erzeugt, die als erschöpfliche Diffusionsquelle für die nachfolgende Wannen-Diffusion dient,

```
! Titel und Gittermodus
title('N-MOS',NEWDIFf=0)
replace(control(ngraphic=8,1d=on))
graphic:(triangle=on,grid=on)
! Bauelementausdehnung
grid(x(0,1),y(0,-30),ny=100,nx=5,type=1d
! Substrat p-Grunddotierung mit Phosphor
Substrate(element=p,orien=100,concentration=3E15/cm3)
! Schritt 1: Vorbelegung mit Bor durch Diffusion
!            aus der Gasphase
diffusion(moddiff=Equilibrium,atmo=N2,
temperature=(600,800,900),time=(10,5,50),elem=b,
conc=1E21)
! Schritt 2: Austreiben der Vorbelegungsschicht
!            im O2-Trägergas -> trockene Oxidation
diffusion(moddiff=Equilibrium,atmo=O2,
temperature=(900,1200,1200,1100),time=(15,15,10))
1d(rs)
! Schritt 3: Vorbelegungsoxid abätzen
etch(mat=ox)
! Schritt 4: starkes Oxidwachstum im H2O-Trägergas
!            -> feuchte Oxidation
diffusion(moddiff=Equilibrium,atmo=H2O,
temperature=(1100,1100,1200),time=(180,5))
1d(rs)
! Schritt 5: Bildung von gutem Oberflächenoxid
!            im O2-Trägergas -> trockene Oxidation
diffusion(moddiff=Equilibrium,atmo=O2,
temperature=(1200),time=(480))
1d(rs)
! Schritt 6: inertes Ausbacken
diffusion(moddiff=Equilibrium,atmo=N2,
temperature=(1200,1200,1000),time=(470,30))
! Schritt 7: Abätzen des Oxids
!            -> Öffnen für Drain/Source-Inseln
etch(mat=ox)
! Schritt 8: Drain/Source Diffusion von Phosphoratomen
!            aus der Gasphase
diffusion(moddiff=Equilibrium,atmo=N2,
temperature=(1000,600),time=(20,180),elem=p,conc=1E21)
1d(rs)
```

Abb. 1.15 Programmtext für DIOS-Simulation [ISE03] der Herstellung eines n-Kanal MOS-Transistors. Der Programmtext beschreibt einen Prozess gemäß der Schritte in Tab. 1.1. Ergebnis der Simulation ist das Störstellenprofil in Abb. 1.17. Mit dem Befehl "grid" wird die Halbleiterstrukturausdehnung definiert und ein Rechengitter definiert, das für die numerische Lösung der Simulationsgleichungen benötigt wird (in diesem Falle muss im Wesentlichen die Diffusionsgleichung gelöst werden). Mit der Anweisung "substrate" wird die Grunddotierung und Kristallrichtung festgelegt. Es folgen dann mit den Befehlen "diffusion" und "etch" die Diffusionsprozesse bzw. Ätzprozesse.

die in den Schritten 2 bis 6 erfolgt. Schritt 7 erzeugt eine Oxidschicht, die der in Schritt 8 folgenden Diffusion von Phosphor-Atomen aus der Gasphase als Maske dient. Der Diffusionsvorgang in Schritt 8 erzeugt die Source- / Drain-Inseln. In der Tab. 1.1 sind die einzelnen Schritte gemäß des Programmtextes (Abb. 1.15) für das Simulationsprogramm DIOS[1] [ISE03] erläutert.

Wie in Abb. 1.17 dargestellt, entsteht eine Schichtfolge (von außen nach innen) Source- / Drain: *n*-Si (0,1...0,2µm), Wanne: *p*-Si (ca. 1µm bis ca. 16µm), Substrat: *n*-Si (ab ≈ 16µm). Für die hier gewählten Verläufe wird die Source- / Drain-Diffusion bis an die Konzentration getrieben, von der ab es Phosphor-Ausscheidungen gibt ($5 \cdot 10^{20} cm^{-3}$). Die Wannen-Konzentration fällt von $N_{Bor} \approx 10^{18} cm^{-3}$ auf $N_{Bor} \approx 10^{16} cm^{-3}$.

Vereinfachend haben wir bei unseren Abschätzungen angenommen, dass die Bor-Störstellen in Silizium- und SiO_2-Schichten gleichartig diffundieren. Das Simulationsprogramm DIOS berücksichtigt die Unterschiede. Insofern gelten unsere Tiefenabschätzungen in Abb. 1.16 näherungsweise, wenn Störstellen nacheinander SiO_2- und Siliziumschichten zu durchqueren haben. Im Störstellenprofil (Abb. 1.17) ist zu erkennen, dass bei der Entfernung der Oxidschichten auch Halbleitermaterial abgetragen wird, da die Oberfläche nach der

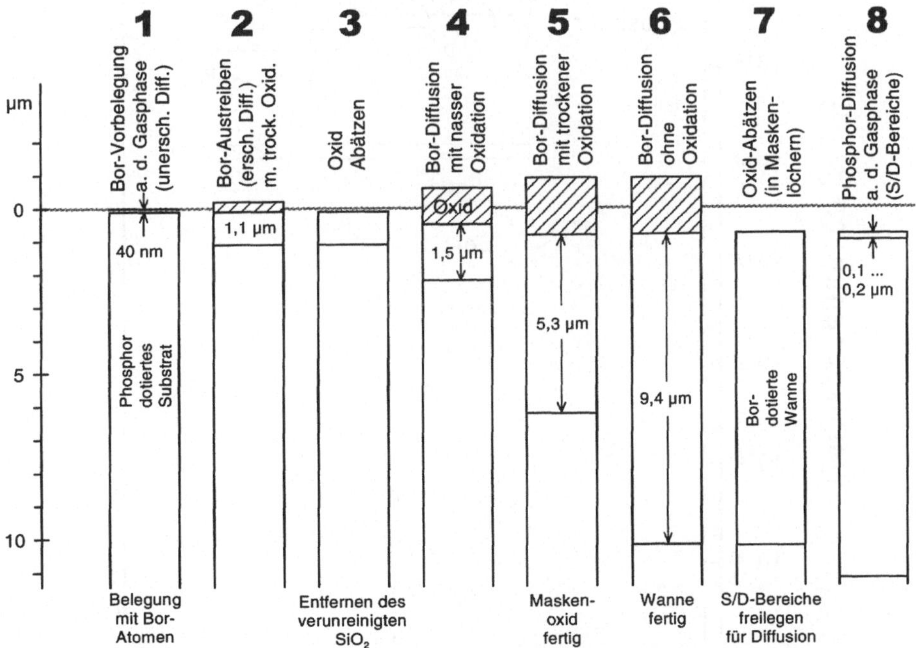

Abb. 1.16 Oxidwachstum, Planarität und Wärmebudget der einzelnen Prozessschritte nach Abb. 1.15 für die Herstellung eines n-Kanal-MOS-Transistors. Die eingezeichneten Tiefen errechnen sich aus der Zeit des Oxidwachstums und der Diffusionstiefe der Störstellen.

1. anstelle des zitierten Simulationsprogrammes kann natürlich auch ein anderes, wie z. B. SUPREM [SUP03] benutzt werden.

Prozessabfolge nicht mehr mit dem Ursprung der Tiefenskala übereinstimmt (Abb. 1.16). In Abb. 1.17 werden die Schichtdicken bis zum Umschlagsort in die unterschiedliche Störstellenart beschrieben. Dadurch erklären sich die unterschiedliche Werte zur Tab. 1.1 bzw. Abb. 1.16, bei denen die Ausdehnung der Wannen über die Diffusionlänge L_D beschrieben wird.

Insgesamt gibt unsere Simulation ein Beispiel für die Beachtung des „**Wärmebudgets**", wie man an den jeweils aufwachsenden SiO_2-Schichten und an der allmählich tiefer eingetriebenen Störstellendichte erkennen kann. Dazu gehört ebenfalls, dass die höchsten Prozesstemperaturen bei den ersten Schritten verwendet werden sollten und i. Allg. in der Prozessabfolge die Temperaturen sinken.

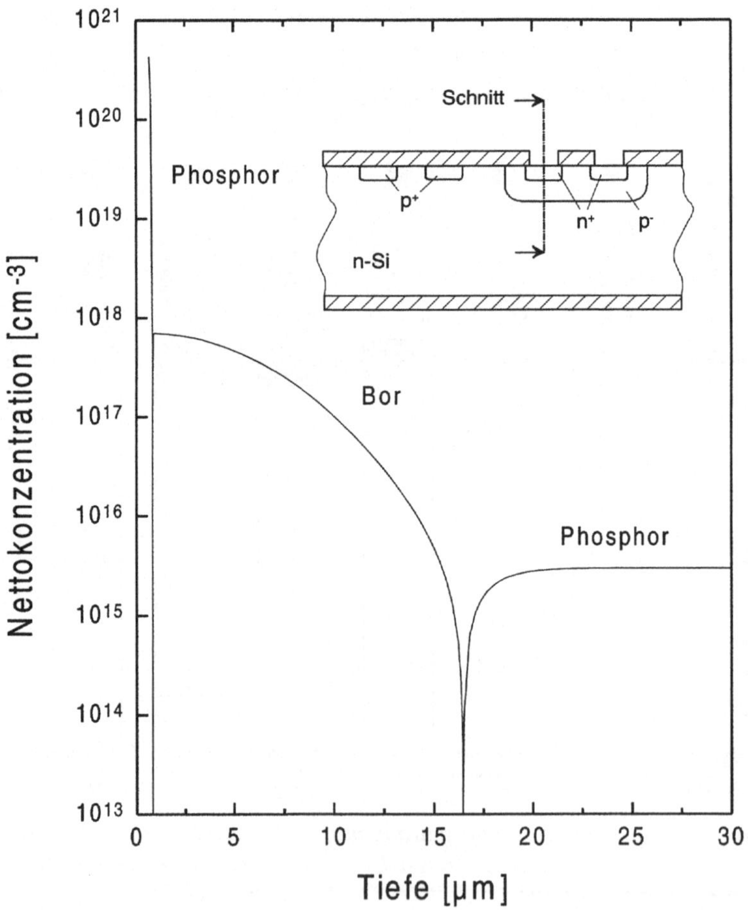

Abb. 1.17 Nettostörstellenprofil $|N_A - N_D|$ in halblogarithmischer Auftragung im Schnitt durch n^+-Source- / Drain-Inseln, p-Wanne und n-Substrat eines n-MOSFETs errechnet mit dem Simulationsprogramm DIOS [ISE03]

1.9 Ionenimplantation von Dotierstoffen

Die Ionenimplantation stellt anstelle der Diffusion heute das wichtigste Verfahren dar, einen Halbleiter zu dotieren. Bei der Ionenimplantation von Fremdatomen werden diese Z-fach ionisiert, separiert, im elektrischen Feld der Potentialdifferenz U beschleunigt und mit der erzielten Endenergie

$$W = q \cdot Z \cdot U \tag{1.25}$$

in den Halbleiterkristall ("Wafer") geschossen (Abb. 1.18). Dabei ist q die Elementarladung und Z die Ladungszahl. Durch die Wechselwirkung mit den Elektronenhüllen und Gitterbausteinen verlieren die implantierten Ionen über zahlreiche Einzelstöße ihre Energie und kommen nach einer mittleren (projizierten) Weglänge R_P zur Ruhe. In erster Näherung sind sie mit einer Standardabweichung ΔR_P um die mittlere Weglänge nach der **Gauß-Verteilung** angeordnet. So entstehen Profile, die einer Glockenkurve entsprechen, und die mit wachsender Implantationsenergie immer tiefer im Kristall liegen und ebenfalls immer breiter werden (Abb. 1.19 und Abb. 1.20). Während Implantationen in Zufallsrichtungen des Kristalls die Gauß-Verteilungen gut bestätigen, zeigen Implantationen in niedrig-indizierte Vorzugsrichtungen des Kristalls tief in den Halbleiter-Kristall reichende Ausläufer, die durch sogen. **Channeling** der Projektil-Ionen im wohlausgerichteten und weitgehend fehlerfreien Kristallgitter entstehen (siehe Abb. 1.21). Channeling tritt auf, wenn der Geschwindigkeitsvektor des eindringenden Ions mit einer Vorzugsrichtung des Kristalls übereinstimmt. Das Ion wird weniger stark abgebremst und kann durch „Kristallkanäle" tief in das Gitter eindringen. Eine Dejustierung der Einschussrichtung um wenige Grad (Abb. 1.21)

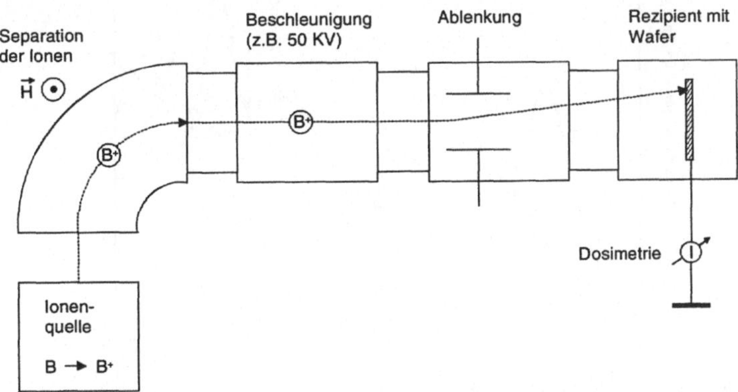

Abb. 1.18 Schema der Ionenimplantation. Über den Implantationsstrom I wird die Dosisleistung, über das Zeitintegral von I die Dosis der implantierten Störstellen bestimmt.

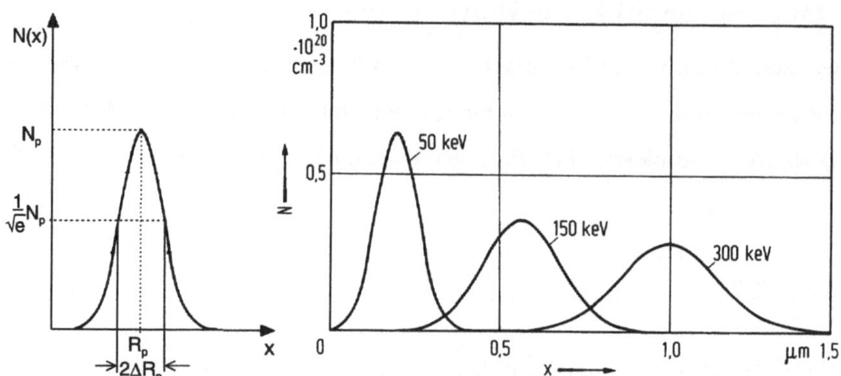

Abb. 1.20 Errechnete Verteilungskurve einer Bor-Implantation [Rug84] und Bezeichnungen

gegenüber der Vorzugs-Kristallrichtung oder eine Amorphisierung durch z. B. Helium- oder Argon-Ionen hilft Channeling zu vermeiden. Die Verteilungskurve *N(x)* pro cm³ der implantierten Atome hängt mit der Flächendichte N_s auftreffender Ionen pro cm² (= Dosis) folgendermaßen zusammen:

$$N_S = \int_{+0}^{\infty} N(x)dx. \tag{1.26}$$

Mit der Annahme einer Gauß-Verteilung ergibt sich

$$N(x) = \frac{1}{\sqrt{2\pi}} \cdot \frac{N_S}{\Delta R_p} \cdot \exp\left[-\frac{1}{2}\left(\frac{x-R_p}{\Delta R_p}\right)^2\right]. \tag{1.27}$$

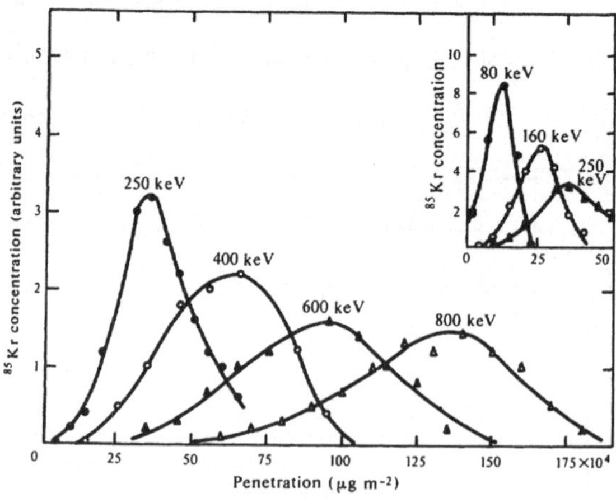

Abb. 1.19 Reichweitenverteilung von Krypton-Ionen, die mit verschiedenen Energien in amorphes Aluminiumoxid (Al_2O_3) implantiert wurden [Car81/p.75]. Die durchgezogenen Kurven sind gerechnet, die Symbole geben Messwerte an.

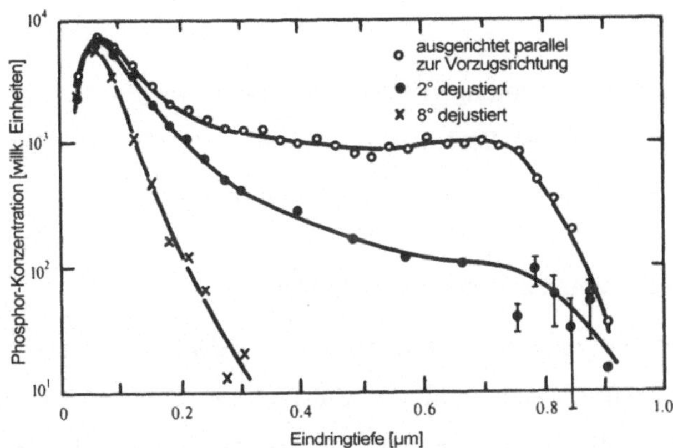

Abb. 1.21 Unterdrückung des Channeling-Effektes durch Wafer-Dejustierung bei Phosphor-Implantation (Energie 40 keV) [Car81/p.78]

Die Abb. 1.20 zeigt errechnete Verteilungskurven für Bor-Implantationen sowie die Bezeichnungen der mittleren (projizierten) Reichweite R_p, weiter deren Standardabweichung („Reichweitenstreuung") ΔR_p und des Maximalwertes („peak") N_p der Störstellendichte. Nach der Implantation von Ionen ist durch den Energieübertrag das Gitter des Halbleiterkristalls stark gestört und muss durch thermische Prozesse (engl. annealing = ausheilen) wieder zu

Ionenimplantation und Diffusion in einer modernen Siliziumtechnologie

Die Ionenimplantation ist im Hinblick auf präzise Einstellung von Störstellen-Dichte und –Verteilung im oberflächennahen Bereich eines Wafers beim Vergleich mit der Diffusion das geeignetere Verfahren. Die Diffusion ist als Ausgangsprozess der Dotierung in ihrer Bedeutung zurückgetreten. Unter dem Gesichtspunkte des **Wärmebudgets** (s. Abschnitt 1.8 auf S. 20) und der **Gitterdefekte**, die durch Ionenimplantation entstehen und für gute elektronische Eigenschaften des Silizium wieder ausgeheilt werden müssen, muss Diffusion jedoch weiter im Auge behalten werden. Temperaturbehandlung („**Temperung**") nach Ionenimplantation setzt diffundierende („verfließende") Störstellenprofile in Bewegung, infolge der allmählichen Ausheilung der Defekte verlangsamt unter der Wirkung eines sich verringernden Diffusionskoeffizienten. Alle nachfolgenden Temperaturerhöhungen des Wafers spielen für den Erhalt der Störstellenprofile eine Rolle.
Heute strebt man innerhalb einer **Technologie kleinster Bauelementstrukturen** (Strukturfeinheit $\leq$ 0,18µm) entsprechend **flache *pn*-Übergänge** an (für den Source- und Drain-Kontakt mit einer Junction-Tiefe von < 100nm). Man erzielt sie mittels Bor-Implantationen der Energie 2...20keV durch eine dünne SiO_2-Schicht auf dem *n*-leitenden Substrat hindurch. Die erforderliche Temperung erfolgt innerhalb einer **RTP-Apparatur** (engl. rapid thermal processing, schnelle thermische Prozessführung), die mit leistungsstarken Metallband-Lampen die implantierten Wafer im Quarzrohr unter Schutzgas innerhalb kürzester Zeit (z. B. ≈ 10s) auf 1000°C erwärmen und wieder abkühlen. Dabei heilen die Gitterschäden aus ohne nennenswertes Verfließen der Dotierungsprofile.

befriedigenden elektrischen Eigenschaften (insbes. Lebensdauer der Minoritätsladungsträger τ) regeneriert werden.

Bei diesen thermischen Behandlungen kann das eingestellte Störstellenprofil aufgrund des durch Gitterstörungen erhöhten Diffusionskoeffizienten "zerfließen". Oft nutzt man diesen Umstand aus und diffundiert gezielt aus implantierten Belegungen.

1.10 Herstellung von Epitaxie-Schichten

Unter Epitaxie versteht man das monokristalline Aufwachsen einer Schicht auf einem monokristallinen Substrat. Dabei gibt das Substrat die Orientierung der aufwachsenden Schicht vor. Grundsätzlich läuft der Vorgang der Anlagerung einzelner Atome bei der jeweiligen Prozesstemperatur exotherm ab, d. h. es wird Wärme frei durch die Anlagerung in Form von Adhäsion, und die Gesamtenergie des Systems Atom / Substrat wird geringer. Je nachdem, ob das aufwachsende Atom in einer "Ecke" einer Schichtstufe dreiseitig umgeben (Abb. 1.22 Pos. 1), vor einer Schichtstufe zweiseitig umgeben (Abb. 1.22 Pos. 2) oder frei auf einer Ebene einseitig umgeben (Abb. 1.22 Pos. 3) angelagert wird, ist der Energiegewinn ΔW bei der Adhäsion als Vorstufe epitaktischer Anlagerung unterschiedlich groß:

$\Delta W(1) > \Delta W(2) > \Delta W(3)$.

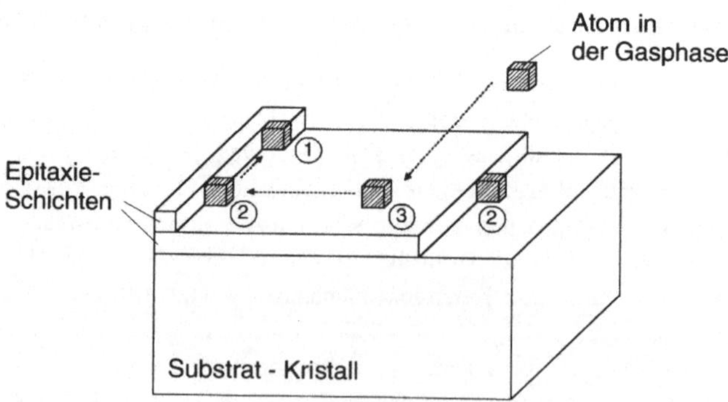

Abb. 1.22 Abscheiden epitaxialer Schichten aus der Gasphase (engl. Vapour Phase Epitaxy - VPE)

Bei hoher Prozesstemperatur stattet man dabei die aufwachsenden Atome mit ausreichend thermischer Energie aus, um sie gegebenenfalls aus einer Pos. 3 über Pos. 2 bis in Pos. 1 wandern zu lassen. Insofern beobachtet man u. a., dass das epitaktische Wachstum schichtweise abläuft, solange ungestörte Schichten vorliegen. Störungen einer Ebene

(Rauhigkeiten; Fremdkristall-Gitter der Hetero-Epitaxie, Substratfehler u. a.) wirken als Epitaxie-Keime und begünstigen Inselbildungen für den Beginn einer neuen Ebene auf dem Substrat, bevor die vorherige Ebene abgeschlossen ist.

Beim Silizium steht vor allem die Methode der Gasphasen-Epitaxie (VPE - engl. Vapour Phase Epitaxy) im Vordergrund, um dotierte kristalline Siliziumschichten auf Substraten aufwachsen zu lassen. Ziel ist dabei, niedrig dotierte Epitaxie-Schichten auf hoch dotiertem Halbleitermaterial wachsen zu lassen. Die Epitaxie-Schicht bildet dann z. B. den Kollektorbereich eines Bipolartransistors, in dem durch Diffusionen anschließend der Basis- und der Emitter-Bereich hergestellt werden (Abb. 1.23). Ebenfalls benutzt man bei einem modernen CMOS-Prozess epitaxierte Wafer, wie z. B. in Abb. 1.27c und Abb. 1.28 dargestellt.

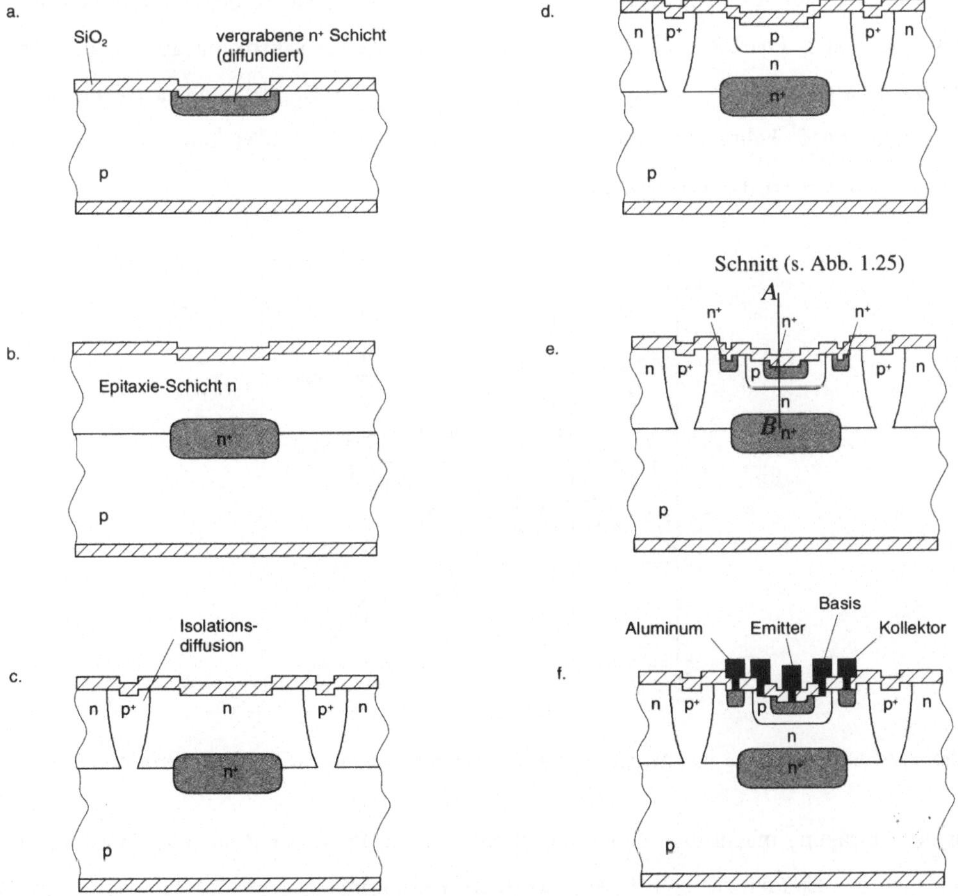

Abb. 1.23 Prozessfolge für einen Bipolartransistor (Epitaxie-Prozess im Schritt b.)

Der Dotierstoff wird dabei bereits in der Gasphase der abzuscheidenden gasförmigen Siliziumverbindung beigemischt.

Das wichtigste industrielle VPE-Verfahren der Siliziumtechnologie ist die **Wasserstoff-Reduktion des Silizium-Tetrachlorides** mit der Reaktionsgleichung

$$SiCl_4\,(Gas) + 2\,H_2\,(Gas) \leftrightarrow Si(fest) + 4\,HCl(fest). \qquad (1.28)$$

Bei dem Prozess handelt es sich um eine Gleichgewichtsreaktion, die stets in beiden Richtungen ablaufen kann. Typische Reaktionsbedingungen für die Abscheidung von festem Silizium liegen bei Temperaturen von 1150°C bis 1280°C und einer Konzentration des $SiCl_4$ innerhalb des Wasserstoffträgergases von 0,5 bis 3Mol-% vor (Durchflussrate von 1l / min).

Damit erzielt man Aufwachsraten von 0,5...2,0µm / min. Nachteile des Verfahrens sind vor allem die hohen Prozesstemperaturen mit der Folge von Ausdiffusion aus hochdotiertem Substrat sowie Erzeugung von Gitterfehlern. Bei zu hoher Beimengung des Epitaxiegases $SiCl_4 \geq 25$Mol-% kehrt sich die Reaktionsrichtung in Gl. (1.28) um, und aus einem Aufwachsprozess wird ein Ätzprozess (Abb. 1.24).

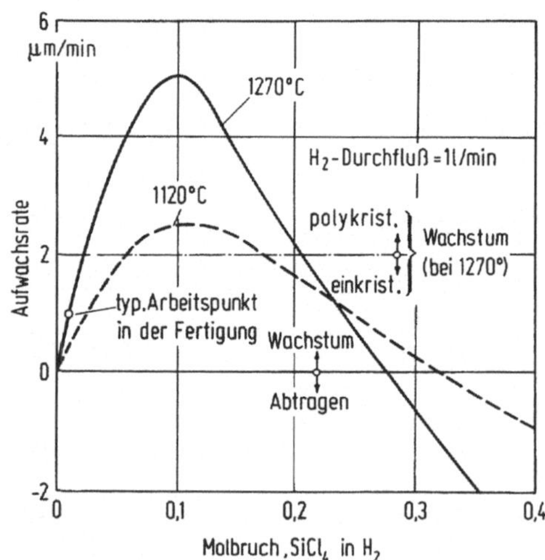

Abb. 1.24 Aufwachsrate von Silizium in Abhängigkeit von der $SiCl_4$ Konzentration [Rug84]

Für die Abtragung macht man dabei vor allem die beim Prozess entstehende Salzsäure HCl, aber auch das Epitaxiegas selbst verantwortlich. Bei geringem Wert des Molenbruches von $SiCl_4 \leq 3\%$ entstehen bei entsprechend langsamem Wachstum Epitaxie-Schichten hoher

Kristallqualität mit einer Dicke bis zu 100µm. Bei zu hohem Angebot des Epitaxiegases $SiCl_4$ ≈2 0 Mol-% entstehen polykristalline Schichten, weil dann entsprechend Abb. 1.22 die einzelnen Atome nicht Zeit haben, sich geordnet an bereits vorhandene kristalline Schichten anzulagern. In allen Fällen findet die $SiCl_4$-Reduktion zu Siliziumatomen katalytisch unmittelbar an der Oberfläche und nicht im Gasstrom statt.

Abschließend zeigt Abb. 1.25 das Dotierungsprofil des Bipolar-Transistors von Abb. 1.23.

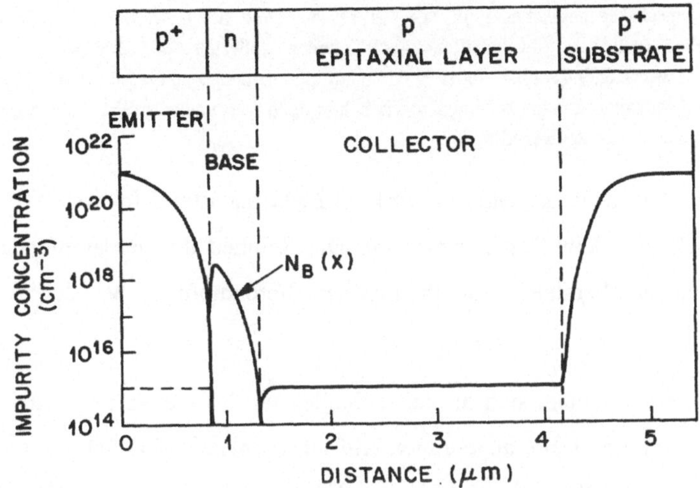

Abb. 1.25 Dotierungsprofil eines epitaxiert-diffundierten Bipolartransistors entsprechend der Prozessfolge der Abb. 1.23e bis in die vergrabene Schicht (Schnitt A-B) [Sze85]

1.11 Metallisierung

Zur Metallisierung stehen als Standard-Verfahren die Aluminium-Metallisierung und die Polysilizium-Metallisierung zur Wahl. Für beide Verfahren wird die gesamte Probe mit Metallisierung bedeckt und die Leiterbahnen bzw. Gate-Bereiche mit Hilfe der Mikrostrukturtechnik nach Ätzung auf dem Wafer belassen.

1.12 Aluminium-Metallisierung

Die Metallisierung findet in einem Aufdampfstand im Hochvakuum durch Metallverdampfung oder –zerstäubung statt. Der Arbeitsdruck beträgt $< 10^{-6}$Torr $= 1{,}3 \cdot 10^{-4}$Pa. Bei der thermischen Verdampfung befindet sich das Metall in einem "Schiffchen", das elektrisch zum Glühen gebracht wird. Bei der Elektronenstrahlverdampfung befindet sich das Metall in einem

Cu- oder Al-Metallisierung?

Neuerdings setzt man auch häufig Kupfer Cu als Metallisierung in den Chips ein. Kupfer hat eine höhere spezifische elektrische Leitfähigkeit als Aluminium und widersteht besser der **Elektromigration**, bei der infolge des Stromflusses Siliziumatome in die aufgebrachte Aluminium-Schicht* wandern ("Spiking"). Insofern scheidet man meist mit dem Aluminium etwas Silizium ($\approx$ 1 Gew.-%) ab und verhindert die Diffusion von Siliziumatomen in die Aluminium-Schicht. Beim Kupfer bedient man sich des sogen. **Damaszener-Prozesses** für die Cu-Leiterbahnen. Nachdem man zuvor in einer SiO_2-Schicht an den Stellen späterer Leiterbahnen Gräben erzeugt hat, sputtert man auf den gesamten Wafer eine Cu-Schicht. Durch einen **CMP-Arbeitsgang** (engl. chemical-mechanical polishing, Chemisch-Mechanisches Polieren) schleift man nun die Cu-Schicht zwischen den Cu-gefüllten Gräben völlig ab und behält die voneinander isolierten Cu-Leiterbahnen zurück Die Bezeichnung „Damaszener-Technik" bezieht sich auf die seit alters her bekannte Einlegetechnik unterschiedlich gefärbter und in Schmiedetechnik homogen verbundener Eisenschichten in zuvor geätzten Gräben auf einer Schwertklinge.

Tiegel. Auf die Oberfläche des Metalls wird ein Elektronenstrahl fokussiert, der es aufheizt und ohne Kontakt mit dem Tiegel verdampft. Die Reinheit des verdampfenden Metalls ist dabei vorzüglich im Vergleich zur thermischen Verdampfung, bei der stets Tiegelgut mitverdampft.

Der Aluminiumdampf schlägt sich an kalten Stellen wieder nieder. Die Siliziumwafer sind halbkugelförmig um die Quelle angeordnet. Auf ihnen entsteht eine Schicht von einigen µm Aluminium. Typischer Wert des spezifischen Widerstandes von Aluminium-Schichten ist $\rho = 2,5...3,0 \cdot 10^{-6} \Omega cm$. Die entstehende Schichtdicke wird automatisch mit Hilfe eines Schwingquarzes gemessen, der ebenfalls bedampft wird und dessen Resonanzfrequenz durch die Aluminium-Schicht verändert wird. Die Bedeutung der Aufdampfprozeduren ist gegenüber den neuen **Sputter-Verfahren** zurückgetreten. In einem Sputter-System wird eine Quelle des gewünschten Materials mit Argon-Ionen beschossen, die z. B. Aluminium-Atome aus der Quelle herausschlagen. Diese "abgesputterten" Atome scheiden sich auf dem Wafer ab. Zur Verhinderung von sogenanntem Spiking (nadelförmige Aluminiumkurzschlüsse in Siliziumschichten) wird AlSi aufgesputtert (vgl. Kasten "Cu- oder Al-Metallisierung?").

1.13 Polysilizium-Leiterbahnen

Grundsätzlich lässt sich Silizium ebenfalls durch Elektronenstrahlverdampfung als amorphe Schicht abscheiden. Zur Bauelementherstellung benutzt man jedoch die Technik der Abscheidung aus der Gasphase. Siliziumwasserstoff (Silan) dissoziiert an der heißen Waferoberfläche

$$SiH_4 \xrightarrow{630°C,60Pa} Si + 2H_2 \tag{1.29}$$

Als Trägergase werden Wasserstoff (H_2), Argon (Ar) oder Stickstoff (N_2) verwendet. Polykristallines Silizium wird in einem LPCVD-Reaktor (engl. low pressure chemical vapour deposition) abgeschieden. Die Siliziumwafer liegen nach thermischer Oxidation auf einem Träger aus Graphit, der in einem wenig erhitzten Quarzrohr induktiv aufgeheizt wird. Die Schichtdicken betragen 0,3 bis 1,0μm, die Abscheiderate liegt bei 20nm / min. Undotiertes Polysilizium hat einen spezifischen Widerstand $\rho \approx 10^4 \Omega$cm. Damit es eine ähnlich hohe Leitfähigkeit wie Metalle erlangt, muss das Polysilizium hochdotiert werden. Dies erfolgt z. B. bei der Silicon-Gate-Technik automatisch.

1.14 Silicon-Gate-Technik

Die Silicon-Gate-Technik benutzt polykristallines Silizium (Poly-Si), statt z. B. Aluminium für das Gate eines MOSFETs. Vorteil dieser Technik ist, dass das Poly-Si-Gate auch als Maske benutzt werden kann (Selbstjustierung oder "Auto-Alignment"). Dabei werden in einem Schritt das Polysilizium durch Ionenimplantation hoch dotiert und die Source- / Drain-Gebiete erzeugt. Man erreicht damit, dass die Source- / Drain-Gebiete direkt an das Gate angrenzen. Die Überlappung des Gate-Bereichs über die Source- / Drain-Gebiete durch laterale Verschiebung, wie sie durch sukzessive Prozessschritte wegen fehlerhafter Maskenjustierung oder Unterdiffusion entstehen können, tritt hier nicht auf (vgl. Abschnitt 1.7 auf S. 19).

Das Polysilizium schützt weiterhin während des Ionenimplantationsschrittes das hochreine, elektrisch belastbare dünne Gateoxid. Bei der Implantation wird das Polysilizium so hochdotiert, dass der spezifische Widerstand auf $\rho = 4...5 \cdot 10^{-4} \Omega$cm (Phosphor oder Bor dotiert) absinkt. Dieser Wert ist dann nur ungefähr 100mal höher als bei Aluminium-Metallisierungen.

In der Prozessfolge in Abb. 1.26 wird zunächst für einen *p*-MOSFET eine Öffnung im Dickoxid (1...2μm) erzeugt, die den Source- / Gate / Drain-Bereich umfassen soll (a). Im nächsten Schritt wird ein dünnes Gateoxid (0,05...0,1μm) gebildet und mit einer Polysiliziumabscheidung beschichtet (b). Nun wird das Polysilizium im Gate-Bereich geätzt, so dass das Gate erhalten bleibt und die Source- und Drain-Bereiche freigelegt werden (c). Als nächster Schritt werden Bor-Atome in den Wafer implantiert (d). Im Gate-Bereich erfolgt die Implantation in die Polysiliziumschicht, im Source- und Drain-Bereich in das Substrat zur

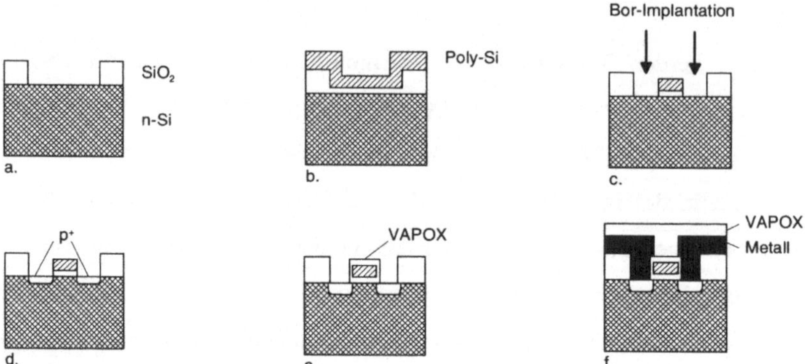

Abb. 1.26 Prinzip der Silicon-Gate-Technik, Auto-Alignment ergibt sich zwischen Schritt (c) und (d)

Erzeugung der p^+-Inseln. Eine nachfolgende Eintreibdiffusion führt zur Vertiefung der Inseln. Anschließend wird "VAPOX" (SiO_2 aus der Gasphase) abgeschieden, aus dem die Kontaktlöcher für Source- und Drain-Anschluss herausgeätzt werden (e). Nach Metallisierung wird alles mit VAPOX überschichtet (f). Das Gate wird seitlich kontaktiert.

1.15 Refraktärmetall-Beschichtungen

Die Refraktärmetalle Molybdän (Mo), Wolfram (W), Tantal (Ta) und Titan (Ti) finden als reine Metalle und auch in Form ihrer Silizide ($MoSi_2$, WSi_2, $TaSi_2$ und $TiSi_2$) Verwendung bei der Herstellung niederohmiger Verbindungen. Häufig werden dabei die Silizide auf einer Polysiliziumschicht abgeschieden und bilden damit gemeinsam ein sogenanntes Polyzid. "Refraktär" ist vom engl. refractory übernommen und bezeichnet die Schwerschmelzbarkeit dieser Metalle, deren Schmelzpunkte alle sehr hoch liegen: $T_s(Mo) \approx 2600°C$; $T_s(Ta;Ti) \approx 2900°C$; $T_s(W) \approx 3300°C$.

Die Refraktärsilizide werden meist durch Aufdampfen oder (kaltes) Abtragen des betreffenden Materials im Argon-Ionenstrahl ("Sputtern") und Niederschlagen auf einer (Poly-) Siliziumoberfläche erzeugt, in die die Refraktärmetallschicht eingesintert wird. Dabei bildet sich die Silizid-Verbindung. Den niedrigsten Wert des spezifischen Widerstandes erzielt man bei $TiSi_2$ ($\rho \approx 13...16 \mu\Omega cm$).

Zu beachten ist, dass die spezifischen Widerstände der dünnen Schichten sich von denen des "massiven" Materials unterscheiden. Als Anhaltspunkte dienen die folgenden Werte des Schichtwiderstandes R_S (s. Abschnitt 3 auf S. 87) von 1μm-dicken Leiterschichten zwischen

SiO_2-Schichten:

	Poly-Si (hochdotiert)	$TaSi_2$	Al
R_S / Ω / □	30	1,25	0,025

Tab. 1.2 Schichtwiderstand verschiedener Materialien (bei 1 μm tiefen Leiterschichten)

Der **Schichtwiderstand** R_S beschreibt den Widerstandswert eines quadratischen Leiterbahnstückes der Breite b, der Länge l, wobei $b = l$ gilt, und der Tiefe d (im Beispiel $d = 1\mu m$). Im Falle eines konstanten spezifischen Widerstandes gilt

$$R_s = \frac{\rho}{d}, \tag{1.30}$$

wobei R_S in Ω / □ und ρ in Ωcm angegeben werden (ausführlich wird der Schichtwiderstand R_s in Abschnitt 3.1 auf S. 87 erörtert).

1.16 CMOS-Prozesstechnologie

Der überwiegende Teil aller heutzutage hergestellten integrierten Schaltungen wird in der CMOS-Schaltungstechnik[1] entworfen. Damit hat die CMOS-Prozesstechnologie einen hohen Stellenwert und soll hier im Detail erläutert werden. Im Mittelpunkt eines CMOS-Prozesses steht die Herstellung von n-Kanal- und p-Kanal-MOS-Transistoren. Die Funktionsweise dieser Transistoren wird in Abschnitt 7 ausführlich diskutiert. Daher beschränkt sich die folgende Beschreibung auf die Technologieschritte zur Herstellung dieser Transistoren. Im allgemeinen weist das Siliziumausgangsmaterial, der Siliziumwafer, eine niedrige homogene Vordotierung auf. Ist diese vom n-Typ, spricht man vom n-Substrat, beim p-Typ vom p-Substrat. Je nach Substratdotierung wird zwischen drei CMOS-Prozessen unterschieden: dem p-well, dem n-well und dem twin-well-Prozess[2]. Komplementäre MOS-Transistoren, die innerhalb der drei unterschiedlichen CMOS-Prozesse realisiert werden, sind in Abb. 1.27 gezeigt.

Bei der p-well-Struktur ist der n-MOSFET, bei der n-well-Struktur ist der p-MOSFET infolge der jeweiligen Wannen-Kompensation der Substrat-Dotierung das schwieriger herzustellende Bauelement. Erst die twin-well-Struktur erlaubt durch getrennt implantierte Wannen in eine gering dotierte Epitaxie-Schicht (z. B. p^--Si-Epi auf p^+-Siliziumsubstrat in Abb. 1.27) den unabhängigen und gleichrangigen Aufbau beider komplementärer MOSFETs.

1. CMOS: Complementary Metal Oxide Semiconductor
2. Wanne (engl. well, tub)

Grundstruktur von MOS-Transistoren

Ein n-Kanal-MOS-Transistor (oder kurz: n-MOS-Transistor) besteht aus einem niedrig dotierten p-Substratgebiet, in dem sich zwei hochdotierte n-Wannen, die Source- und die Drain-Wanne befinden. Die Region zwischen Source und Drain heißt Kanalgebiet (engl. channel). Das Kanalgebiet wird durch das Dielektrikum SiO_2 vom Gatekontakt getrennt. Ein Rückseitenkontakt erlaubt es, das Substratgebiet auf ein definiertes Potential zu legen. Ein p-MOS-Transistor ist analog aufgebaut, jedoch mit komplementärer Dotierung.

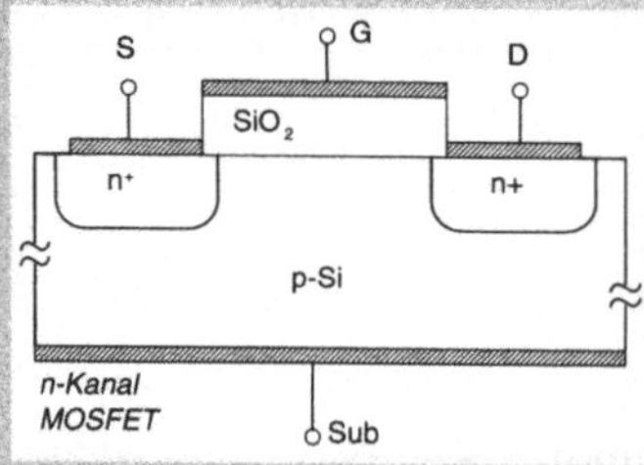

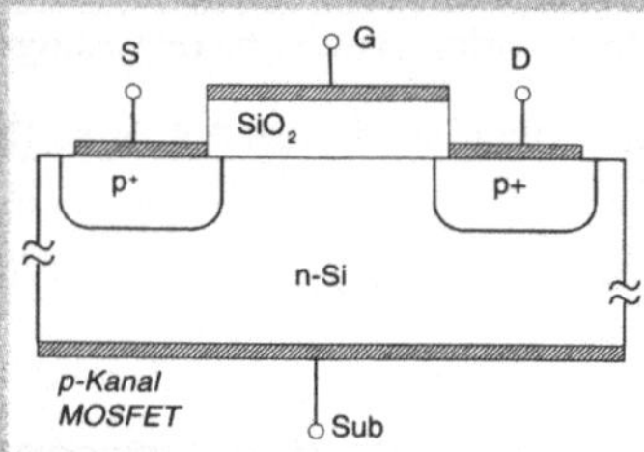

Am Beispiel eines twin-well-Prozesses soll nun dargestellt werden, welche Technologieschritte bei der Herstellung einer integrierten Schaltung durchlaufen werden. Dabei wird zur Illustration ein einfacher CMOS-Inverter gewählt. Moderne CMOS-Prozesse beinhalten mehr als ein Dutzend Masken und ein Vielfaches mehr an Prozessschritten. In Abb. 1.28 werden die wichtigsten Grundschritte zur Herstellung eines **Inverters in einer CMOS-Technologie als 9 Masken-Prozess** verdeutlicht. Die Beschreibung baut auf einem 0,25μm-CMOS-Prozess [Dav92] auf, der zugunsten einer besseren Verständlichkeit

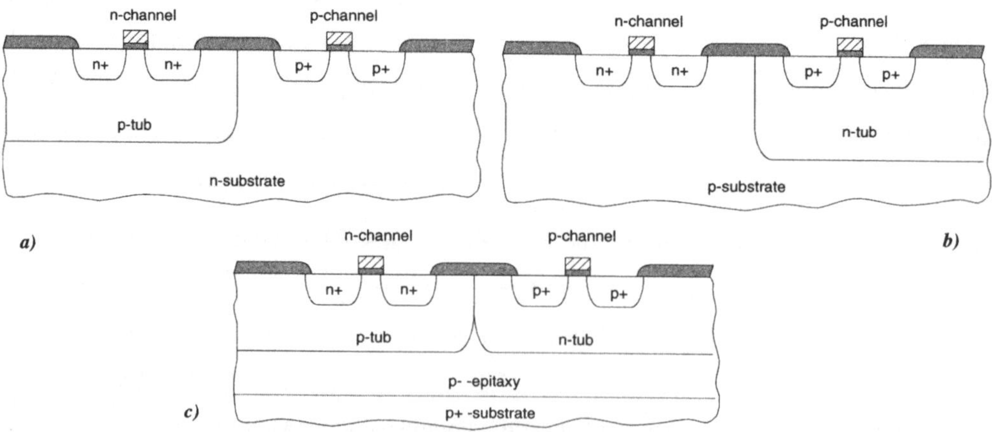

Abb. 1.27 Unterschiedliche CMOS-Prozesse [Cha96]: a) p-well (oder p-tub), b) n-well (oder n-tub), c) twin-well (oder twin-tub).

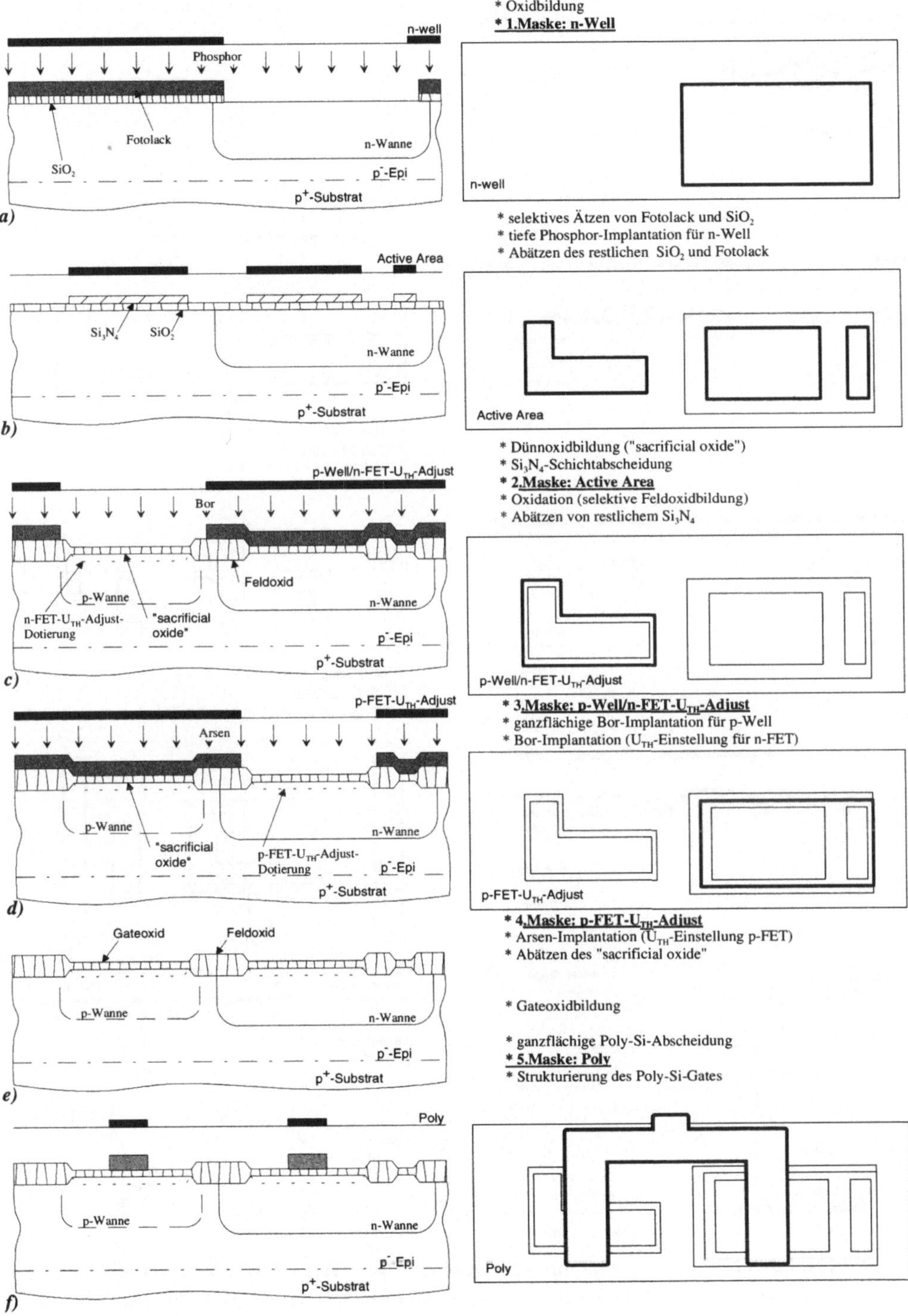
n-well
Phosphor
Fotolack
n-Wanne
SiO2
p⁻-Epi
p+-Substrat
a)
* Ausgangsmaterial: p+-Substrat mit p⁻-Epitaxie-Schicht
* Oxidbildung
* 1.Maske: n-Well
n-well
* selektives Ätzen von Fotolack und SiO2
* tiefe Phosphor-Implantation für n-Well
* Abätzen des restlichen SiO2 und Fotolack
Active Area
Si3N4
SiO2
n-Wanne
p⁻-Epi
p+-Substrat
b)
Active Area
* Dünnoxidbildung ("sacrificial oxide")
* Si3N4-Schichtabscheidung
* 2.Maske: Active Area
* Oxidation (selektive Feldoxidbildung)
* Abätzen von restlichem Si3N4
p-Well/n-FET-UTH-Adjust
Bor
Feldoxid
p-Wanne
n-Wanne
n-FET-UTH-Adjust-Dotierung
"sacrificial oxide"
p⁻-Epi
p+-Substrat
c)
p-Well/n-FET-UTH-Adjust
* 3.Maske: p-Well/n-FET-UTH-Adjust
* ganzflächige Bor-Implantation für p-Well
* Bor-Implantation (UTH-Einstellung für n-FET)
p-FET-UTH-Adjust
Arsen
p-Wanne
n-Wanne
"sacrificial oxide"
p-FET-UTH-Adjust-Dotierung
p⁻-Epi
p+-Substrat
d)
p-FET-UTH-Adjust
* 4.Maske: p-FET-UTH-Adjust
* Arsen-Implantation (UTH-Einstellung p-FET)
* Abätzen des "sacrificial oxide"
Gateoxid
Feldoxid
p-Wanne
n-Wanne
p⁻-Epi
p+-Substrat
e)
* Gateoxidbildung
* ganzflächige Poly-Si-Abscheidung
* 5.Maske: Poly
* Strukturierung des Poly-Si-Gates
Poly
p-Wanne
n-Wanne
p⁻-Epi
p+-Substrat
f)
Poly

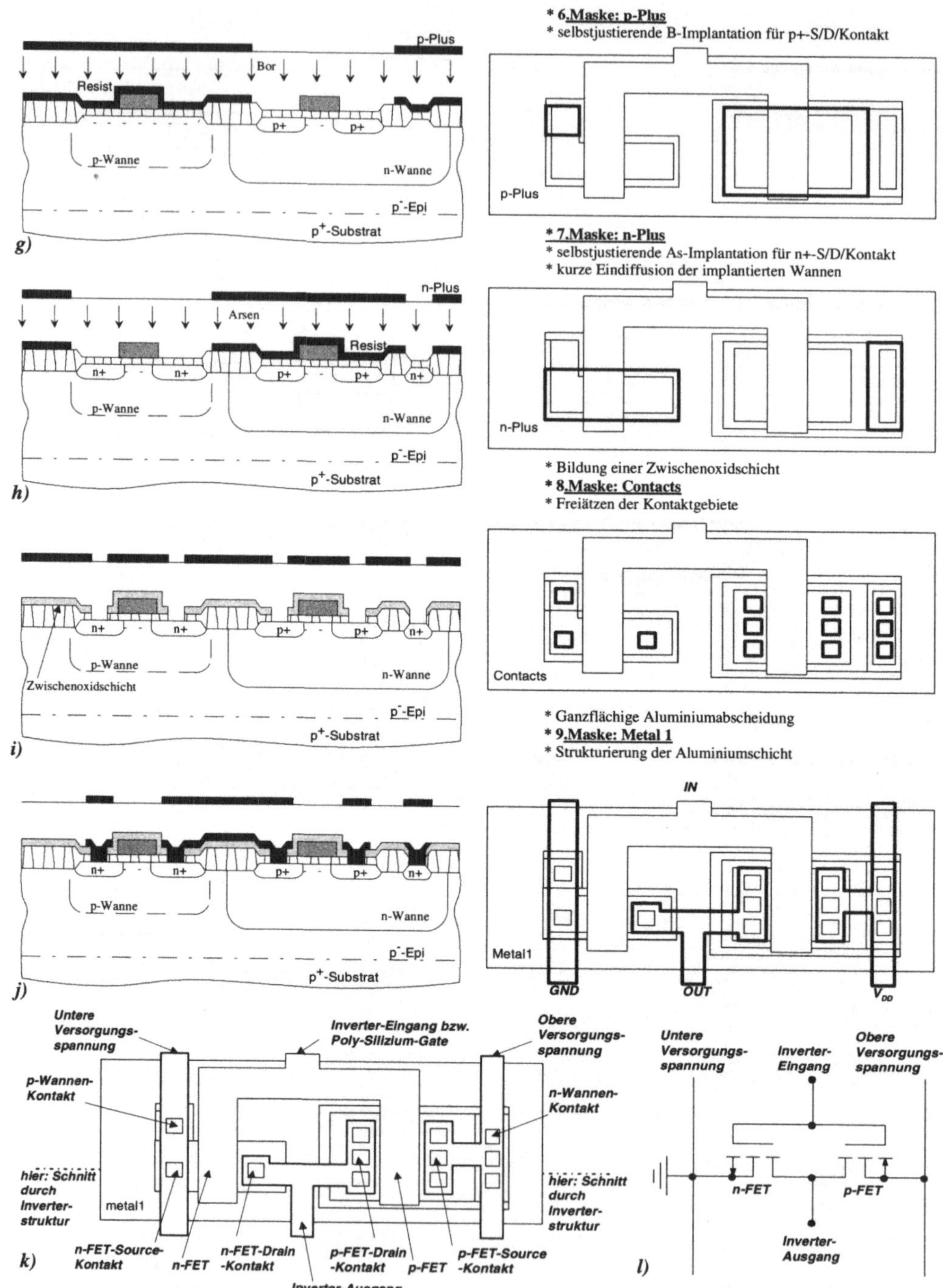

Abb. 1.28 Herstellung eines CMOS-Inverter in einer Twin-Well-CMOS-Technologie (angelehnt an einen 0,25µm-CMOS-Prozess mit 9 Masken beschrieben in [Dav92]). Linke Bildhälfte: Querschnitt durch die Inverterstruktur. Rechte Bildhälfte: die zugehörigen Prozessmasken in Draufsicht sowie eine Auflistung der wichtigsten Prozessschritte. Die Maße in dieser Abbildung sind nicht maßstabsgerecht!

vereinfacht dargestellt wird. In Abb. 1.28 spiegeln ein Querschnitt durch die Struktur (links) und eine Draufsicht (rechts) auf die dazugehörigen Prozessmasken den Stand der Prozessierung wider. Quantitative Angaben sind zu diesem CMOS-Prozess in Tab. 1.3 angegeben.

Das Ausgangsmaterial bildet eine dünne niedrigdotierte p^--Epitaxieschicht auf einem p^+-Substrat. Zur Herstellung der ***n*-Wanne**, welche später den *p*-MOSFET beherbergen wird, bringt man eine Schicht aus Siliziumdioxid ($Si0_2$) ganzflächig auf und bedeckt diese mit Fotolack. Mit der ***n*-Well-Maske** (1. Maske) wird dann das *n*-Wannen-Gebiet belichtet. Nach der Entwicklung kann der belichtete Fotolack und die darunterliegende $Si0_2$-Schicht abgeätzt werden. Zum Beispiel mit Arsen (As) wird dann das *n*-Wannen-Gebiet implantiert (Abb. 1.28a), während das restliche Gebiet durch die Schicht Fotolack-SiO_2 abgeschirmt wird. Nach diesem Schritt wird die restliche Schicht Fotolack-SiO_2 entfernt und eine Doppelschicht aus dünnem SiO_2 und Si_3N_4 aufgebracht. Diese Doppelschicht wird durch die **Active-Area-Maske** (2. Maske) mikrolithographisch strukturiert (Abb. 1.28b). Si_3N_4 bleibt dabei dort erhalten, wo später ein Zugriff zum Substrat hin möglich sein soll, d. h. wo Source-, Drain-, Gate-Gebiete und Substratkontakte entstehen ("aktive Gebiete" - engl. active area). Denn bei thermischer Oxidation verhindert eine Si_3N_4-Schicht[1] die Bildung einer Oxidschicht ("Selektivität"). Daher entsteht nur außerhalb dieser aktiven Gebiete eine dicke Oxidschicht, das sogenannte Feldoxid (Abb. 1.28c). Das **Feldoxid** besitzt eine ausreichende Dicke, um das darunterliegende Substrat vor allen folgenden Dotierschritten abzuschirmen. Dadurch wird eine Isolierung zwischen verschiedenen aktiven Gebieten erzielt, die später separate Transistoren beherbergen werden. Die Bildung von dickem Feldoxid ausserhalb der aktiven Gebiete wird auch als LOCOS (Local Oxidation of Silicon) bezeichnet. Nach der Erzeugung des Feldoxids wird die Si_3N_4-Schicht abgeätzt. Die ***p*-*Well*-Maske** (3. Maske) deckt nun die *n*-Wannen-Gebiete mit Fotolack ab, der dabei so dick aufgetragen wird, dass er als Implantationsbarriere wirkt. Durch die verbleibende dünne Oxidschicht (dort, wo kein Feldoxid und kein Fotolack ist) erfolgt zunächst eine tiefe Bor-Implantation zur Erzeugung der ***p*-Wanne** als zweite Wanne des twin-well-Prozesses. Es schließt sich durch die gleiche Maskenstruktur eine weitere flache Bor-Implantation an, die zu einem exakt eingestellten Störstellenprofil im Kanalgebiet (Abb. 1.28c: *n*-FET-U_{TH}-Adjust; ebenfalls 3. Maske) führt. Dies ermöglicht die exakte Einstellung der Schwellenspannung U_{TH} für den *n*-MOSFET

1. Si_3N_4 hat einen sehr kleinen Diffusionskoeffizienten für Sauerstoff und blockiert damit eine Oxidation des Siliziums.

(Schwellenspannung: siehe Abschnitt 7). Um auch die Schwellenspannung U_{TH} für den *p*-MOSFET einstellen zu können, bedarf es einer weiteren Maske (*p*-FET-U_{TH}-Adjust; 4. Maske), welche die soeben erzeugten *p*-Gebiete abdeckt (Abb. 1.28d). Mit einer flachen Arsen-Implantation wird dann die Schwellenspannung U_{TH} für den *p*-MOSFET eingestellt. Anschließend wird die dünne SiO_2-Schicht (“**sacrificial oxide**”) weggeätzt.

Nun kann das sehr dünne **Gateoxid** aufgewachsen werden (Abb. 1.28e). Es folgt das ganzflächige Abscheiden von Polysilizium. In einem Dotierschritt wird das Polysilizium sehr hoch dotiert. Somit erhält es eine für ein Transistor-Gate wichtige metallähnliche Leitfähigkeit. Ein Lithographieschritt mit der **Poly-Maske** (5. Maske) strukturiert nun das Polysilizium: es entstehen die Gates von *n*- und *p*-MOSFET. Wie die Maskendraufsicht zeigt (Abb. 1.28f / rechts), stellt das Polysiliziumgebiet gleichzeitig eine Verbindung von *n*-MOSFET-Gate und *p*-MOSFET-Gate her und bildet damit den Eingang der Inverterschaltung. Das Poly-Si-Gate kann in den folgenden Schritten als Maske beim Erzeugen der Source- / Drain-Gebiete von *n*- und *p*-MOSFET dienen (“auto-alignment” - vgl. Abschnitt 1.14 auf S. 33). Dazu öffnet eine ***p*-Plus-Maske** (6. Maske) ein Fenster in einer Fotolackschicht an all den Orten, wo ein *p*-MOSFET entstehen soll. Eine Bor-Implantation erzeugt dann die *p*-Source- und -Drain-Gebiete (Abb. 1.28g). Dieser Implantationsschritt wird ebenfalls benutzt, um ein hochdotiertes Gebiet für einen seitlichen *p*-Wannenkontakt zu erzeugen (Abb. 1.28g Maskendraufsicht - im Querschnitt nicht sichtbar). Es folgt das Entfernen der Fotolackschicht. Eine neu aufgebrachte Fotolackschicht wird dann mit der ***n*-Plus-Maske** (7. Maske) so strukturiert, dass die Flächen implantationsdurchlässig sind, wo der *n*-MOSFET und zusätzlich ein *n*-Wannenkontakt entstehen soll (Abb. 1.28h). Eine Arsen-Implantation erzeugt durch diese Öffnungen einerseits die *n*-Source und -Drain-Gebiete des *n*-MOSFETs. Wieder führt die maskierende Wirkung des Polysilizium-Gates zu einer selbstjustierenden Bildung der Source- / Drain-Wannen. Andererseits wird dieser Implantationsschritt ebenfalls genutzt, um einen guten ohmschen Kontakt für einen *n*-Wannen-Substratanschluss mittels eines hochdotierten *n*-Gebiets zu gewährleisten (Abb. 1.28g - ganz rechts) (vgl. auch Abschnitt 5 "Der Metall-Halbleiter-Kontakt" auf S. 123). Eine Zwischenoxidschicht wird schließlich benötigt, um das Polysilizium-Gate elektrisch von folgenden Schichten zu isolieren. Die **Contacts-Maske** (8. Maske) definiert die Gebiete, wo Zwischenoxid und Gateoxid entfernt werden, um Metallkontakte zu dem Halbleitergebieten (Drain, Source, Substrat) zu ermöglichen (Abb. 1.28i). Dazu wird ein Metall (z. B. Aluminium) ganzflächig abgeschieden und mit einer **Metal 1-Maske** (9. Maske) strukturiert (Abb. 1.28j). Dabei erkennt man in der Draufsicht der

Metal 1-Maske, dass die Drain-Gebiete von *n*- und *p*-MOSFET mit der Metal 1-Schicht kurzgeschlossen werden und den Ausgang des Inverters bilden. Dahingegen liegt das *n*-Source-Gebiet auf dem niedrigsten Betriebspotential (*Gnd*) und die *p*-Source- und *n*-Wannen liegen auf dem höchsten Betriebspotential (V_{DD}) (Abb. 1.28j + l). Die abschließende Metal 1-Maske "personalisiert" den Inverter, d. h. stellt die vom Nutzer gewünschten Metallverbindungen her. Bis zur Personalisierung bleibt die Struktur durch die ganzflächige Aluminiumbedampfung versiegelt. Moderne CMOS-Technologien bieten für eine flexiblere Verdrahtung von Schaltungen heutzutage fünf Metallebenen und mehr (in Abb. 1.28 nicht dargestellt). Dazu wird eine weitere Zwischenoxidschicht, anschließend eine weitere Metall-Ebene (Metal 2), eine weitere Zwischenoxidschicht, eine weitere Metall-Ebene (Metal 3), usw. aufgebracht. Verbindungen zwischen diesen Metallschichten werden durch mit Metall gefüllte Öffnungen in der Zwischenoxidschicht hergestellt (genannt "Via"). In Abb. 1.28k sind noch einmal alle Masken des CMOS-Inverters überlagert dargestellt. Eine Schnittlinie deutet an, an welchem Ort der Querschnitt liegt. Abb. 1.28l zeigt ein Schaltbild des entstandenen CMOS-Inverters (vgl. auch Abb. 7.2).

Parameter		
Betriebsspannung V_{DD}	*2,5V*	
Inverter-Verzögerung	$\approx$*58ps*	
Schwellenspannung U_{TH}	*±0,4V*	
Gateoxids (Dicke)	*7nm*	
Kleinste effektive Kanallänge	*0,25µm*	
p^--Epitaxie-Schicht	*einige µm*	$\approx 10^{16} cm^{-3}$
n-Well (Tiefe)	$\approx$*1µm*	$\approx 10^{17} - 10^{18} cm^{-3}$
p-Well (Tiefe)	$\approx$*0,4µm*	$\approx 10^{17} cm^{-3}$
n^+-Source / Drain	$\approx$*0,1 -0,15µm*	$\approx 10^{20} cm^{-3}$
p^+-Source / Drain	$\approx$*0,1 -0,15µm*	$\approx 10^{20} cm^{-3}$
Polysilizium (Dicke)	$\approx$*150nm*	$\approx 10^{19} - 10^{20} cm^{-3}$
Zwischenoxid (Dicke)	$\approx$*10nm*	

Tab. 1.3 Parameter eines 0,25µm-CMOS-Prozesses [Dav92]

Die Abb. 1.28 ist nicht maßstäblich gezeichnet. Um einen quantitativen Eindruck von Geometrie, Dotierungsverhältnissen und elektrischen Parametern zu geben, sind beispielhaft die Werte für den vereinfacht dargestellten 0,25µm-CMOS-Prozess in Tab. 1.3 angegeben. Weitere Beschreibungen von CMOS-Prozessen finden sich in [Cha96], [Schu91], [Hof90].

Bei dem in Abb. 1.28 dargestellten CMOS-Prozess wird die Isolation von n-Wanne und p-Wanne über ein dickes Feldoxid (LOCOS) realisiert (s. Abb. 1.28c). In moderneren Prozessen (ab 0,18µm-CMOS-Prozess) wird diese Isolation i. Allg. mit einer sogenannten Shallow Trench Isolation (STI) durchgeführt. Dazu wird zwischen p- und n-Wanne ein flacher Graben (engl. trench) geätzt, der z. B. mittels CVD (vgl. Abschnitt 1.13) mit SiO_2 aufgefüllt wird. Ein wichtiger Schritt nach dem Auffüllen des Grabens ist der CMP-Arbeitsgang (vgl. Kasten "Cu- oder Al-Metallisierung?" auf S. 32), durch den die Planarität des Wafers für die nachfolgenden Prozessschritte gewährleistet wird. Ein schematisierter Querschnitt durch eine Inverterstruktur, deren p- und n-Wannen über STI voneinander isoliert werden, zeigt Abb. 1.29. Vorteile von STI gegenüber einer Isolierung mit Feldoxid liegen in einer höheren Integrationsdichte, einer besseren Planarität sowie einer höheren Immunität gegenüber unerwünschten Effekten, wie Rauschen und Latch-Up[1].

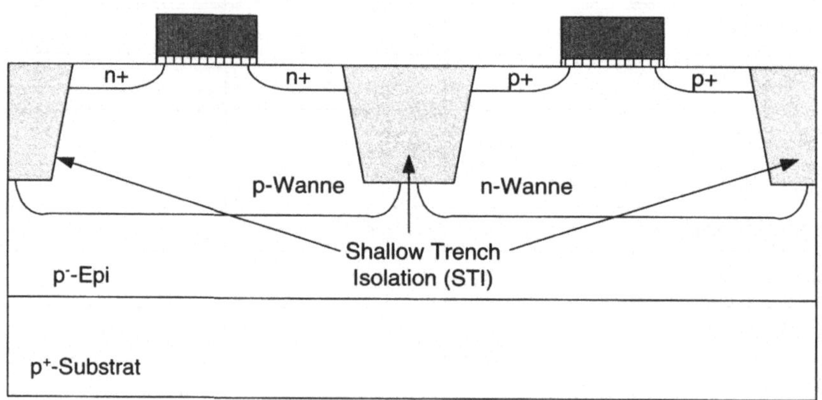

Abb. 1.29 Querschnitt durch CMOS-Struktur mit Shallow Trench Isolation (STI) (stark schematisiert)

Wir haben nun sämtliche Teilschritte bei der Erzeugung eines CMOS-Schaltkreises behandelt und sie im Zusammenhang eines 9-Masken-Prozesses bei der Herstellung eines CMOS-Inverters verstanden. Wir wissen bislang nicht, wie die elektronischen Eigenschaften der

1. Latch-up bezeichnet das Zünden eines parasitären Thyristors (z. B. in einer CMOS-Struktur), die i. Allg. zu einer Zerstörung des Bauelements führt.

einzelnen Inverter-Elemente (Metall-Halbleiter-Kontakte, pn-Übergänge, usw.) aussehen und zur Inverter-Funktion zusammenspielen. Dafür erarbeiten wir zunächst die Grundlagen der halbleiterphysikalischen Beschreibung (Abschnitt 2), bevor wir die Einzelelemente beschreiben (Abschnitt 3 bis Abschnitt 7.6) und zum CMOS-Inverter zusammensetzen (Abschnitt 7.7 und 7.8).

2 Grundlagen der Halbleiterphysik für Siliziumbauelemente

2.1 Die Grundgleichungen

Der folgende Satz von 6 Gleichungen, davon 5 partielle Differentialgleichungen 1. Ordnung, beschreibt alle Phänomene der Siliziumbauelemente im technischen Betriebsbereich $-55°C \leq T \leq +125°C$. Vier Gleichungen verknüpfen orts- und zeitabhängig die Ladungsträgerkonzentrationen (oder Dichten) $n(\vec{r},t)$, $p(\vec{r},t)$ und die Stromdichten $\vec{j}_n(\vec{r},t)$, $\vec{j}_p(\vec{r},t)$ von Elektronen und Löchern (Indizes n und p) mit Hilfe von Koeffizienten und Summanden. Eine weitere Gleichung formuliert die Gesamtstromdichte aus den beiden Anteilen der Ladungsträger. Die sechste Gleichung ist die Poisson-Gleichung, die die elektrische Verschiebungsdichte $\vec{D}(\vec{r}, t)$ mit der Raumladungsdichte $\rho(\vec{r}, t)$ verknüpft.

Stromgleichungen:

$$\vec{j}_n = \sigma_n \cdot \vec{E} + q \cdot D_n \cdot grad(n) \tag{2.1}$$

$$\vec{j}_p = \sigma_p \cdot \vec{E} - q \cdot D_p \cdot grad(p) \tag{2.2}$$

$$\vec{j} = \vec{j}_n + \vec{j}_p \tag{2.3}$$

Kontinuitäts- oder Bilanzgleichungen:

$$\frac{\partial n}{\partial t} = \frac{1}{q} div(\vec{j}_n) - R + G_{opt} \tag{2.4}$$

$$\frac{\partial p}{\partial t} = -\frac{1}{q} div(\vec{j}_p) - R + G_{opt} \tag{2.5}$$

Poisson-Gleichung:

$$div(\vec{D}) = \rho \tag{2.6}$$

Alle verwendeten Koeffizienten und Summanden sind temperaturabhängig. Insofern werden i. Allg. diese Größen für die Temperatur $T = 300K$ formuliert, dabei sollte man aber nicht vergessen, dass $T = 300K = 26,85°C$ entspricht, also erheblich über der "Zimmertemperatur" liegt. Im Folgenden sind Orts- und Zeitabhängigkeiten vorhanden, die Argumente $\vec{r},t$ sind jedoch der Kürze halber ausgelassen worden.

Hierbei ist R die Überschussrekombinationsrate, die der Differenz aus Rekombinationsrate r

und thermischer Generationsrate g entspricht: $R = r - g$. Im thermodynamischen Gleichgewicht gilt $r = g$. Im Fall optischer Generation muss zusätzlich die optische Generationsrate G_{opt} berücksichtigt werden.

Die Ladungsträgerdichten der Elektronen $n(\vec{r},t)$ und der Löcher $p(\vec{r},t)$ sind für die Beschreibung von elektrischen Parametern der Siliziumbauelemente von grundlegender Bedeutung. Allerdings müssen sehr sorgfältig die Voraussetzungen gewährleistet sein, wenn man die knappen Formulierungen (Tab. 2.1 und Tab. 2.2) benutzt.

Insofern haben wir nach der Aufstellung der Grundgleichungen zunächst die Ladungsträgerdichten im Gleichgewicht zu behandeln, bevor wir uns mit den Drift- und Diffusionsströmen und dem Problem des Nicht-Gleichgewichts der Ladungsträger beschäftigen. Schließlich haben wir die Überschuss-Rekombinationsrate für dominierende Zwischenniveau-Rekombination aufzustellen, die Siliziumbauelemente charakterisiert. Wir schließen mit einer Erörterung der Poisson-Gleichung ab.

2.2 Die Ladungsträgerdichten im thermischen Gleichgewicht

2.2.1 Das Fermi-Dirac-Integral

Entsprechend den Zustandsdichten $D_L(W)$ und $D_V(W)$ im Leitungs- und Valenzband, den Fermi-Dirac-Verteilungsfunktionen $f(W)$ und $(1-f(W))$ für Elektronen und Löcher sowie dem Faktor 2 für die Besetzbarkeit jedes Energiezustandes mit 2 Ladungsträgern entgegengesetzten Spins ("Pauli-Verbot") erhält man die Fermi-Dirac-Integrale für die Elektronen- und Löcherdichten in einem Volumen V bei der Fermi-Energie W_F.

$$n = \frac{2}{V}\int_{W_L}^{\infty} D_L(W)\cdot f(W)dW = \frac{\sqrt{2\cdot m_L^3}}{\hbar^3\cdot\pi^2}\cdot\int_{W_L}^{\infty}\frac{\sqrt{W-W_L}}{1+\exp\left(\frac{W-W_F}{kT}\right)}dW \tag{2.7}$$

$$p = \frac{2}{V}\int_{-\infty}^{W_V} D_V(W)\cdot[1-f(W)]dW = \frac{\sqrt{2\cdot m_V^3}}{\hbar^3\cdot\pi^2}\cdot\int_{-\infty}^{W_V}\frac{\sqrt{W_V-W}}{1+\exp\left(\frac{W_F-W}{kT}\right)}dW \tag{2.8}$$

Hier sind W_L die Untergrenze des Leitungsbandes, W_V die Obergrenze des Valenzbandes, m_L und m_V die effektiven Massen der Ladungsträger in den beiden besetzbaren Energiebändern. $\hbar$ ist das durch 2π dividierte Planck'sche Wirkungsquantum, $\hbar = h/(2\pi)$, k ist die Boltzmann-Konstante und T entspricht der Temperatur.

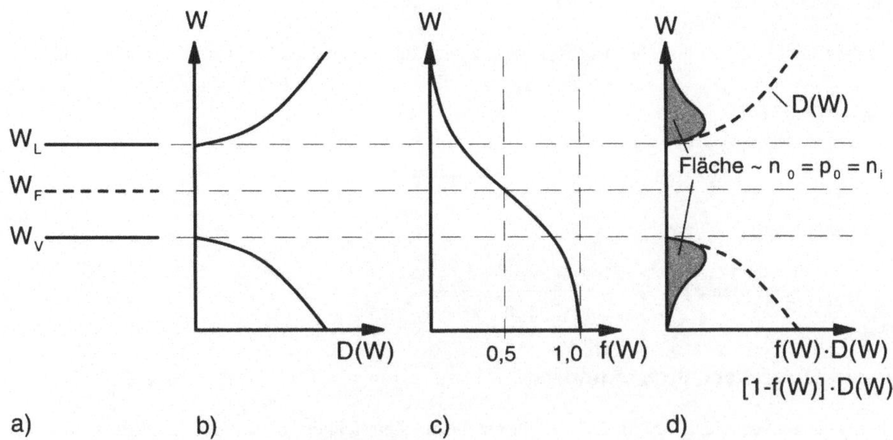

Abb. 2.1 Energieschema eines Eigenhalbleiters:
a) Bändermodell, b) Funktionsverlauf der Zustandsdichte,
c) Fermi-Dirac- Verteilungsfunktion, d) Elektronendichte in den Bändern.

Die Gleichungen Gl. (2.7) und Gl. (2.8) lassen sich in die Form $n = N_L \cdot \frac{2}{\sqrt{\pi}} \cdot F_{\frac{1}{2}}(\eta_{fn})$ bzw. $p = N_V \cdot \frac{2}{\sqrt{\pi}} \cdot F_{\frac{1}{2}}(\eta_{fp})$ überführen, wobei N_L bzw. N_V die effektiven Zustandsdichten im Leitungsband bzw. im Valenzband darstellen. $F_{\frac{1}{2}}(\eta_f)$ wird als Halbzahliges Euler-Integral oder Fermi-Dirac-Integral bezeichnet. Vorteil dieser Form ist, dass unter bestimmten Voraussetzungen (nämlich bei nicht-entartet dotiertem Halbleiter) das nur numerisch lösbare Integral in Gleichung Gl. (2.7) und Gl. (2.8) durch eine Exponentialfunktion genähert werden kann (vgl. Abschnitt 2.2.2).

Um dies zu zeigen, lassen sich die Integrale in den Gleichungen Gl. (2.7) und Gl. (2.8) zunächst durch Substitutionen mit

$$\eta_n = \frac{W - W_L}{kT} \;;\; \eta_{fn} = \frac{W_F - W_L}{kT}, \tag{2.9}$$

$$\eta_p = \frac{W_V - W}{kT} \;;\; \eta_{fp} = \frac{W_V - W_F}{kT}, \tag{2.10}$$

Def. Zustandsdichte

Die Zustandsdichte $D(W)$ gibt die Anzahl Z besetzbarer Energieniveaus in einem Energieintervall dW an.

Im Leitungsband:

$$D(W) = \frac{dZ}{dW} = \frac{V \cdot \sqrt{2 \cdot m_n^3 \cdot (W - W_L)}}{2 \cdot \hbar^3 \cdot \pi^2}$$

Im Valenzband:

$$D(W) = \frac{dZ}{dW} = \frac{V \cdot \sqrt{2 \cdot m_p^3 \cdot (W_V - W)}}{2 \cdot \hbar^3 \cdot \pi^2}$$

Def. Fermi-Dirac-Verteilungsfunktion

Die Fermi-Dirac-Verteilungsfunktion $f(W)$ gibt die Wahrscheinlichkeit an, mit der ein Zustand bei der Energie W mit einem Elektron besetzt ist („Besetzungswahrscheinlichkeit").

$$f(W) = \frac{1}{1 + \exp\left(\frac{W - W_F}{k \cdot T}\right)}$$

Def. Effektive Masse

Die effektive Masse von Elektronen berücksichtigt die Tatsache, dass Elektronen im Kristall im Gegensatz zu freien Elektronen Kristallkräften ausgesetzt sind. Im Sinne des Newtonschen Gesetzes $F = m \cdot a$ können diese inneren Kräfte in einer als neue Rechengröße definierten Masse, in den effektiven Massen der Elektronen m_n und der Löcher m_p, berücksichtigt werden. Dies erlaubt die korrekte Beschreibung kinetischer Größen der Ladungsträger unter Einfluss der Kristallkräfte.

in Ausdrücke verwandeln, die das Fermi-Dirac-Integral

$$F_{1/2}(\eta_f) = \int_{\eta=0}^{\infty} \frac{\sqrt{\eta}}{1 + \exp(\eta - \eta_f)} d\eta \tag{2.11}$$

enthalten.

Die Dichten von Elektronen und Löchern lassen sich damit formulieren, wobei sinngemäß $\eta_f = \eta_{fn}$ oder $\eta_f = \eta_{fp}$ sowie $\eta = \eta_n$ oder $\eta = \eta_p$ gelten:

$$n = \frac{\sqrt{2m_L^3}}{\hbar^3 \pi^2} \cdot (kT)^{\frac{3}{2}} \cdot F_{1/2}(\eta_{fn}) = N_L \cdot \frac{2}{\sqrt{\pi}} \cdot F_{1/2}(\eta_{fn}) = N_L \cdot \mathcal{F}_{1/2}(\eta_{fn}), \tag{2.12}$$

$$p = \frac{\sqrt{2m_V^3}}{\hbar^3 \pi^2} \cdot (kT)^{\frac{3}{2}} \cdot F_{1/2}(\eta_{fp}) = N_V \cdot \frac{2}{\sqrt{\pi}} \cdot F_{1/2}(\eta_{fp}) = N_V \cdot \mathcal{F}_{1/2}(\eta_{fp}). \tag{2.13}$$

Für die effektiven Zustandsdichten im Leitungsband bzw. im Valenzband, N_L bzw. N_V, liest man aus Gl. (2.12) bzw. Gl. (2.13) mit $\hbar = h/(2\pi)$ ab:

$$N_L = \frac{\sqrt{32\pi \cdot m_L^3}}{h^3} \cdot (kT)^{3/2}, \tag{2.14}$$

$$N_V = \frac{\sqrt{32\pi \cdot m_V^3}}{h^3} \cdot (kT)^{3/2}. \tag{2.15}$$

2.2.2 Näherungen für nicht-entartete Halbleiter

Die Gl. (2.12) und Gl. (2.13) gelten für entartete und nicht-entartete elektronische Leiter, also für Metalle und Halbleiter. Für Halbleiter im engeren Sinne kann man anstelle der Integrale die Boltzmann-Approximation benutzen, die dann den Fall eines nicht-entarteten elektronischen Leiters charakterisiert und vorsieht, dass die Fermi-Energien stets weiter als *2 kT* von den

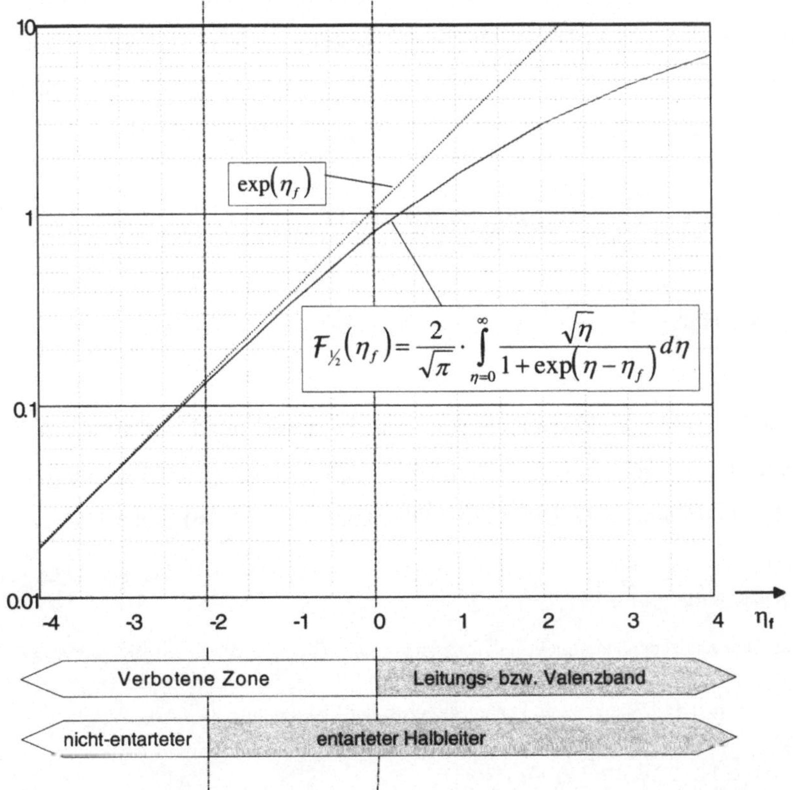

Abb. 2.2 Verlauf der $F_{1/2}$-Funktion und der Exponentialfunktion in Bandkantennähe

Def. Nicht-entarteter ↔ entarteter Halbleiter

Liegt das Fermi-Niveau infolge sehr hoher Dotierungskonzentration sehr nahe an den Bandkanten (Abstand kleiner als $2\,kT = 0{,}052eV$ im Vergleich zu $42{,}5\,kT = 1{,}1eV$ Bandabstand bei Silizium bei $T = 300K$) bzw. verlässt das Fermi-Niveau die verbotene Zone, so spricht man von einem entarteten Halbleiter. Liegt z. B. das Fermi-Niveau eines *n*-Halbleiters im Leitungsband, so zeigt dieser metallische Eigenschaften.
Liegt dagegen das Fermi-Niveau genügend weit von den Bandkanten entfernt innerhalb der verbotenen Zone, so handelt es sich um einen „normalen" (nicht-entarteten) Halbleiter, der die für einen Halbleiter typischen Eigenschaften besitzt.

Bandrändern entfernt bleiben. Dann können die $\mathcal{F}_{1/2}$-Integrale durch Exponentialfunktionen ersetzt werden und verursachen einen Fehler von max. +3%. Dies illustriert Abb. 2.2. Aufgetragen ist dort die $\mathcal{F}_{1/2}(\eta_f)$-Funktion über der in *kT*-Einheiten normierten Fermi-Energie im Bereich der Bandkantennähe. Gemäß Gl. (2.9) bzw. Gl. (2.10) liegt die Fermi-Energie für $\eta_f > 0$ innerhalb des Energiebandes und für $\eta_f < 0$ im Bereich der verbotenen Zone. Aus Abb. 2.1 lässt sich erkennen, dass die Exponentialfunktion der Boltzmann-Verteilung eine gute Approximation des Fermi-Dirac-Integrales darstellt, sofern die Fermi-Energie in der verbotenen Zone liegt und weiter als „einige" *kT* (zur Definition für nicht-entartete Halbleiter wurde der Abstand 2 *kT* festgelegt) von der Leitungsbandkante entfernt ist

$$n = N_L \cdot \exp\left(-\frac{W_L - W_F}{kT}\right) \quad \text{für} \quad W_L - W_F > 2kT \;, \tag{2.16}$$

$$p = N_V \cdot \exp\left(-\frac{W_F - W_V}{kT}\right) \quad \text{für} \quad W_F - W_V > 2kT \;. \tag{2.17}$$

Sind Löcher- und Elektronendichten gleich groß, und entsprechen damit der Eigenleitungsdichte, so liegt die Fermi-Energie W_F auf dem Eigenleitungsniveau W_i (intrinsisches Energieniveau). Die beiden Gleichungen Gl. (2.16) und Gl. (2.17) werden mit

Def. Eigenleitung

Wenn durch thermische Generation die Konzentrationen (Dichten) der freien Elektronen und Löcher übereinstimmen, so herrscht Eigenleitung, und es handelt sich um einen eigenleitenden oder intrinsischen Halbleiter. Die Dichten n_0 und p_0 entsprechen der Eigenleitungsdichte n_i, die eine Funktion der Temperatur *T* ist und mit ihr wächst

$$n_0 = p_0 = n_i(T) \,.$$

Eigenleitung charakterisiert undotierte Halbleiter und bei hoher Temperatur ebenfalls dotierte Halbleiter (siehe Abb. 2.4).

Hilfe der Bedingung für Eigenleitung $n_i = n(W_F = W_i) = p(W_F = W_i)$ umgeschrieben

$$n_i = N_L \cdot \exp\left(-\frac{W_L - W_i}{kT}\right) = N_V \cdot \exp\left(-\frac{W_i - W_V}{kT}\right) \tag{2.18}$$

zu den beiden häufig verwendeten Gleichungen

$$n = n_i \cdot \exp\left(\frac{W_F - W_i}{kT}\right) \quad \text{und} \quad p = n_i \cdot \exp\left(\frac{W_i - W_F}{kT}\right). \tag{2.19}$$

Es ist anzumerken, dass die Energie W_i entsprechend den unterschiedlichen Werten von $N_L = 2,78 \cdot 10^{19} cm^{-3}$ und $N_V = 3,14 \cdot 10^{19} cm^{-3}$ bei $T = 300$K nicht genau in der Mitte der verbotenen Zone des Siliziums liegt, sondern ca. $0{,}5 \cdot kT$ oberhalb der Mitte; bei einer Breite der verbotenen Zone von insgesamt $42{,}5 \cdot kT$ ist demnach die Aussage gerechtfertigt: „bei Eigenleitung liegt die Fermi-Energie annähernd in der Mitte der verbotenen Zone des Siliziums“.

2.2.3 Bestimmung der Gleichgewichts-Fermi-Energie bei neutralem, dotiertem Halbleiter-Material

Zur Beurteilung der Dotierung von Halbleitermaterial benutzt man die Lage der Fermi-Energie bei Gleichgewicht (GW) und Neutralität.

Die Neutralitätsbedingung besagt, dass sich bei einem neutralen Halbleiter sämtliche Teilladungen zu Null summieren:

$$\rho = q \cdot [p - n + N_D^+ - N_A^-] = 0 \tag{2.20}$$

mit der Elementarladung $q \approx 1{,}602$ As.

Zur Raumladungsdichte ρ (vgl. Gl. (2.6)) tragen neben den Dichten p und n beweglicher Ladungsträger die ortsfesten Dichten N_D^+ und N_A^- ionisierter Störstellen (Donatoren N_D; Akzeptoren N_A) bei. Dabei ist die Gesamtdichte (ohne Hochindex) teilweise neutral (mit Hochindex x), teilweise ionisiert (mit Hochindex + bzw. -)

$$N_D = N_D^+ + N_D^x \; ; \; N_A = N_A^- + N_A^x . \tag{2.21}$$

Die Dichte ionisierter Donator- oder Akzeptorzustände regelt sich entsprechend der Fermi-Statistik. So ist z. B. ein Donatoratom ionisiert, wenn es ein Elektron abgegeben hat. Die

Wahrscheinlichkeit, dass es noch mit einem Elektron besetzt ist, beträgt gemäß der Fermi-Verteilungsfunktion $f(W_D)$ bzw. die Wahrscheinlichkeit, dass es nicht besetzt (also ionisiert) ist, beträgt $1-f(W_D)$. Dabei beschreibt W_D das unterhalb der Leitungsbandkante liegende Donator-Energieniveau. Es folgt damit für die Dichte der ionisierten Störstellen

$$N_D^+ = N_D - N_D^x = N_D \cdot \left[1 - \frac{1}{1+\exp\left(\frac{W_D - W_F}{kT}\right)}\right] =$$

$$= N_D \cdot \left[1 + \exp\left(-\frac{W_D - W_F}{kT}\right)\right]^{-1} \quad , \tag{2.22}$$

$$N_A^- = N_A - N_A^x = N_A \cdot \left[1 - \left(1 - \frac{1}{1+\exp\left(\frac{W_A - W_F}{kT}\right)}\right)\right] =$$

$$= N_A \cdot \left[1 + \exp\left(-\frac{W_F - W_A}{kT}\right)\right]^{-1} \quad . \tag{2.23}$$

Analog zur Definition von W_D beschreibt W_A die oberhalb der Valenzbandkante liegende Akzeptorenenergie.

Die Neutralitätsbedingung aus Gl. (2.20) fordert nun

$$N_V \cdot \mathcal{F}_{1/2}\left(\frac{W_V - W_F}{kT}\right) - N_L \cdot \mathcal{F}_{1/2}\left(\frac{W_F - W_L}{kT}\right) +$$

$$\frac{N_D}{1+\exp\left(-\frac{W_D - W_F}{kT}\right)} - \frac{N_A}{1+\exp\left(-\frac{W_F - W_A}{kT}\right)} = 0 . \tag{2.24}$$

Aus dieser Gl. (2.24) kann die Gleichgewichts-Fermi-Energie bei Neutralität bestimmt werden. Dafür sind allerdings bei vorgegebener Temperatur acht Parameter erforderlich. Eine geschlossene Lösung ist nicht möglich. Graphische (vgl. Abb. 2.3) und numerische Lösungen sind jedoch vorhanden.

Zur graphischen Bestimmung des Fermi-Energieniveaus W_F (bei bekannten Dotierungsdichten N_D, N_A bzw. Störstellenenergieniveaus W_D, W_A, effektiven Zustandsdichten N_L, N_V, Eigenleitungsdichte n_i bzw. intrinsischem Niveau W_i, sowie

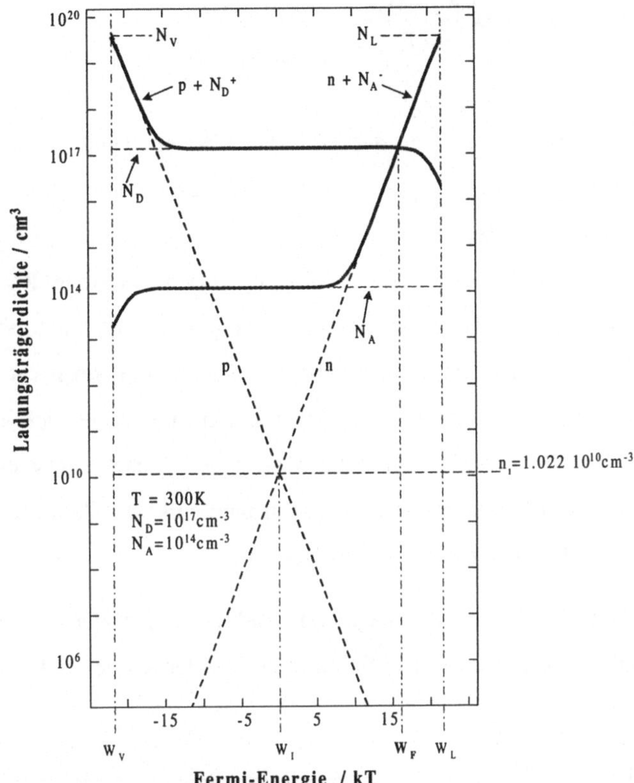

Abb. 2.3 Graphische Lösung der Aufgabe, nach Gl. (2.24) die Lage der Fermi-Energie W_F bei vorgegebenen Dichten von Störstellen N_D^+ und N_A^- und zugeordneten Energielagen W_D und W_A zu bestimmen. Im Beispiel befinden sich die Energielagen der Störstellen jeweils 2 kT von den Bandkanten entfernt innerhalb der verbotenen Zone.

Energiebandkanten W_L, W_V) wird die Ladungsträgerdichte zunächst über der Energie aufgetragen. Die Lösungsstrategie sieht dabei folgendermaßen aus:

In zwei Kurven wird einerseits die Summe der Dichten aller positiven Ladungsträger (Löcher p und ionisierte Donatoren N_D^+) und andererseits die Summe der Dichten aller negativen Ladungsträger (Elektronen n und ionisierte Akzeptoren N_A^-) als Funktion des Fermi-Energieniveaus W_F aufgetragen. Laut Neutralitätsbedingung liegt die Fermi-Energie eines neutralen Halbleiters dort, wo sich beide Kurven schneiden.

Betrachten wir zunächst die Kurve der Dichte der positiven Ladungsträger (unter der Voraussetzung der Nicht-Entartung, d. h. mit der Boltzmann-Näherung anstelle des Fermi-Dirac-Integrals)

$$N_V \cdot \exp\left(\frac{W_V - W_F}{kT}\right) + \frac{N_D}{1 + \exp\left(-\frac{W_D - W_F}{kT}\right)}.$$

Nimmt man ein Fermi-Niveau in der Nähe des Valenzbandes an, so dominieren die Löcherdichten. Mit $N_V \cdot \exp\left(\frac{W_V - W_F}{kT}\right)$ ergibt sich in der halblogarithmischen Darstellung in Abb. 2.3 eine fallende Gerade, deren Steigung mit den Hilfspunkten $p(W_F = W_V) = N_V$ und $p(W_F = W_i) = n_i$ ermittelt werden kann. Sinkt die Löcherdichte $p(W_F)$ jedoch unter den Wert N_D, so werden die positiven Ladungen nun von ionisierten Donatorstörstellen dominiert. Aufgrund der Störstellenerschöpfung bleibt die Dichte der positiven Donatorstörstellen konstant (Plateau der $(p + N_D^+)$-Kurve), bis die Fermi-Energie sich der Donatorenergie annähert. Aufgrund der damit verbundenen höheren Besetzungswahrscheinlichkeit der ursprünglich ionisierten Donatoratome mit Elektronen sinkt der Anteil ionisierter Donatoren bei weiter zunehmender Fermi-Energie drastisch ab.

Der Kurvenverlauf der Dichte der negativen Ladungsträger ($(n + N_A^-)$-Kurve) lässt sich vollkommen analog interpretieren. Der Schnittpunkt beider Kurven liefert die Fermi-Energie.

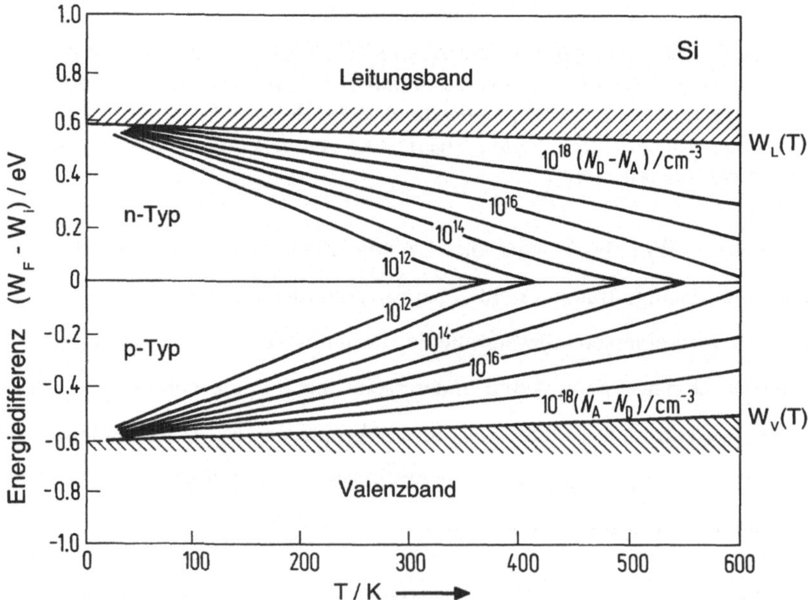

Abb. 2.4 Übersicht über die Lage des Fermi-Niveaus für p- und n-leitende Halbleiter bei unterschiedlicher Temperatur in der Boltzmann-Näherung; für $W_L - W_V = f(T)$ gilt Gl. (2.34).

In Abb. 2.4 erkennt man die Temperaturabhängigkeit der Fermi-Energie für unterschiedlich stark dotierte *n*- bzw. *p*-Halbleiter. Bei zunehmender Temperatur wandert das Fermi-Niveau zur Bandmitte, somit wird theoretisch bei einer unendlich hohen Temperatur jeder Halbleiter zum Eigenleiter, da dann die thermisch generierten Ladungsträger überwiegen. Auch aus der graphischen Lösung in Abb. 2.3 erkennt man, dass das Fermi-Energieniveau für höhere Temperaturen zur Bandmitte wandert: Bei steigender Temperatur wächst n_i (vgl. Abschnitt 2.3) und somit ergibt sich der Fermi-Energie-Schnittpunkt in Abb. 2.3 näher an der Bandmitte.

Der allgemeine Ansatz, Gl. (2.24), zur Bestimmung des Fermi-Energieniveaus lässt sich unter gewissen Voraussetzungen stark vereinfachen. Diese Voraussetzungen gelten für alle im technischen Betriebsbereich $(-55°C \leq T \leq +125°C)$ betriebenen Siliziumbauelemente und umfassen:

1. **Nicht-Entartung**:

$$\mathcal{F}_{1/2}(\eta) \rightarrow \exp(\eta), \tag{2.25}$$

2. **Störstellenerschöpfung**:

$$N_D^+ \rightarrow N_D;\; N_A^- \rightarrow N_A, \tag{2.26}$$

3. **Eindeutige Dotierung**:

$$|N_D - N_A| >> n_i \,. \tag{2.27}$$

Unter Voraussetzung der Störstellenerschöpfung und eindeutiger Dotierung folgt beispielsweise für die Elektronenkonzentration eines *n*-dotierten Halbleiters $n = n_i + N_D^+ \approx n_i + N_D \approx N_D$. Damit lässt sich nun die relative Lage der Fermi-Energie im verbotenen Band mit Hilfe von Gl. (2.19) bestimmen. Für den *n*-Halbleiter gilt z. B.

$$W_F - W_i = kT \cdot \ln\left(\frac{n}{n_i}\right) \approx kT \cdot \ln\left(\frac{N_D}{n_i}\right). \tag{2.28}$$

Weiterhin findet man unter Verwendung der **Gleichgewichts-Bedingung** (GW-Bedingung)

$$n \cdot p = n_i^2 \tag{2.29}$$

die Größen der Übersicht in Tab. 2.1.

	n-leitendes Silizium $N_D >> N_A$	p-leitendes Silizium $N_A >> N_D$
Majoritäts-ladungsträger	$n \equiv n_n = N_D$	$p \equiv p_p = N_A$
Minoritäts-ladungsträger	$p \equiv p_n = \frac{n_i^2}{N_D}$	$n \equiv n_p = \frac{n_i^2}{N_A}$

Tab. 2.1 Übersicht über die Ladungsträgerkonzentrationen bei Nicht-Entartung, Störstellenerschöpfung und eindeutiger Dotierung

Die Gleichungen in Tab. 2.1 sind sehr einfach überschaubare Beziehungen, die zur Charakterisierung von dotiertem Silizium herangezogen werden. Häufig kombiniert man diese Übersicht mit Gl. (2.19) und führt zur Beschreibung der Dotierung eine Potentialvariable φ_B (Index B = engl. bulk), auch Volumenpotential genannt, ein. Hier gelten

$$\varphi_B = \frac{1}{q}(W_F - W_i) \quad \text{und} \quad \beta = \frac{q}{kT} = \frac{1}{U_T} \tag{2.30}$$

mit der thermischen Spannung U_T (vgl. Gl. (2.48)) und dem Koeffizienten $\beta \approx 40V^{-1}$ bei einer Temperatur von $T = 300K$.

Bezugspunkt des **Volumenpotentials** φ_B ist das Fermi-Niveau W_F. Da im Bändermodell der

	n-leitendes Silizium $\varphi_B > 0$	p-leitendes Silizium $\varphi_B < 0$
Majoritäts-ladungsträger	$n_n = n_i \cdot \exp\left(\frac{W_F - W_i}{kT}\right)$ $= n_i \cdot \exp(+\beta\varphi_B)$	$p_p = n_i \cdot \exp\left(\frac{W_i - W_F}{kT}\right)$ $= n_i \cdot \exp(-\beta\varphi_B)$
Minoritäts-ladungsträger	$p_n = n_i \cdot \exp\left(\frac{W_i - W_F}{kT}\right)$ $= n_i \cdot \exp(-\beta\varphi_B)$	$n_p = n_i \cdot \exp\left(\frac{W_F - W_i}{kT}\right)$ $= n_i \cdot \exp(+\beta\varphi_B)$

Tab. 2.2 Übersicht über die Ladungsträgerkonzentrationen in Abhängigkeit von der Fermi-Energie bzw. dem Volumenpotential

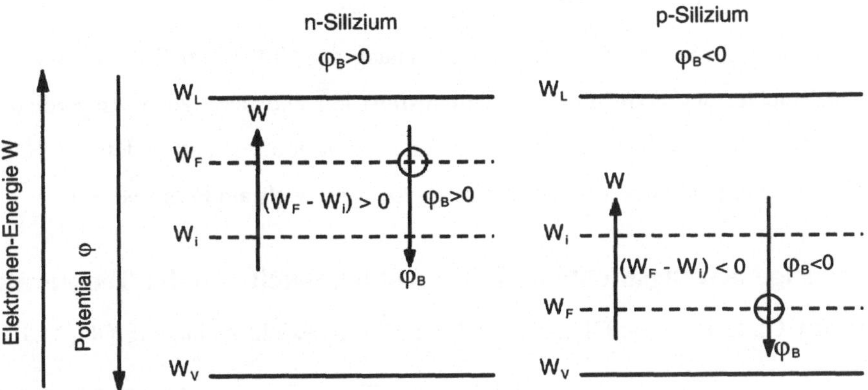

Abb. 2.5 Darstellung von Elektronenenergie W und Volumenpotential φ_B

Elektronen Potential und Energie über die negative Elektronenladung verknüpft sind $(W = -q \cdot \varphi)$, haben Potential und Energie unterschiedliche Vorzeichen. Während die Energie der Elektronen im Energiebändermodell nach "oben" steigt, wächst entsprechend der negativen Elementarladung der Elektronen das Potential φ_B nach "unten" (Abb. 2.5). Unterschiedliche Dotierung wird durch die Lage der Fermi-Energie (des "Fermi-Niveaus") angezeigt: Bei einem *n*-Halbleiter liegt die Fermi-Energie W_F oberhalb der intrinsischen Energie W_i, weswegen das Volumenpotential positiv ist. Bei einem *p*-Halbleiter ist das

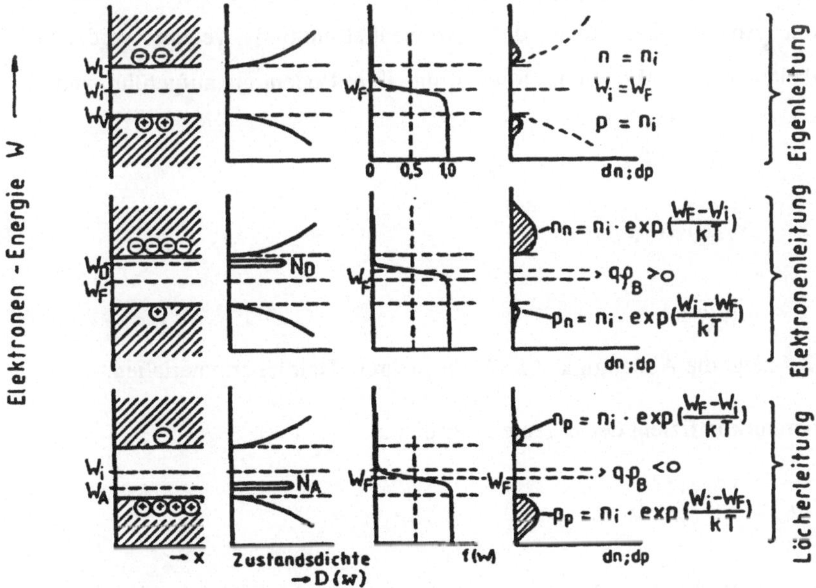

Abb. 2.6 Prinzipieller Überblick über Eigenleitung sowie n- und p-Leitung eines Halbleiters

Volumenpotential entsprechend negativ.

Zusammenfassend ist in Abb. 2.6 der Zusammenhang der Größen im Energiebändermodell, der Zustandsdichte, der Fermi-Dirac-Verteilungsfunktion und der Ladungsträgerdichten im thermodynamischen Gleichgewicht für eigenleitende, *n*-dotierte und *p*-dotierte Halbleiter dargestellt. Der Nullpunkt des Volumenpotentials φ_B ist jeweils am Fermi-Niveau.

2.3 Die Eigenleitungsdichte und ihre Abhängigkeit von der Temperatur

Mit Hilfe der Gl. (2.16) bzw. Gl. (2.17) und der Gleichgewichtsbedingung Gl. (2.29) findet man

$$n \cdot p = N_L \cdot N_V \cdot \exp\left(-\frac{W_L - W_V}{kT}\right) = n_i^2 \tag{2.31}$$

oder

$$n_i = \sqrt{N_L \cdot N_V} \cdot \exp\left(-\frac{\Delta W}{2kT}\right) \tag{2.32}$$

mit dem Bandabstand $\Delta W = W_L - W_V$. Es zeigt sich, dass n_i ausschließlich von Grundeigenschaften des Halbleitermaterials und nicht von Dotierungsstoffen beeinflusst wird.

Bei der Bestimmung des Temperaturkoeffizienten von $n_i(T)$ gibt es neben der explizit erkennbaren Abhängigkeit über die Exponentialfunktion weitere verdeckte implizite Abhängigkeiten, die sämtlich in der Reihenfolge ihrer Bedeutung aufgeführt sind:

1. $\exp\left(-\frac{\Delta W}{2kT}\right)$,

2. $N_L(T) \cdot N_V(T)$,

3. $\Delta W(T)$.

Die Abb. 2.7 zeigt die Abhängigkeit $n_i(T)$ für mehrere Halbleitermaterialien.

Der Temperaturkoeffizient der Eigenleitungsdichte

$$TK(n_i) \equiv \frac{1}{n_i} \cdot \frac{dn_i}{dT} > 0 \tag{2.33}$$

spielt eine große Rolle für zahlreiche technische Parameter von Halbleiterbauelementen.

2.3.1 Temperaturabhängigkeit des Bandabstandes

Die Temperaturabhängigkeit des Bandabstandes wird folgendermaßen empirisch beschrieben:

$$\Delta W(T) = A + B \cdot T + C \cdot T^2 \tag{2.34}$$

Für Silizium gelten die Werte in Tab. 2.3.

	Silizium
$A/(eV)$	1,1785
$B/(eV \cdot K^{-1})$	$-9{,}025 \cdot 10^{-5}$
$C/(eV \cdot K^{-2})$	$-3{,}05 \cdot 10^{-7}$

Tab. 2.3 Koeffizienten zur Beschreibung der Temperaturabhängigkeit der Bandlücke von Silizium [Blu74]

Es ergibt sich $\Delta W(T = 300\text{K}) = 1{,}124\text{eV}$.

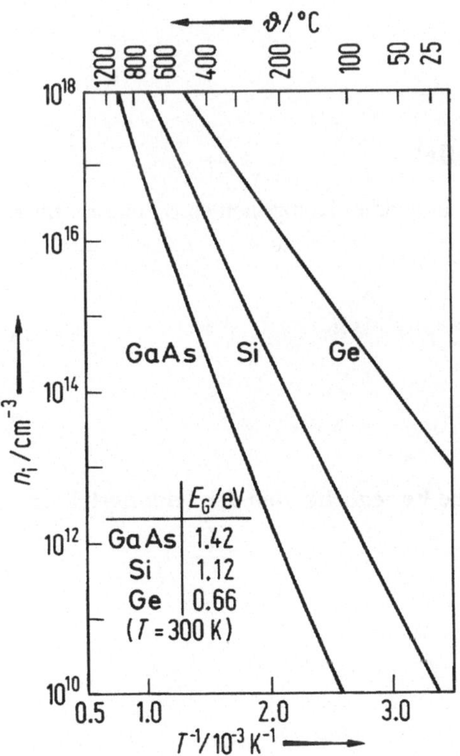

Abb. 2.7 Temperaturabhängigkeit der Eigenleitungsdichte $n_i(T)$ für unterschiedliche Halbleitermaterialien [Ber92/p. 481]

2.3.2 Temperaturabhängigkeit der effektiven Zustandsdichten

Für die effektiven Zustandsdichten $N_L(T)$ und $N_V(T)$ sind die empirischen Gl. (2.35) bzw. Gl. (2.36) [Lan83] heranzuziehen

$$N_L(T) = 2{,}541 \cdot 10^{19} \cdot m_{L0}^{3/2} \cdot \left(\frac{T/K}{300}\right)^{3/2} \cdot cm^{-3}, \tag{2.35}$$

$$N_V(T) = 2{,}541 \cdot 10^{19} \cdot m_{V0}^{3/2} \cdot \left(\frac{T/K}{300}\right)^{3/2} \cdot cm^{-3}. \tag{2.36}$$

Für die effektiven Massen in den Bändern gilt bei $T = 300\text{K}$ als Vielfaches der Elektronenmasse m_0

$$m_{L0} = 1{,}062, \tag{2.37}$$

$$m_{V0} = \left(\frac{0,444 + 0,361 \cdot 10^{-2} T/K + 0,117 \cdot 10^{-3} T^2/K^2}{1 + 0,468 \cdot 10^{-2} T/K + 0,229 \cdot 10^{-3} T^2/K^2}\right)^{3/2} = 1{,}151. \tag{2.38}$$

Damit ergibt sich

$$N_L(T = 300K) = 2{,}78 \cdot 10^{19} \cdot cm^{-3} \text{ und} \tag{2.39}$$

$$N_V(T = 300K) = 3{,}137 \cdot 10^{19} \cdot cm^{-3}. \tag{2.40}$$

2.4 Koeffizienten der Driftstromanteile[1]

Die **spezifische Leitfähigkeit** σ setzt sich aus den beiden Komponenten σ_n und σ_p für beide Ladungsträgersorten zusammen:

$$\sigma_n = q \cdot \mu_n \cdot n \text{ bzw. } \sigma_p = q \cdot \mu_p \cdot p, \tag{2.41}$$

$$\sigma = \sigma_n + \sigma_p = q \cdot (\mu_n \cdot n + \mu_p \cdot p). \tag{2.42}$$

Koeffizienten in der Gleichung Gl. (2.42) sind die **Beweglichkeiten der Ladungsträger**

$$\mu_n = \frac{q \cdot \tau_0}{m_n}, \tag{2.43}$$

$$\mu_p = \frac{q \cdot \tau_0}{m_p}. \tag{2.44}$$

1. im Falle der Nichtverwechselbarkeit wird häufig "Stromdichte" durch "Strom" ersetzt

In Gl. (2.43) und Gl. (2.44) sind die mittlere Stoßzeit τ_0 und die effektiven Massen m_n, m_p im Leitungs- und Valenzband (Indizes *n* und *p*) angegeben.

Die Beweglichkeiten beschreiben den Streuprozess der Ladungsträger, der bei Zimmertemperatur und nicht zu hoher Gesamtdotierung $|N_D + N_A| < 10^{18} cm^{-3}$ durch Gitterstreuung (engl. lattice; Index *L*), bei hoher Dotierung und tiefer Temperatur durch Störstellenstreuung an ionisierten Störstellen (Index *I*) dominiert wird. **Gitterstreuung** wächst

Streumechanismus	Tendenz	Genäherte Abhängigkeit
Gitterstreuung	$\mu_L(T\uparrow)\downarrow$ bzw. $\left(\frac{d\mu_L}{dT}\right) < 0$	$\mu_L \sim T^{-5/2}$
Störstellenstreuung	$\mu_I(T\uparrow)\uparrow$ bzw. $\left(\frac{d\mu_I}{dT}\right) > 0$	$\mu_I \sim T^{+3/2}$

Tab. 2.4 Temperaturabhängigkeit der Streumechanismen

mit der Temperatur wegen des wachsenden Streuquerschnittes der Gitterbausteine und verringert die Beweglichkeit. **Störstellenstreuung** wird zum dominanten Streuprozess bei hohen Dotierungen ($|N_D + N_A| > 10^{18} cm^{-3}$). Die freien Ladungsträger werden durch das elektrische Feld der ionisierten Störstellen abgelenkt. Bei höheren Temperaturen nimmt die thermische Geschwindigkeit der freien Ladungsträger zu. Somit nimmt die Wechselwirkungszeit mit steigender Temperatur ab. Dadurch verringert sich die Streuwirkung, und die Beweglichkeit steigt. Bei Streuprozessen gilt stets die Summe aller Störstellen, also $N_D + N_A$.

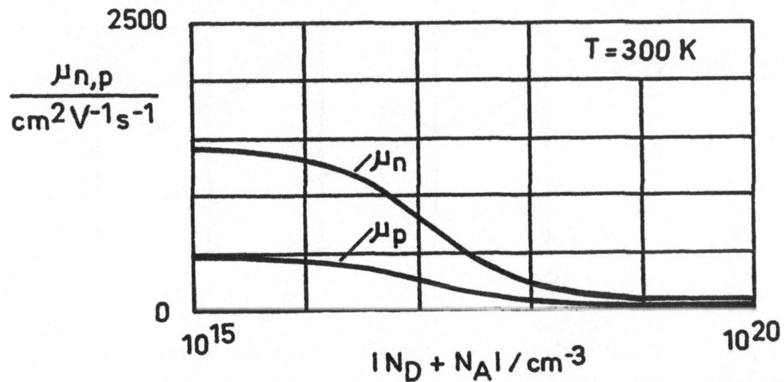

Abb. 2.8 Effektive Beweglichkeiten in Abhängigkeit von der Gesamtdotierung [Sah81]

Im Falle der Unabhängigkeit der einzelnen Streumechanismen gilt die Mathiessen-Regel für die effektive Beweglichkeit μ_{eff}

$$\frac{1}{\mu_{eff}} = \sum_{\nu=1}^{m} \frac{1}{\mu_\nu} . \tag{2.45}$$

Die Abb. 2.9 zeigt effektive Beweglichkeiten als Funktion der Temperatur T, die Abb. 2.8 als Funktion der Gesamtdotierung $|N_D + N_A|$ für beide Ladungsträgerarten von Silizium.

2.5 Koeffizienten der Diffusionsstromanteile

Die Diffusionskoeffizienten D_n, D_p beschreiben die Komponenten des Diffusionsstromes und sind über die **Einstein-Beziehungen** mit den Beweglichkeiten verknüpft, solange Nicht-Entartung der Ladungsträger gilt (s. Tab. 2.1 bzw. Tab. 2.2))

$$D_n = \frac{kT}{q} \cdot \mu_n = U_T \cdot \mu_n , \tag{2.46}$$

$$D_p = \frac{kT}{q} \cdot \mu_p = U_T \cdot \mu_p \tag{2.47}$$

mit der thermischen Spannung

$$U_T = \frac{k \cdot T}{q}; \; U_T(T = 300K) \approx 0{,}026\text{V} . \tag{2.48}$$

Man beachte die Dotierungs- und Temperaturabhängigkeiten der Beweglichkeit entsprechend Abschnitt 2.2 für die Errechnung des Diffusionskoeffizienten.

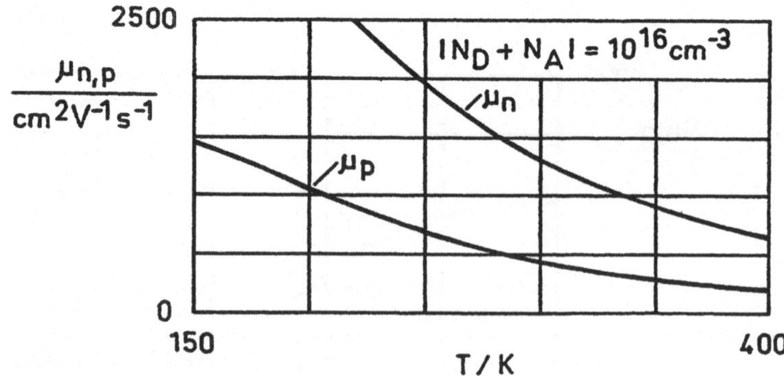

Abb. 2.9 Effektive Beweglichkeiten in Abhängigkeit von der Temperatur bei dominanter Gitterstreuung [Sah81]

2.6 Quasi-Fermi-Energien

Ladungsträgerdichten im Gleichgewicht (GW; vgl. Gl. (2.29)) lassen sich mit Hilfe des Fermi-Niveaus W_F (vgl. Gl. (2.19)) beschreiben. Bei einer Abweichung vom Ladungsträger-Gleichgewicht (NGW = Nicht-Gleichgewicht) gilt

$$\text{NGW:} \quad n \cdot p > n_i^2 \text{ für den Fall der Injektion bzw.} \quad n \cdot p < n_i^2 \text{ für den Fall der Extraktion.} \tag{2.49}$$

Unter Verwendung der Tab. 2.2 drückt man die NGW-Dichten der Ladungsträger durch voneinander unabhängige sogenannte Quasi-Fermi-Energien W_{Fn} und W_{Fn} aus

$$n(\vec{r},t) = n_i \cdot \exp\left(\frac{W_{Fn}(\vec{r},t) - W_i(\vec{r},t)}{kT}\right) = n_i \cdot \exp(\beta \cdot \varphi_{Bn}(\vec{r},t)), \tag{2.50}$$

$$p(\vec{r},t) = n_i \cdot \exp\left(\frac{W_i(\vec{r},t) - W_{Fp}(\vec{r},t)}{kT}\right) = n_i \cdot \exp(-\beta \cdot \varphi_{Bp}(\vec{r},t)). \tag{2.51}$$

Auch die Eigenleitungsenergie W_i kann ortsabhängig werden (z. B. im elektrischen Feld; vgl. auch Beispiel in Abb. 4.3). Für die Gl. (2.31) ergibt sich (die Orts- und Zeitvariablen sind weggelassen)

$$n \cdot p = n_i^2 \cdot \exp\left(\frac{W_{Fn} - W_{Fp}}{kT}\right) = n_i^2 \cdot \exp(\beta(\varphi_{Bn} - \varphi_{Bp})). \tag{2.52}$$

Entsprechend Gl. (2.49) gilt dann für die Ladungsträger im Halbleiter:

$$\text{Injektion: } W_{Fn} - W_{Fp} > 0\,; \quad \text{Extraktion: } W_{Fn} - W_{Fp} < 0\,. \tag{2.53}$$

Die Nullpunkte der NGW-Volumenpotentiale φ_B liegen immer auf dem zugehörigem Quasi-Fermi-Niveau. Die Abb. 2.10 verdeutlicht diese Situation.

Im Folgenden nehmen wir an, dass alle Energien W_i, W_{Fn}, W_{Fp} nur ortsabhängig sind, ansonsten stationäre Verhältnisse herrschen.

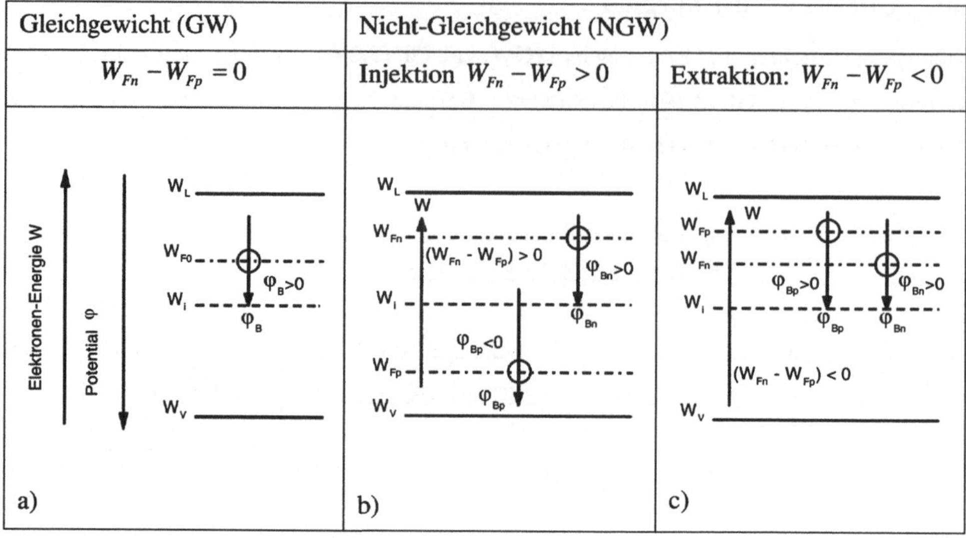

Abb. 2.10 Fermi-Niveaus eines n-Halbleiters:
a)Fermi-Niveau im Gleichgewicht,
b)Quasi-Fermi-Niveau bei Injektion von Elektronen und Löchern (Bsp.: optische Generation, $\Delta n = \Delta p$),
c)Quasi-Fermi-Niveau bei Extraktion von Löchern (Bsp.: gesperrter pn-Übergang).
Der Kreis beschreibt den jeweiligen Nullpunkt der φ-Zählung.

2.7 Drift- und Diffusionsstrom für den Fall des Nicht-Gleichgewichts der Ladungsträger

Zunächst erkennt man, dass sich Drift- und Diffusionsstromanteile auch einzeln formulieren lassen

$$\vec{j}_{Drift} = q \cdot (\mu_n \cdot n + \mu_p \cdot p) \cdot \vec{E} = \sigma \cdot \vec{E}\,, \tag{2.54}$$

$$\vec{j}_{Diffusion} = q \cdot (D_n \cdot grad(n) - D_p \cdot grad(p)), \tag{2.55}$$

$$\vec{j} = \vec{j}_{Drift} + \vec{j}_{Diffusion}\,. \tag{2.56}$$

Mit Hilfe der Quasi-Fermi-Niveaus lassen sich die Stromgleichungen besonders einfach formulieren. Dabei wird ausgenutzt, dass die elektrische Feldstärke $\vec{E}$ über das intrinsische Energieniveau W_i mit den Gradienten der Ladungsträgerdichten *grad(n)* und *grad(p)* zusammenhängt

$$\vec{E} = -grad(U) = -\frac{1}{(-q)} \cdot grad(W_i) = \frac{1}{q} \cdot grad(W_i) \cdot \tag{2.57}$$

Die Ladungsträgerdichten sind über die Boltzmann-Verteilungen mit der Energie verknüpft (s. Gl. (2.50) bzw. Gl. (2.51)). Für die Gradienten ergeben sich daher folgende Beziehungen

$$grad(n) = n \cdot \frac{1}{kT} \cdot grad(W_{Fn} - W_i), \tag{2.58}$$

$$grad(p) = p \cdot \frac{1}{kT} \cdot grad(W_i - W_{Fp}) \cdot \tag{2.59}$$

Damit lassen sich die Stromgleichungen Gl. (2.1) und Gl. (2.2) umschreiben zu

$$\vec{j}_p = q \cdot \mu_p \cdot p \cdot \left[\frac{1}{q} \cdot grad(W_i)\right] - q \cdot D_p \cdot \left[p \cdot \frac{1}{kT} \cdot grad(W_i - W_{Fp})\right]$$

$$= \mu_p \cdot p \cdot grad(W_{Fp})$$

$$\text{mit} \quad \mu_p = \frac{q}{kT} \cdot D_p, \tag{2.60}$$

$$\vec{j}_n = q \cdot \mu_n \cdot n \cdot \left[\frac{1}{q} \cdot grad(W_i)\right] - q \cdot D_n \cdot \left[n \cdot \frac{1}{kT} \cdot grad(W_{Fn} - W_i)\right]$$

$$= \mu_n \cdot n \cdot grad(W_{Fn})$$

$$\text{mit} \quad \mu_n = \frac{q}{kT} \cdot D_n \cdot \tag{2.61}$$

Mithin lauten nun die Stromgleichungen

$$\vec{j}_n = \mu_n \cdot n \cdot grad(W_{Fn}) = \mu_n \cdot (n_0 + \Delta n) \cdot grad(W_{Fn}), \tag{2.62}$$

$$\vec{j}_p = \mu_p \cdot p \cdot grad(W_{Fp}) = \mu_p \cdot (p_0 + \Delta p) \cdot grad(W_{Fp}) \cdot \tag{2.63}$$

Diese Beschreibung fasst Feld- und Diffusionsströme jeweils zusammen. Die Ladungsträgerdichten n und p im NGW unterscheiden sich von den GW-Dichten n_0 und p_0 um die Dichten Δn und Δp

$$n = n_o + \Delta n \text{ bzw. } p = p_o + \Delta p. \tag{2.64}$$

Ausdruck von Stromfluss ist hier notwendigerweise eine Neigung der Quasi-Fermi-Energien. Verschwinden die Gradienten, so verschwindet der Teilchenstrom: Diffusions- und Feldstrom halten sich die Waage, es herrscht thermodynamisches Gleichgewicht.

Üblicherweise stellen die Gleichungen Gl. (2.62) und Gl. (2.63) ein Gemisch von Feld- und Diffusionsstrom dar. Zur Anschauung sollen jedoch im Folgenden die Spezialfälle von reinem Feldstrom bzw. reinem Diffusionsstrom betrachtet werden.

2.7.1 Feldstrom

Bei reinem Feldstrom gilt

$$\vec{j}_n = \mu_n \cdot n \cdot grad\left(W_{Fn}\right) = q \cdot \mu_n \cdot n \cdot \vec{E} = +\mu_n \cdot n \cdot grad\left(W_i\right), \tag{2.65}$$

$$\vec{j}_p = \mu_p \cdot p \cdot grad\left(W_{Fp}\right) = q \cdot \mu_p \cdot p \cdot \vec{E} = +\mu_p \cdot p \cdot grad\left(W_i\right)$$

$$\Rightarrow grad\left(W_i\right) = grad\left(W_{Fn}\right) = grad\left(W_{Fp}\right). \tag{2.66}$$

Die Quasi-Fermi-Niveaus verlaufen parallel zum intrinsischen Energieniveau W_i bzw. zu den Energiebandkanten. Ein Beispiel zeigt Abb. 2.11 bei reinem Feldstrom in einer homogen n-dotierten Halbleiterprobe mit ortsunabhängigem Überschuss an Löchern $\Delta p < n_n$.

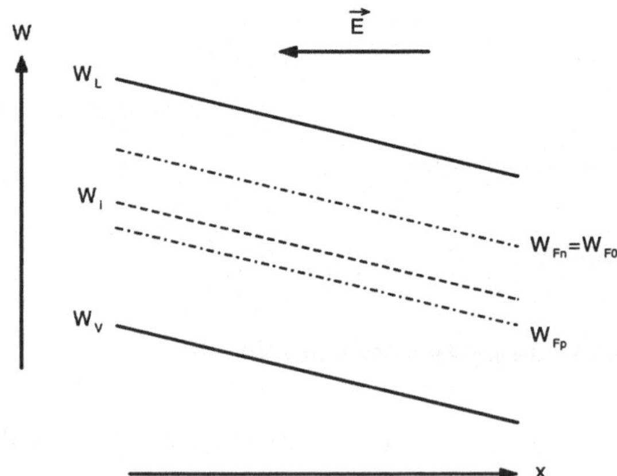

Abb. 2.11 Energiebändermodell bei reinem Feldstrom

2.7.2 Diffusionsstrom

Bei reinem Diffusionsstrom gilt

$$\vec{j}_n = \mu_n \cdot n \cdot grad(W_{Fn}) = q \cdot D_n \cdot grad(n), \tag{2.67}$$

$$\vec{j}_p = \mu_p \cdot p \cdot grad(W_{Fp}) = -q \cdot D_p \cdot grad(p). \tag{2.68}$$

Da kein Feld anliegt, ist gemäß Gl. (2.57) $\vec{E} = \frac{1}{q} grad(W_i)$ das intrinsische Energieniveau W_i ortskonstant. Eine Änderung der Ladungsträgerkonzentration über dem Ort spiegelt sich im Gradienten des Quasi-Fermi-Niveaus wider. Dies erkennt man durch Logarithmierung und anschließender Gradientenbildung der Gleichungen Gl. (2.50) $n = n_i \cdot \exp\left(\frac{W_{Fn} - W_i}{kT}\right)$ und Gl. (2.51) $p = n_i \cdot \exp\left(\frac{W_i - W_{Fp}}{kT}\right)$:

$$grad\left(\frac{W_{Fn}(\vec{r})}{kT}\right) = grad\left(\ln\left(\frac{n(\vec{r})}{n_i}\right)\right), \tag{2.69}$$

$$-grad\left(\frac{W_{Fp}(\vec{r})}{kT}\right) = grad\left(\ln\left(\frac{p(\vec{r})}{n_i}\right)\right). \tag{2.70}$$

Die Neigungen der logarithmierten und auf n_i normierten Dichten verlaufen für Elektronen mit gleichem, für Löcher mit entgegengesetztem Vorzeichen wie die Neigungen der auf kT normierten Quasi-Fermi-Niveaus. Für den Fall der optischen Anregung ergeben sich z. B. Ladungsträgerkonzentrationen und ein Energiebändermodell wie in Abb. 2.12 gezeigt. Die Neigungen der Ladungsträgerkonzentrationen haben Diffusionsströme zur Folge.

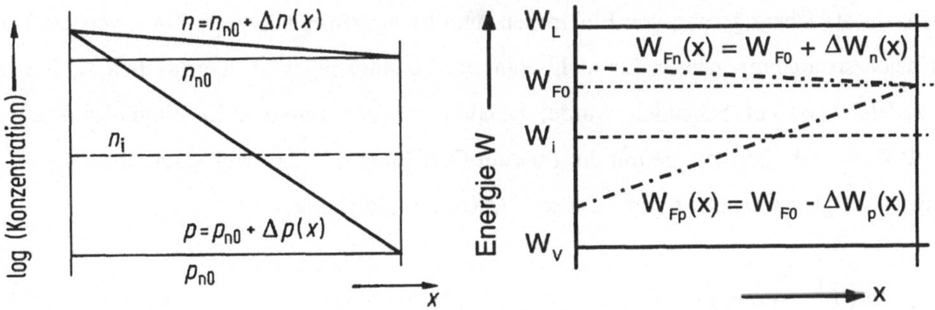

Abb. 2.12 Energiebändermodell und Ladungsträgerkonzentration bei reinem Diffusionsstrom. Die Begrenzung links sei die Halbleiteroberfläche, auf die Licht fällt (optische Anregung) [Ber92].

Obwohl bei dem in Abb. 2.12 gezeigten Fall der Hochinjektion keine äußere Spannung angelegt wird, müsste genau genommen noch der Dember-Effekt berücksichtigt werden. Der Dember-Effekt führt bei optischer Hochinjektion zum Auftreten einer Feldstärke, die jedoch im allgemeinen gering ist. Er entsteht aufgrund unterschiedlicher Beweglichkeiten von Elektronen und Löchern. Da Elektronen beweglicher sind, diffundieren sie schneller. Dadurch können sich die Raumladungen von Elektronen und Löchern nicht mehr kompensieren. Es tritt ein Feld auf, das die Löcher „hinterherzieht" bzw. die Elektronen „abbremst" und i. Allg. ($\mu_n > \mu_p$) in Lichteinfallsrichtung zeigt.

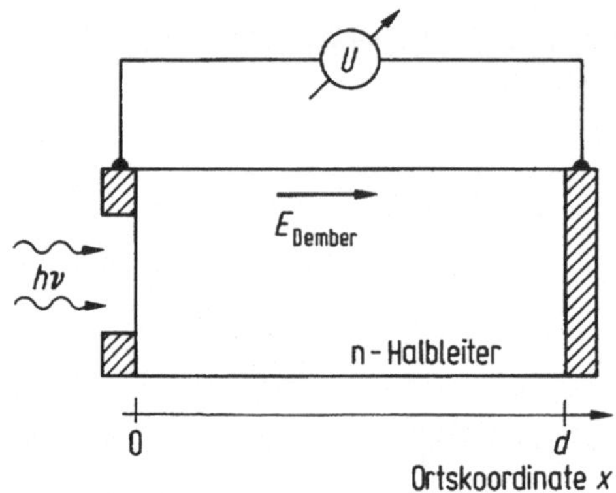

Abb. 2.13 Der Dember-Effekt [Ber92]

2.8 Die Überschuss-Rekombinationsrate in den Kontinuitätsgleichungen

2.8.1 Vorbemerkung

Nachdem die Überlagerung von Elektronen- und Löcherstromdichten in Form von Drift- und Diffusionsstromkomponenten für nicht-entartete Ladungsträger im thermischen Gleich- und Nicht-Gleichgewicht behandelt wurde, wenden wir uns nun den Kontinuitätsgleichungen Gl. (2.4) und Gl. (2.5) zu, die mit der Poisson-Gleichung Gl. (2.6) eng zusammenhängen. Die Kontinuitätsgleichungen werden aus der 1. Maxwell-Gleichung

$$rot\left(\vec{H}\right) = \frac{\partial}{\partial t}\vec{D} + \vec{j} \tag{2.71}$$

durch Divergenzbildung und Aufspaltung in die Teilchenstromdichten Gl. (2.3) gewonnen.

Elektrische Neutralität und thermisches Gleichgewicht

Abweichungen von der lokalen Neutralität $\rho \neq 0$ (Gl. (2.20)) treten beim Halbleiter häufig auf und halten sich über lange Zeiten. Die **Raumladungszone** z. B. einer Diode oder an der Halbleiteroberfläche bleibt erhalten, weil **Ausgleich zwischen ortsfesten und beweglichen Ladungen** dort wegen einwirkender elektrischer Feldkräfte nicht stattfindet. Wenn es sich dagegen um beide Polaritäten beweglicher Ladungen handelt oder aber freie und ortsfeste Ladungen sich unbehindert vereinigen können, vollzieht sich der Ausgleich zur Neutralität sehr schnell (innerhalb der **Relaxationszeit** / s. Kasten Seite 151).

Abweichungen vom thermischen Gleichgewicht der beweglichen Ladungsträger ($p \cdot n \neq n_i^2$ / Gl. (2.31) und Gl. (2.49)) werden innerhalb der Zeitkonstanten der **Rekombination** oder derjenigen der **Generation** abgebaut, wenn die Ursache des Nichtgleichgewichtes (Injektion oder Extraktion von Ladungen / Gl. (2.52) und Gl. (2.53)) entfällt (z. B. Verschwinden des Lichteinfalls in den Halbleiter in Abb. 2.12).

Die Rekombinations- und Generations-Zeitkonstanten (erstere heißt **„Lebensdauer"** der Überschussladungsträger / Abb. 2.17) sind verschieden: die Lebenssdauer von z. B. $\approx 10^{-5}$ s Dauer ist i. Allg. um 2 bis 4 Größenordnungen kürzer als die Generations-Zeitkonstante des gleichen Materials. Beide sind wiederum erheblich länger als die Relaxationszeit, die eine Dauer von $\approx 10^{-12}$ s hat.

Mit $div\left(rot\left(\vec{H}\right)\right) = 0$ und der Poisson-Gleichung Gl. (2.6) erhalten wir

$$0 = \frac{\partial \rho}{dt} + div\left(\vec{j}\right), \quad \text{wobei} \quad \frac{\partial \varepsilon}{\partial t} = 0, \tag{2.72}$$

und schließlich mit der Raumladungsdichte aus Gl. (2.20) den Ausdruck

$$0 = \frac{\partial}{\partial t}\left(q \cdot \left(p - n + N_D^+ - N_A^-\right)\right) + div\left(\vec{j}_n + \vec{j}_p\right), \tag{2.73}$$

der umgeschrieben wird zu

$$-\frac{1}{q} \cdot div\left(\vec{j}_p\right) - \frac{\partial}{\partial t}\left(p - N_A^-\right) = \frac{1}{q} \cdot div\left(\vec{j}_n\right) - \frac{\partial}{\partial t}\left(n - N_D^+\right). \tag{2.74}$$

Die beiden Differentialformen links und rechts vom Gleichheitszeichen können nur dann einander gleich sein, wenn sie beide einer gemeinsamen Funktion $R(\vec{r},t)$ gleich sind, die der **Überschuss-Rekombinationsrate *R*** entspricht. So entstehen die beiden Gleichungen

$$\frac{1}{q} \cdot div\left(\vec{j}_n\right) - \frac{\partial}{\partial t}\left(n - N_D^+\right) = R(\vec{r},t), \tag{2.75}$$

$$-\frac{1}{q} \cdot div\left(\vec{j}_p\right) - \frac{\partial}{\partial t}\left(p - N_A^-\right) = R(\vec{r},t), \tag{2.76}$$

die bis auf die Summanden $\frac{\partial N_D^+}{\partial t}$ und $\frac{\partial N_A^-}{\partial t}$ die geläufigen Kontinuitätsgleichungen Gl. (2.4) und Gl. (2.5) sind. Diese Summanden werden im Folgenden stets gleich Null gesetzt, weil weder eine zeitliche Veränderlichkeit des eingebauten Dotierungsprofiles energetisch flacher Störstellen noch deren transiente Umladung eine Rolle spielen sollen. Man beachte aber, dass z. B. bei tiefen Temperaturen $(T << -55°C)$ und bestimmten Messverfahren mit NGW-Verarmungsschichten (z. B. Deep Level Transient Spectroscopy - DLTS) womöglich diese Summanden nicht vernachlässigt werden dürfen. Für den Fall hoher Dichten N_t zusätzlich vorhandener Rekombinationszentren müssen auch diese in die Gl. (2.75) und Gl. (2.76) aufgenommen werden.

2.8.2 Die Überschuss-Rekombinationsrate

Die Überschuss-Rekombinationsrate R besteht aus dem Überschuss der Bilanz zwischen Rekombinationsrate r und Generationsrate g. Im thermischen Gleichgewicht (GW) gilt $r = g$ und $R = 0$, im thermischen Nicht-Gleichgewicht (NGW) weicht das Produkt der Ladungsträgerdichten aus Gl. (2.29) vom GW-Wert n_i^2 ab:

GW: $$R = r - g = 0 \quad \Rightarrow r = g\,, \tag{2.77}$$

NGW: Injektion: $$R = r - g > 0 \quad \Rightarrow r > g\,, \tag{2.78}$$

d. h. injizierte Überschussladungsträger rekombinieren,

Extraktion: $$R = r - g < 0 \quad \Rightarrow r < g\,, \tag{2.79}$$

d. h. fehlende Ladungsträger werden generiert (vgl. Gl. (2.53)).

Während für die Anregung einer hohen Generationsrate auch noch andere Ursachen (z. B. optische Generation) außer der thermischen Generation infolge der Temperaturbewegung der Ladungsträger in Frage kommen, dominieren bei der Rekombinationsrate thermische Prozesse, bei denen jedoch die rekombinierenden Trägerpaare auf unterschiedliche Weise ihre Überschussenergie abgeben. Grundsätzlich sind hier die Rekombinationsprozesse mit Energieübergang an Lichtquanten („strahlende Rekombination") von denen mit Energieübertragung an Gitterschwingungen („strahlungslose Rekombination") zu unterscheiden. Der erstgenannte Prozess läuft i. Allg. bei „direkten" Übergängen der Ladungsträgerpaare ab, also ohne Impulsüberschuss für Phononen. Der zweitgenannte Prozess, stets dominierend, läuft vor allem als „indirekter" Übergang der Ladungsträger ab.

Dabei werden über Gitterstörungen („Rekombinationszentren“: einzelne Störatome wie z. B. Dotierungsstoffe, aber auch Störstellen wie Punktdefekte vom Frenkel-Typ u. a.) Energie ans Gitter über gequantelte Gitterschwingungen („Phononen“) abgegeben.

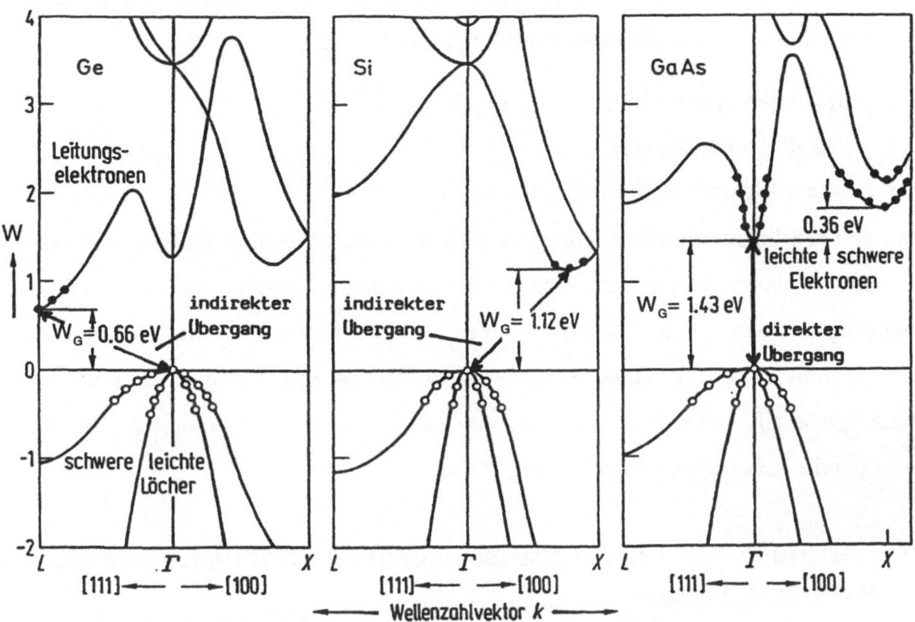

Abb. 2.14 Darstellung der Elektronenenergie W als Funktion der Wellenzahl k für jeweils zwei Vorzugskristallrichtungen [111] und [100] der drei wichtigen Halbleitermaterialien Ge (links), Si (Mitte) und GaAs (rechts). Nach der Lage von Leitungsband-Minimum und Valenzband-Maximum für geringste Energiedifferenz sind Si und Ge „indirekte“ Halbleiter, während GaAs ein „direkter“ Halbleiter ist.

Anmerkung: Die Bezeichnung „**direkter**“ und „**indirekter**“ Übergang entstammt dem Verlauf des $W(k)$-Diagramms eines Halbleiter-Materials, das den Zusammenhang von Elektronen-Energie W als Funktion von ihrer Wellenzahl k (in Richtung einer bestimmten Kristallachse) beschreibt; die Wellenzahl k hängt dabei mit dem Elektronenimpuls p entsprechend der deBroglie-Wellenlänge über die Gleichung

$$p = \hbar \cdot k \tag{2.80}$$

zusammen. Die Abb. 2.14 zeigt die $W(k)$-Diagramme einiger Halbleitermaterialien. Unmittelbar aus ihnen geht hervor, dass Leitungsbandelektronen zum Valenzband bei Germanium und Silizium für den Fall geringster Energiedifferenz zwischen beiden Bändern

„indirekt“, beim GaAs aber „direkt“ übergehen, um mit Löchern zu rekombinieren.

Bei den Halbleitern Silizium und Germanium dominiert bei der Ladungsträgerrekombination der indirekte Übergang und erst bei hoher Anregungsdichte von Überschussladungsträgern setzen noch weitere, zusätzlich ablaufende Übergänge ein. Insofern unterscheidet man unterschiedliche Rekombinationsmechanismen (s. Abb. 2.15):

1. Rekombination über Rekombinationszentren,
2. Paar-Rekombination,
3. Auger-Rekombination.

Da es sich bei **Silizium** um einen indirekten Halbleiter handelt, spielt die Paar-Rekombination eine untergeordnete Rolle. Die Auger-Rekombination spielt erst bei sehr hohen Ladungsträgerdichten eine Rolle. Daher wird hier die Rekombination über Rekombinationszentren als Rekombinationsmechanismus mit der größten Bedeutung für Silizium quantitativ betrachtet. Sie bestimmt bei nicht zu hoch dotiertem Silizium und Germanium die Lebensdauer τ der Ladungsträger.

2.8.3 Herleitung der Überschuss-Rekombinationsrate nach der Shockley-Read-Hall-Theorie

Im Folgenden wird die Überschussrekombinationsrate nach der Shockley-Read-Hall-Theorie (SRH-Theorie) abgeleitet [Sho52], [Hal52].

Die **Rekombinationszentren** der Dichte N_R sollen die beiden Ladungszustände neutral und negativ geladen annehmen können:

neutral (x): wenn **nicht** mit einem Elektron besetzt,
negativ (-): wenn mit einem Elektron **besetzt**:

$$N_R = N_R^- + N_R^\times . \tag{2.81}$$

Damit sind sie als **Akzeptor-Niveau** beschrieben:

$$N_R^- \rightleftarrows = N_R^x + (-) \tag{2.82}$$

Ohne Einschränkung der Allgemeinheit haben wir ein Akzeptor-Zentrum gewählt. Wir kommen für ein Donator-Zentrum zum gleichen Ergebnis (vgl. Gl. (2.96) bzw. Gl. (2.103)). Dabei wird angenommen, dass die Rekombinationszentren energetisch in der Umgebung der

1.Rekombination über Rekombinationszentren in der Umgebung der Mitte der verbotenen Zone (Zwischenniveau-Zentren)

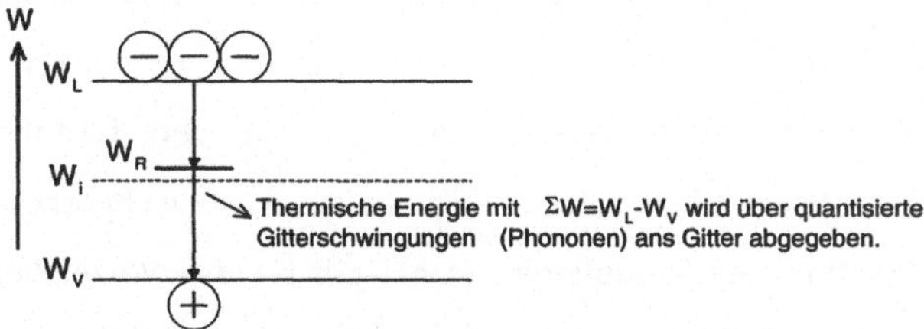

Überschuss-Rekombinationsrate $R_Z = \xi_Z \cdot \Delta n$ mit $\xi_Z = 1 \cdot 10^5 s^{-1}$

2.Paar-Rekombination: Band-Band-Übergang

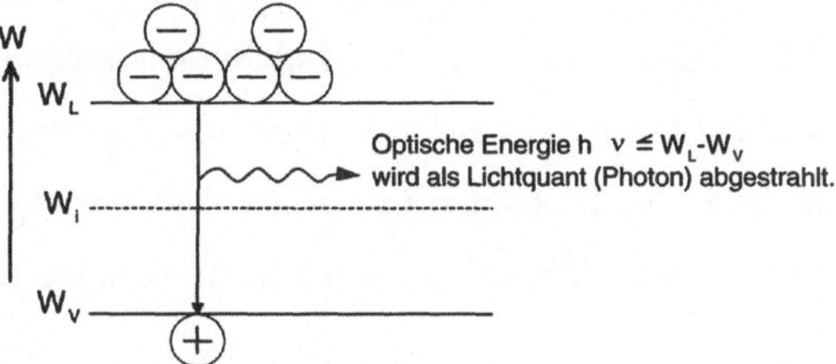

Überschuss-Rekombinationsrate $R_{BB} = \xi_{BB} \cdot \Delta n \cdot \Delta p = \xi_{BB} \cdot \Delta n^2$, weil $\Delta n = \Delta p$, mit $\xi_{BB} = 2 \cdot 10^{-15} cm^3 s^{-1}$

3.Auger-Rekombination

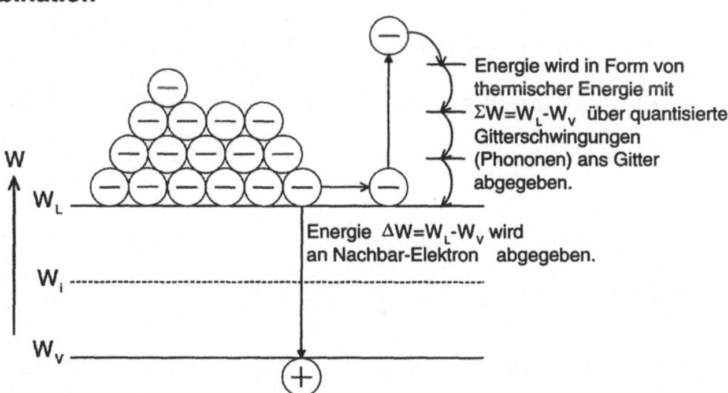

Überschuss-Rekombinationsrate $R_{Au} = \xi_{Au} \cdot \Delta n^2 \cdot \Delta p = \xi_{Au} \cdot \Delta p^2 \cdot n\Delta = \xi_{Au} \cdot \Delta p^3 = \xi_{Au} \cdot \Delta n^3$, weil $\Delta n = \Delta p$, mit $\xi_{Au} = 2 \cdot 10^{-32} cm^6 s^{-1}$

Abb. 2.15 Die drei wichtigsten Rekombinationsmechanismen schematisiert dargestellt und ihre zugehörige Rekombinationsrate R

Mitte der verbotenen Zone liegen $W_R \approx W_i$. Insgesamt können nun 4 Einzelprozesse auftreten, für die schematisiert der Anfang- und Endzustand beschrieben werden (Abb. 2.16). Dynamisch ist jeweils dabei die Übergangsrate (in $cm^{-3}s^{-1}$) zu beschreiben, also aus der "Sicht" des Zentrums als "Einfang" (engl. capture) oder als "Aussendung" (engl. emission) von Ladungsträgern. Dabei kann das Rekombinationszentrum mit beiden Bändern und ihren beweglichen Ladungsträgern in Austausch treten, also mit dem Leitungsband Elektronen austauschen, mit dem Valenzband Löcher. Für beide Austauschprozesse lässt sich eine Überschuss-Rekombinationsrate formulieren. Dabei gilt für das Vorzeichen der Überschuss-Rekombinationsrate, dass Elektron und Loch im Zentrum zusammentreffen müssen, um erfolgreich zu rekombinieren. Natürlich lässt sich das Bild auch konsequent entwickeln mit der Vorstellung, dass das Elektron zunächst vom Leitungsband in das Rekombinationszentrum und von dort weiter in das Valenzband "fällt". Beide Modellvorstellungen sind miteinander verträglich. Es wird die jeweilige Übergangsrate vom Band ins Zentrum negativ verrechnet ("Band-Verlust"), weil sich dabei die Dichten n und p der Ladungsträger in den Bändern verringern. Ansonsten gilt Proportionalität mit den Partnerdichten des jeweiligen Übergangs.

A. Elektronenaustausch Zentrum / Leitungsband (Index L)

Beim Austausch von Elektronen zwischen Zentrum und Leitungsband unterscheidet man die beiden Prozesse Elektroneneinfang (1) und -emission (2). Beide sind in Abb. 2.16 illustriert.

Prozess (1): Ein neutrales Zentrum der Dichte $N_R^{\times}$ fängt ein Elektron aus dem Leitungsband mit der Dichte n ein und wird dadurch negativ: Verlust von Elektronen aus dem Leitungsband

$$-\left(\frac{dn}{dt}\right)_1 = r_L = C_n \cdot n \cdot N_R^{\times} \tag{2.83}$$

mit der Proportionalitätskonstanten C_n (für engl. capture).

Prozess (2): Ein negatives Zentrum der Dichte N_R^- sendet ein Elektron in das Leitungsband mit nicht begrenzender Dichte von Zuständen aus und wird dadurch neutral: Zuwachs von Elektronen im Leitungsband

$$+\left(\frac{dn}{dt}\right)_2 = g_L = E_n \cdot N_R^- \tag{2.84}$$

mit der Proportionalitätskonstanten E_n (für engl. emission).

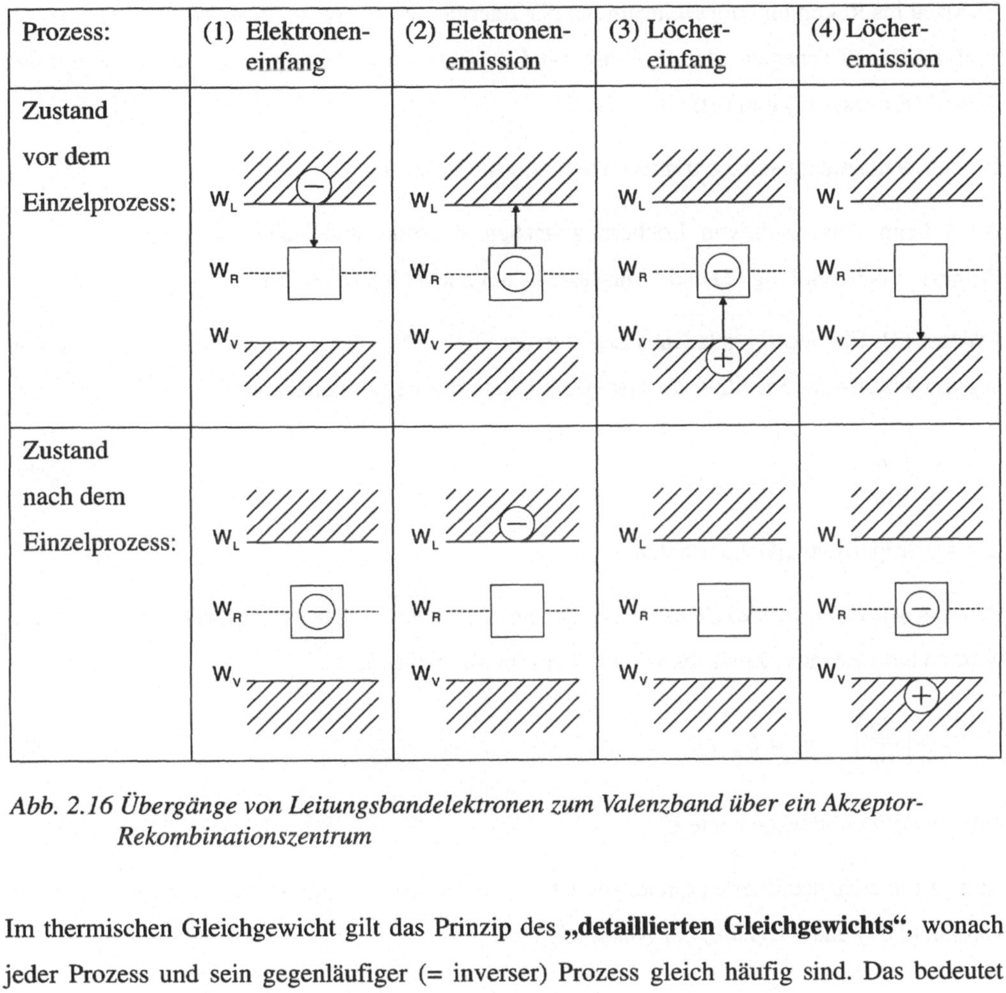

Prozess:	(1) Elektronen-einfang	(2) Elektronen-emission	(3) Löcher-einfang	(4) Löcher-emission
Zustand vor dem Einzelprozess:	W_L W_R W_V	W_L W_R W_V	W_L W_R W_V	W_L W_R W_V
Zustand nach dem Einzelprozess:	W_L W_R W_V	W_L W_R W_V	W_L W_R W_V	W_L W_R W_V

Abb. 2.16 Übergänge von Leitungsbandelektronen zum Valenzband über ein Akzeptor-Rekombinationszentrum

Im thermischen Gleichgewicht gilt das Prinzip des **„detaillierten Gleichgewichts“**, wonach jeder Prozess und sein gegenläufiger (= inverser) Prozess gleich häufig sind. Das bedeutet $r_L = g_L$ und ergibt durch Kombination der Gl. (2.83) und Gl. (2.84)

$$E_n = C_n \cdot \left(\frac{N_R^{\times}}{N_R^{-}} \right) \cdot n_0 = C_n \cdot n_r \quad \text{mit} \quad n_r \equiv \left(\frac{N_R^{\times}}{N_R^{-}} \right) \cdot n_0 \,. \tag{2.85}$$

Entsprechend der GW-Betrachtung steht auch in Gl. (2.85) die GW-Dichte n_0 der Elektronen. Zu der physikalischen Bedeutung der Dichte freier Rekombinationszentren für Elektronen n_r wird in Abschnitt 2.8.4 auf S. 78 Stellung genommen.

Nun ist man in der Lage, die Überschuss-Rekombinationsrate R_L für die Übergänge von Elektronen zwischen Zentrum und Leitungsband zu formulieren

$$R_L = r_L - g_L = C_n \cdot \left(n \cdot N_R^{\times} - n_r \cdot N_R^{-} \right) \cdot \tag{2.86}$$

Für eine erfolgreiche Rekombination eines Ladungsträgerpaars haben wir nun zunächst das Elektron ins Rekombinationszentrum bei der Energie W_R gebracht (Prozesse (1) und (2)), der Einfang eines Loches aus dem Leitungsband im Rekombinationszentrum vervollständigt den Ablauf (Prozesse (3) und (4)).

B. Löcheraustausch Zentrum / Valenzband (Index *V*)

Auch beim Austausch von Löchern zwischen Zentrum und Valenzband lassen sich die Prozesse Löchereinfang (3) und -emission (4) unterscheiden (Abb. 2.16).

Prozess (3): Ein negativ geladenes Zentrum der Dichte N_R^- fängt Löcher aus dem Valenzband ein und wird dadurch neutral: Verlust von Löchern aus dem Valenzband

$$-\left(\frac{dp}{dt}\right)_3 = r_V = C_p \cdot p \cdot N_R^- \tag{2.87}$$

mit der Proportionalitätskonstanten C_p.

Prozess (4): Ein neutrales Zentrum der Dichte N_R^x sendet Löcher in das Valenzband aus und wird dadurch negativ: Zuwachs von Löchern im Valenzband

$$+\left(\frac{dp}{dt}\right)_4 = g_V = E_p \cdot N_R^\times \tag{2.88}$$

mit Proportionalitätskonstante E_p.

Nun gilt wieder detailliertes Gleichgewicht $r_V = g_V$ und es ergibt sich durch Kombination von Gl. (2.87) und Gl. (2.88) der Ausdruck

$$E_p = C_p \cdot \left(\frac{N_R^-}{N_R^\times}\right) \cdot p_0 \equiv C_p \cdot p_r \quad \text{mit} \quad p_r \equiv \left(\frac{N_R^-}{N_R^\times}\right) \cdot p_0 \,. \tag{2.89}$$

Die physikalische Deutung der Dichte freier Rekombinationszentren für Löcher p_r wird auf Seite 78 erläutert.

Wiederum lässt sich die Überschuss-Rekombinationsrate R_V für die Übergänge von Löchern zwischen Zentrum und Valenzband formulieren

$$R_V = r_V - g_V = C_p \cdot \left(p \cdot N_R^- - p_r \cdot N_R^\times\right). \tag{2.90}$$

Für die Berechnung der Gesamtrekombinationsrate R_{SRH} wird davon ausgegangen, dass der Ladungszustand der Rekombinationszentren stationär ist, d. h. es findet im Mittel keine

Umladung der Rekombinationszentren statt $\left(\frac{\partial}{\partial t}N_R^\times = 0;\ \frac{\partial}{\partial t}N_R^- = 0\right)$. Dies ist nur dann gewährleistet, wenn die Überschuss-Rekombinationsrate R_L der ins Rekombinationszentrum übergehenden Elektronen gleich der Überschuss-Rekombinationsrate R_V der ins Rekombinationszentrum übergehenden Löcher ist. Nur in diesem Fall steht ein optimales Verhältnis von Reaktionspartnern (Elektronen und Löcher) in den Rekombinationszentren zur Verfügung:

$$R_{SRH} = R_L = R_V = C_p \cdot \left(p \cdot N_R^- - p_r \cdot N_R^\times\right) = C_n \cdot \left(n \cdot N_R^\times - n_r \cdot N_R^-\right) \cdot \tag{2.91}$$

Mit Hilfe der Gl. (2.81) und Gl. (2.91) findet man die beiden Beziehungen

$$N_R^- = N_R \cdot \frac{C_n \cdot n + C_p \cdot p_r}{C_n(n + n_r) + C_p(p + p_r)} \tag{2.92}$$

und

$$N_R^\times = N_R \cdot \frac{C_n \cdot n_r + C_p \cdot p}{C_n(n + n_r) + C_p(p + p_r)} \cdot \tag{2.93}$$

So ergibt sich durch Einsetzen in Gl. (2.91)

$$R_{SRH} = N_R \cdot C_n \cdot C_p \cdot \frac{n \cdot p - n_r \cdot p_r}{C_n(n + n_r) + C_p(p + p_r)} \cdot \tag{2.94}$$

Hier interessiert der Wert des Produktes $n_r \cdot p_r$. Man findet mit Gl. (2.85), Gl. (2.89) und Gl. (2.29)

$$n_r \cdot p_r = \left(\frac{N_R^\times}{N_R^-}\right) \cdot \left(\frac{N_R^-}{N_R^\times}\right) \cdot n_0 \cdot p_0 = n_i^2 \tag{2.95}$$

und erhält die **SRH-Überschuss-Rekombinationsrate R_{SRH}**

$$R_{SRH} = N_R \cdot C_n \cdot C_p \cdot \frac{n \cdot p - n_i^2}{C_n(n + n_r) + C_p(p + p_r)} \cdot \tag{2.96}$$

2.8.4 Interpretation der Überschuss-Rekombinationsrate nach der Shockley-Read-Hall-Theorie

Wichtig ist, dass die SRH-Überschuss-Rekombinationsrate R_{SRH} der Dichte N_R der Rekombinationszentren sowie den Proportionalitätskonstanten C_n und C_p direkt proportional ist. Je größer C_n und C_p sind, um so mehr thermisch bewegte Elektronen und Löcher vermag das lokalisierte Rekombinationszentrum einzufangen. Insofern ist die gaskinetische Deutung von C_n und C_p verständlich, die jeweils einen Einfangsquerschnitt σ_n und σ_p (nicht zu verwechseln mit der Leitfähigkeit σ_n, σ_p!) des Rekombinationszentrums gegenüber Elektronen und Löchern mit der mittleren thermischen Geschwindigkeit der Ladungsträger $\bar{v}_{th}$ verknüpfen

$$C_n = \sigma_n \cdot \bar{v}_{th}\,, \tag{2.97}$$

$$C_p = \sigma_p \cdot \bar{v}_{th}\,. \tag{2.98}$$

Werte für σ_n und σ_p liegen bei $\approx 10^{-16} cm^2$ und beschreiben damit die Querschnittsfläche eines Gitteratoms; die mittlere thermische Geschwindigkeit errechnet sich mit $\bar{v}_{th} = \sqrt{\frac{3kT}{m_{eff}}}$ bei $T \approx 300K$ zu $\bar{v}_{th} \leq 10^7 cm/s$.

Nun können wir uns auch der Bedeutung der in den Gl. (2.85) und Gl. (2.89) eingeführten Dichten n_r und p_r zuwenden. Dabei ist es notwendig, die Besetzung des Rekombinationszentrums mit Elektronen zu beschreiben, was durch die Fermi-Statistik geschieht. Entscheidend ist dabei die Energie W_R, die dem Zentrum zugeordnet ist. Allgemein gilt die Fermi-Wahrscheinlichkeit, einen Zustand bei der Energie W mit einem Elektron zu besetzen

$$f(W) = \left[1 + \exp\left(\frac{W - W_F}{kT}\right)\right]^{-1}. \tag{2.99}$$

Entsprechend gilt für Gl. (2.85)

$$n_r \equiv \left(\frac{N_R^\times}{N_R^-}\right) \cdot n_0 = \frac{N_R \cdot [1 - f(W_R)]}{N_R \cdot f(W_R)} \cdot N_L \cdot \exp\left(-\frac{W_L - W_F}{kT}\right) \tag{2.100}$$

$$\Rightarrow n_r = N_L \cdot \exp\left(-\frac{W_L - W_R}{kT}\right),$$

$$p_r \equiv \left(\frac{N_R^-}{N_R^\times}\right) \cdot p_0 = \frac{N_R \cdot f(W_R)}{N_R \cdot [1 - f(W_R)]} \cdot N_V \cdot \exp\left(-\frac{W_F - W_V}{kT}\right) \tag{2.101}$$

$$\Rightarrow p_r = N_V \cdot \exp\left(-\frac{W_R - W_V}{kT}\right). \tag{2.102}$$

Also beschreiben die Dichten n_r und p_r diejenigen GW-Ladungsträgerdichten, für die die Fermi-Energie W_F mit der Energie W_R des Rekombinationszentrums übereinstimmt: für $W_F = W_R$. Mit der weiter oben geäußerten Annahme $W_R \approx W_i$ entsprechen n_r und p_r näherungsweise der Eigenleitungsdichte n_i. Jedoch ist diese Annahme nicht notwendig, sondern lediglich nützlich, um vergleichbar guten Austausch des Rekombinationszentrums mit beiden Bändern zu gewährleisten. Weicht man von der Annahme ab, so ändern die zuvor definierten Einfangsquerschnitte in Gl. (2.97) und Gl. (2.98) ihre Werte unsymmetrisch für Elektronen und Löcher und begünstigen z. B. bei einer W_R-Lage in der oberen Hälfte des verbotenen Bandes den Austausch mit dem Leitungsband.

2.8.5 Die Lebensdauer

Für die halbleitertechnischen Anwendungen ist die Definition der Lebensdauer τ der Ladungsträger wichtig.

Def. Lebensdauer τ

Die Lebensdauer τ ist ein Maß für die Zeitdauer, innerhalb derer die Dichte von Überschussladungsträgern durch Rekombination auf den e-ten Teil abgeklungen ist (e steht hier für die Euler-Zahl). Dies ergibt sich aus dem Rekombinationsgesetz.

Lineares Rekombinationsgesetz

Es wird angenommen, dass die Lebensdauer proportional zur Überschussladungsträgerdichte sowie antiproportional zur Überschuss-Rekombinationsrate ist:

$$\tau = \frac{\Delta n}{R} \qquad \text{bzw.} \qquad \tau = \frac{\Delta p}{R}.$$

Beim Einsetzen in die Kontinuitätsgleichungen Gl. (2.4) / Gl. (2.5) ergibt sich für eine homogene Überschussladungsträgerverteilung Δn, Δp im stromlosen Fall das Abklingverhalten mit der Lebensdauer τ:

$$\Delta n = \Delta n_0 \cdot e^{-t/\tau} \text{ bzw. } \Delta p = \Delta p_0 \cdot e^{-t/\tau}$$

Gleichung Gl. (2.96) lässt sich umformen zu

$$R_{SRH} = \frac{n \cdot p - n_i^2}{\frac{1}{N_R \cdot C_p}(n + n_r) + \frac{1}{N_R \cdot C_n}(p + p_r)}. \tag{2.103}$$

Wir führen folgende Definitionen ein

$$\tau_p \equiv \frac{1}{N_R \cdot C_p} \quad ; \quad \tau_n \equiv \frac{1}{N_R \cdot C_n} . \tag{2.104}$$

Mit dem **linearen Rekombinationsgesetz** (s. Kasten) und der Annahme der Quasi-Neutralität $\Delta n \approx \Delta p$ sowie $n = n_o + \Delta n$ und $p = p_o + \Delta p$ ergibt sich die **SRH-Lebensdauer**

$$\tau_{SRH} = \frac{\Delta n}{R_{SRH}} = \Delta n \cdot \frac{\tau_p(n+n_r)+\tau_n(p+p_r)}{(n_0+\Delta n)\cdot(p_0+\Delta p)-n_i^2} \tag{2.105}$$

$$\Leftrightarrow \tau_{SRH} = \frac{\tau_p(n+n_r)+\tau_n(p+p_r)}{n_0+p_0+\Delta n} .$$

Gl. (2.105) lässt sich mit unterschiedlichen Voraussetzungen vereinfachen. Eine Übersicht ist in Tab. 2.5 wiedergegeben. Für stark dotiertes Material stellt τ_{SRH} die Lebensdauer der Minoritätsladungsträger dar.

Nach der SRH-Theorie ist also eine Lebensdauer zu erwarten, die unabhängig von der Dotierstoffkonzentration ist und bestimmt wird durch die Dichte der Rekombinationszentren N_R, die Einfangsquerschnitte σ_n und σ_p sowie die thermische Geschwindigkeit $\overline{v}_{th}$.

Niedrig-/Hochinjektion	Halbleitertyp	Vereinfachung	Lebensdauer
Niedriginjektion	*n*-HL	$n = n_0 + \Delta n \approx n_0 = N_D$ $n_0 = N_D >> n_r; p_r; p_0$	$\tau_{SRH} = \tau_p$
	p-HL	$p = p_0 + \Delta p \approx p_0 = N_A$ $p_0 = N_A >> n_r; p_r; n_0$	$\tau_{SRH} = \tau_n$
	eigenleitend (*i*-HL)	$n_0 = p_0 \approx n_i$ $n_r \approx p_r \approx n_i$ $W_R = W_i$	$\tau_{SRH} = \tau_n + \tau_p$
Hochinjektion	alle	$n = n_0 + \Delta n \approx \Delta n$ $p = p_0 + \Delta p \approx \Delta p$ $\Delta n = \Delta p >> n_r; p_r$	$\tau_{SRH} = \tau_n + \tau_p$

Tab. 2.5 Lebensdauern τ_{SRH} unter Vorausetzung der Quasi-Neutralität für verschiedene Anregungen und Halbleitertypen

Messkurven der Lebensdauer in Abhängigkeit von der Dotierung zeigt Abb. 2.17. Man erkennt, dass für hohe Dotierungen (ab $N_A, N_D \approx 10^{15} cm^{-3}$) die Lebensdauer sinkt. Dies ist kein Widerspruch zur SRH-Theorie, sondern erklärt sich durch die Auger-Rekombination, die bei so hohen Dotierungen zu dominieren beginnt.

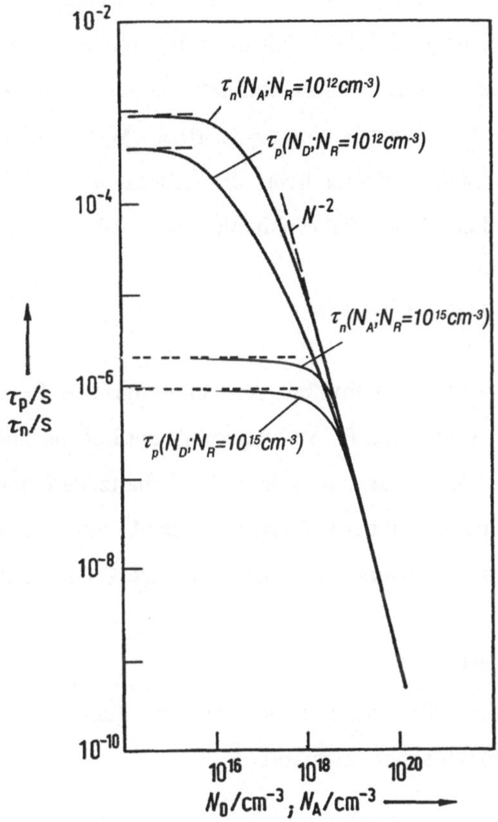

Abb. 2.17 Dotierungsabhängigkeit der Ladungsträgerlebensdauern τ_n und τ_p als Grenzgesetz bei unterschiedlicher Rekombinationszentrendichte N_R. Beim konstanten Kurvenverlauf dominiert die SRH-Rekombination, im abfallenden Teil die Auger-Rekombination (abgeändert nach [Tya83]).

Für kleine Dotierungen ($N_A, N_D < 10^{15} cm^{-3}$) bestätigt die Messkurve die Unabhängigkeit der Lebensdauer τ von der Dotierung. Der Unterschied zwischen τ_n und τ_p entsteht durch unterschiedliche Einfangsquerschnitte σ_n und σ_p der Rekombinationszentren für Elektronen und Löcher. Bei sehr kleinen Dotierungen ($\approx 10^{14} cm^{-3}$) liefert Abb. 2.17 für den *p*-Halbleiter eine Lebensdauer von $\tau_{SRH} = \tau_n \approx 1 ms$. Mit einem Einfangsquerschnitt von $\sigma \approx 10^{-16} cm^2$

sowie $\bar{v}_{th} \approx 5 \cdot 10^6\, cm/s$ folgt nach Gl. (2.97), Gl. (2.98) und Gl. (2.104) eine Rekombinationszentrendichte von $N_R = 10^{12}...10^{13}\, cm^{-3}$.

Solch eine geringe Dichte an Rekombinationszentren erfordert ein extrem reines Halbleitermaterial. Da die Reinigungsprozesse sehr aufwendig sind, wird ein Halbleitermaterial solch hoher Reinheit nur für Spezialanwendungen eingesetzt (z. B. Hochleistungssolarzellen, Leistungshalbleiter). Für die Siliziumplanartechnik werden i. Allg. Halbleitermaterialien mit einer Rekombinationszentrendichte von $N_R \leq 10^{15}\, cm^{-3}$ eingesetzt. Daraus resultiert eine übliche Lebensdauer von $\tau = 1...10\mu s$. Wie in Abb. 2.17 zu erkennen ist, nimmt bei dieser Rekombinationszentrendichte die Lebensdauer für Dotierungen größer als $10^{19}...\ 10^{19}\, cm^{-3}$ aufgrund der Auger-Rekombination weiter ab, gemäß

$$\tau = C \cdot N^{-2} \quad \text{mit} \quad C \approx 1...3 \cdot 10^{-31}\, cm^6/s\,. \tag{2.106}$$

Neben unabsichtlichen Verunreinigungen im Zuge der technologischen Behandlung kann auch durch beabsichtigte Verfahrensschritte (z. B. Au-Dotierung) die Lebensdauer unabhängig von der Dotierung eingestellt werden (z. B. um schnellere Schaltzeiten der Bauelemente zu erreichen). Die Temperaturabhängigkeit der Lebensdauer der Minoritätsladungsträger im nicht zu hoch ($< 10^{19}\, cm^{-3}$) dotierten Silizium kann i. Allg. vernachlässigt werden.

2.9 Die Poisson-Gleichung

Aus den Gl. (2.6) und Gl. (2.20) sowie dem Zusammenhang zwischen elektrischer Verschiebungsdichte $\vec{D}$ und elektrischer Feldstärke $\vec{E}$

$$\vec{D} = \varepsilon_0 \varepsilon_r \vec{E} \tag{2.107}$$

entsteht die für unsere Zwecke verwendbare Form der Poisson-Gleichung

$$div\left(\vec{E}(\vec{r},t)\right) = \frac{q}{\varepsilon_0 \varepsilon_r}\left[p(\vec{r},t) - n(\vec{r},t) + N_D^+(\vec{r},t) - N_A^-(\vec{r},t)\right]. \tag{2.108}$$

Die elektrische Feldkonstante ε_0 ist eine Naturkonstante

$$\varepsilon_0 = 8{,}854188 \cdot 10^{-12}\, \frac{As}{Vm}\,. \tag{2.109}$$

Die Dielektrizitätszahl ε_r ist eine Materialkonstante, und für die beiden wichtigen Materialien der Planartechnologie gilt

$$\varepsilon_r(\mathrm{Si}) = 11{,}9\,,$$

$$\varepsilon_r(\mathrm{SiO_2}) = 3{,}9\,.$$

Die rechte Seite der Gl. (2.108) addiert vorzeichenrichtig sämtliche Ladungsbeiträge. Bei hoher Dichte der Rekombinationszentren (vergleichbar mit den in Gl. (2.108) enthaltenen Anteilen) müssen auch diese berücksichtigt werden.

Schließlich sind noch zwei Zusammenhänge zu nennen, die für die Integration der Poisson-Gleichung wichtig sind. Die elektrische Feldstärke ist mit dem negativen Gradienten des Potentials φ verknüpft; dieser wiederum hängt über die negative Elementarladung $-q$ mit der Elektronenenergie W zusammen

$$-\,grad\big(\varphi(\vec{r},t)\big) = \vec{E}(\vec{r},t)\,, \tag{2.110}$$

$$W(\vec{r},t) = -q\cdot\varphi(\vec{r},t)\,. \tag{2.111}$$

2.10 Halbleiterrechnungen bei Niedrig- und Hochinjektion

Neben den geschlossenen Lösungen der Differentialgleichungen stehen heute gleichberechtigt numerische (Näherungs-)Lösungen. Letztere werden immer dann erforderlich, wenn die Geometrie und Ortsabhängigkeit von Einflussparametern geschlossene Lösungen nicht zulassen. Allerdings verbaut eine numerische Lösung sehr häufig das physikalische Verständnis für diese Einflussparameter, weil sie in der Form von Tabellen oder Graphik nicht explizit zu erkennen sind. Dafür sind dann vielfach wieder angenäherte geschlossene Lösungen erforderlich.

2.10.1 Niedriginjektion

Die meisten geschlossenen Lösungen der Halbleitergleichungen beziehen sich auf die Behandlung der Niedrig-Injektion von Überschussladungsträgern, wodurch meist auf die Behandlung der Feldströme der Minoritätsladungsträger verzichtet werden kann (s. a. Shockley-Modell der Diodenkennlinie). Kombination von Strom- und

Kontinuitätsgleichungen ergibt dann für die Minoritätsladungsträger

$$\left(\frac{\partial n}{\partial t}\right) = div(D_n \cdot grad(n)) - R\,, \tag{2.112}$$

$$\left(\frac{\partial p}{\partial t}\right) = div(D_p \cdot grad(p)) - R\,. \tag{2.113}$$

Mit der Annahme der Ortsunabhängigkeit der Diffusionskoeffizienten und der Definition von Lebensdauern τ der Minoritätsladungsträger bei Niedriginjektion (Gl. (2.104), dabei $\Delta n = n - n_0$; $\Delta p = p - p_0$) entsteht (mit dem Laplace-Operator Δ)

$$\left(\frac{\partial n}{\partial t}\right) = D_n \cdot \Delta n - \frac{n - n_0}{\tau_n}\,, \tag{2.114}$$

$$\left(\frac{\partial p}{\partial t}\right) = D_p \cdot \Delta p - \frac{p - p_0}{\tau_p}\,. \tag{2.115}$$

Stationarität $\left(\frac{\partial}{\partial t} = 0\right)$ führt zu den gewöhnlichen Differentialgleichungen 2. Ordnung, die als **Diffusions-Gleichungen** bezeichnet werden, wieder mit dem Laplace-Operator Δ formuliert

$$\Delta n - \frac{1}{L_n^2}(n - n_0) = 0\,, \tag{2.116}$$

$$\Delta p - \frac{1}{L_p^2}(p - p_0) = 0\,. \tag{2.117}$$

Hier bezeichnen die Abkürzungen L_n und L_p die Diffusionslängen der Minoritätsladungsträger bei Niedriginjektion, $L_n^2 = D_n \cdot \tau_n$, $L_p^2 = D_p \cdot \tau_p$. Sie beschreiben, welchen Weg Überschusselektronen bzw. -löcher im Mittel zurücklegen, bevor sie durch Rekombination auf den *e*-ten Teil abgeklungen sind[1] (nicht zu verwechseln mit der Diffusionslänge diffundierender Dotieratome $L_D = 2 \cdot \sqrt{D \cdot t}$). Die Gl. (2.116) und Gl. (2.117) sind durch zweifache Integration unter Beachtung von Randbedingungen zu lösen.

1. Dies ergibt sich aus den Kontinuitätsgleichungen Gl. (2.4) / Gl. (2.5) für Stationarität und G_{opt}=0.

2.10.2 Hochinjektion

Im Falle der Hochinjektion müssen auch die Feldströme berücksichtigt werden. Unter Annahme der Quasi-Neutralität $\Delta n \approx \Delta p$ lässt sich die ambipolare Stromdichte formulieren

$$\vec{j}(\vec{r},t) = q \cdot (\mu_n + \mu_p) \cdot \Delta p \cdot \vec{E} + q \cdot (D_n - D_p) \cdot grad(\Delta p) \tag{2.118}$$

mit $\vec{j}(\vec{r},t) = \vec{j}_n(\vec{r},t) + \vec{j}_p(\vec{r},t)$.

Löst man Gleichung Gl. (2.118) nach der Feldstärke $\vec{E}$ auf und setzt sie in Gl. (2.1) bzw. Gl. (2.2) ein, so ergibt sich

$$\vec{j}_n(\vec{r},t) = \frac{\mu_n}{\mu_n + \mu_p} \cdot \vec{j}(\vec{r},t) + q \cdot D \cdot grad(\Delta n), \tag{2.119}$$

$$\vec{j}_p(\vec{r},t) = \frac{\mu_p}{\mu_n + \mu_p} \cdot \vec{j}(\vec{r},t) - q \cdot D \cdot grad(\Delta p). \tag{2.120}$$

Dabei wird der ambipolare Diffusionskoeffizient eingeführt unter Verwendung der Einstein-Beziehung aus Gl. (2.46) und Gl. (2.47)

$$D = \frac{D_p \cdot \mu_n + D_n \cdot \mu_p}{\mu_n + \mu_p} = 2 \cdot \frac{\mu_n \cdot \mu_p}{\mu_n + \mu_p} \cdot \frac{kT}{q}. \tag{2.121}$$

Mit den stationären Kontinuitätsgleichungen Gl. (2.4) und Gl. (2.5) und dem linearen Rekombinationsgesetz ergibt sich wieder ein Gleichungspaar wie Gl. (2.116) und Gl. (2.117), bei dem lediglich der ambipolare Diffusionskoeffizient anstelle desjenigen der Minoritätsladungsträger gilt.

3 Integrierte Widerstände und Kondensatoren

Beide Typen passiver Bauelemente werden unter dem Gesichtspunkt behandelt, sie als Teile eines integrierten Schaltkreises im Rahmen der Planartechnologie des Siliziums herzustellen oder als eigenständige parasitäre Bereiche nachzuweisen. Integrierte Induktivitäten mit ausreichender Induktivität lassen sich in der Planartechnologie nicht realisieren. Bei höchsten Frequenzen sind aber dennoch die induktiven Eigenschaften von Leiterbahnen nicht zu vernachlässigen.

3.1 Integrierte Widerstände

Bei einem Halbleitermaterial mit einer räumlich konstanten Dotierung kann der Widerstand über den **spezifischen Widerstand** ρ bzw. über die **spezifische Leitfähigkeit** σ beschrieben werden. Für einen homogen dotierten Halbleiterblock (Abb. 3.1) mit der Länge *l*, Breite *b* und Dicke *d* gilt:

$$R = \frac{U}{I} = \rho\frac{l}{bd} = \frac{1}{\sigma}\frac{l}{bd} \text{ mit } \rho,\sigma = \text{const.} \tag{3.1}$$

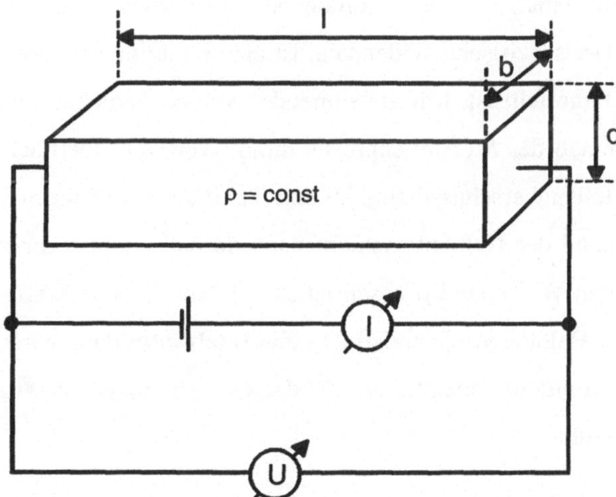

Abb. 3.1 Homogen dotierter Halbleiterblock mit ortskonstantem spezifischen Widerstand ρ

3.1.1 Widerstand diffundierter Störstellenprofile

Ein integrierter Widerstand wird durch einen dotierten Halbleiterbereich hergestellt, den in der Tiefe $d = x_j$ ein *pn*-Übergang begrenzt, an dem sich die beiden Störstellenarten kompensieren.

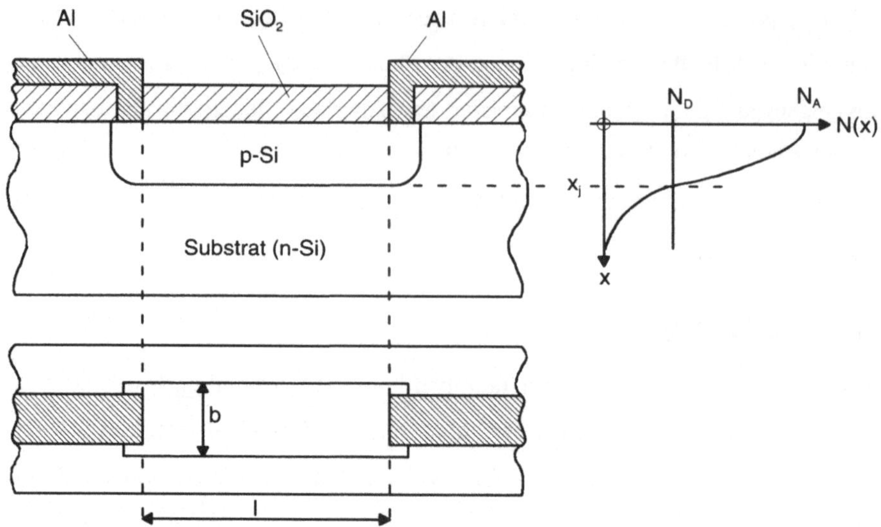

Abb. 3.2 Integrierter Widerstand - hergestellt durch Diffusion aus einer erschöpflichen Quelle

Bei der Herstellung von dotierten Bereichen im Halbleiter z. B. durch Diffusion von Dotierstoffen erhält man keine homogene Dotierung des Halbleitermaterials (s. Abb. 3.2 rechts). Der spezifische Widerstand ist eine Funktion der Störstellendichte, die in Abb. 3.3 / Abb. 3.4 dargestellt ist. Mit abnehmender Störstellendichte nimmt der spezifische Widerstand ρ zu. Gemäß des Störstellenprofils nimmt von der Oberfläche in die Tiefe des Halbleiters die Störstellenüberschussdichte ab und damit steigt der spezifische Widerstand ρ. Der gesamte Widerstand der Halbleiterschicht kann deshalb nicht mehr sinnvoll mit einem konstanten spezifischen Widerstand ρ beschrieben werden, da er sich mit der Konzentration der Dotierstoffe in der Halbleitertiefe ändert. Durch Mittelwertbildung wird für das betrachtete Dotierungsprofil ein mittlerer spezifischer Widerstand $\bar{\rho}$ bzw. eine mittlere spezifische Leitfähigkeit $\bar{\sigma}$ eingeführt

$$R = \frac{\int_0^{x_j} \rho(x)dx}{x_j} \cdot \frac{l}{b \cdot d} = \frac{\bar{\rho} \cdot l}{d \cdot b} = R_S \cdot \frac{l}{b}$$

$$= \frac{1}{\frac{1}{x_j} \cdot \int_0^{x_j} \sigma(x)dx} \cdot \frac{l}{b \cdot d} = \frac{l}{\bar{\sigma} \cdot d \cdot b} = R_S \cdot \frac{l}{b}. \qquad (3.2)$$

R_S wird als **Schichtwiderstand** bezeichnet und in der Einheit $\Omega/\square$ (Ohm per Square) angegeben. Der Schichtwiderstand bezieht sich auf die Oberfläche einer dotierten Halbleiterschicht. Im Folgenden wird beschrieben, wie sich R_S bei Annahme verschiedener Dotierprofile berechnen lässt, anschließend wird auf die praktische Messung mit der Vier-Spitzen-Methode eingegangen.

Def. Spezifische Leitfähigkeit

Die spezifische Leitfähigkeit eines Halbleiters wird von der Größe der Ladungsträgerdichten, ihrer Beweglichkeiten und Ladung bestimmt:

$$\sigma = q(\mu_n n + \mu_p p).$$

Bei Störstellenerschöpfung und eindeutiger Dotierung gilt

n-Halbleiter: $\sigma_n = q\mu_n N_D$,

p-Halbleiter: $\sigma_p = q\mu_p N_A$.

Def. Spezifischer Widerstand

Der spezifische Widerstand entspricht dem Kehrwert der spezifischen Leitfähigkeit:

$$\rho = \frac{1}{\sigma}.$$

Soll aus dem Verlauf eines Dotierungsprofiles der Schichtwiderstand bestimmt werden, muss die Abhängigkeit der Leitfähigkeit σ von der Störstellenkonzentration bekannt sein. Bei Störstellenerschöpfung gilt in einer p-dotierten Schicht bis zur Tiefe x_j, von wo ab n-Leitung eintritt (s. Abb. 3.2):

$$\sigma(x) = q\mu_p(x)p(x) \approx q\mu_p(x)[N_A(x) - N_D(x)] \tag{3.3}$$

mit $p(x) \approx N_A(x) - N_D(x)$, wobei $N_A(x) > N_D(x)$ für $0 < x < x_j$.

Bei diffundierten Schichten kann für den Verlauf von $N_A(x)$ das Diffusionsprofil verwendet werden, dass sich für die Diffusion aus einer erschöpflichen oder unerschöpflichen Quelle[1] ergibt (Abb. 1.9 bzw. Abb. 1.10). $N_D(x)$ entspricht der Hintergrunddotierung, die in der Regel über das gesamte Volumen konstant ist. Zusätzlich ist zu berücksichtigen, dass die Beweglichkeit μ keine Konstante ist, sondern von der gesamten Störstellenkonzentration $N_A(x) + N_D(x)$ abhängt. Mit steigender Störstellenkonzentration sinkt die Beweglichkeit der

1. Gl. (1.14) bzw. Gl. (1.20).

Ladungsträger (vgl. Abb. 2.8), da die Störstellenstreuung zunimmt. Aus diesem Grund nimmt mit abnehmender Störstellenkonzentration $N_A(x)$ die Leitfähigkeit nicht proportional ab.

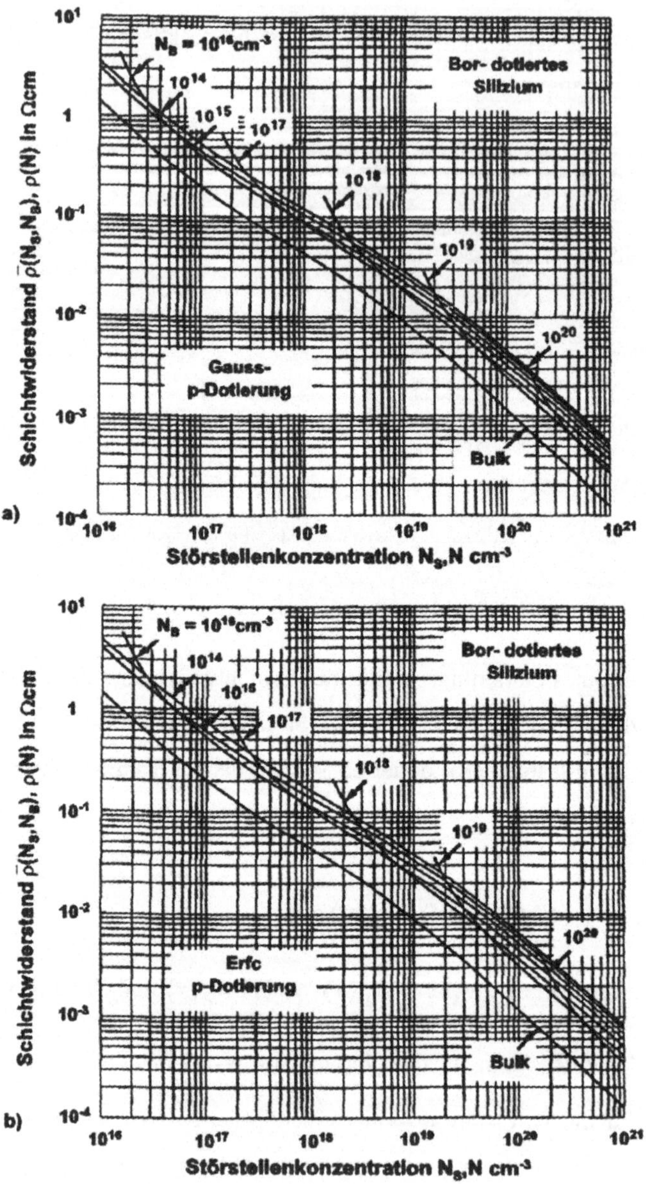

Abb. 3.3 Mittlerer spezifischer Widerstand $\bar{\rho}(N_S, N_B)$ eines Bor-dotierten p-Gebietes a) mit Gauss-Profil bzw. b) mit erfc-Profil in n-Silizium als Funktion der Substratdotierung N_B und der Oberflächenkonzentration N_S (Kurvenschar), sowie der spezifische Widerstand $\rho(N)$ von homogen dotiertem p-Silizium als Funktion der Dotierung (jeweils untere Einzelkurve) [Bul93].

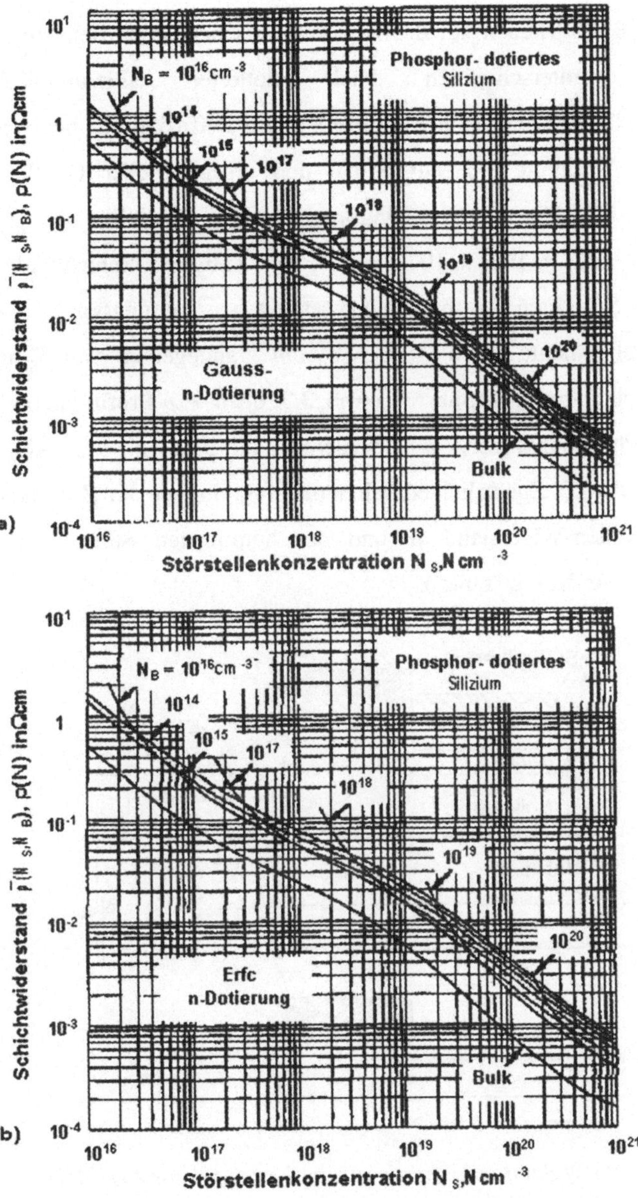

Abb. 3.4 Mittlerer spezifischer Widerstand $\bar{\rho}(N_S, N_B)$ eines Phosphor-dotierten n-Gebietes a) mit Gauss-Profil bzw. b) mit erfc-Profil in p-Silizium als Funktion der Substratdotierung N_B und der Oberflächenkonzentration N_S (Kurvenschar), sowie der spezifische Widerstand $\rho(N)$ von homogen dotiertem n-Silizium als Funktion der Dotierung (jeweils untere Einzelkurve) [Bul93].

Für praktische Zwecke greift man auf Nomogramme der Literatur zurück. I. C. Irvin [Irv62] und C. Bulucea [Bul93] haben auf der Basis empirischer Daten den mittleren spezifischen Widerstand $\bar{\rho}$ unterschiedlich hoch dotierter Silizium-Wafer mit der Oberflächenstörstellenkonzentration N_S korreliert, für Diffusion aus unerschöpflicher Quelle (*erfc*-Profil, vgl. Abschnitt 1.4.3 auf S. 10) und erschöpflicher Quelle (*exp*-Profil, vgl. Abschnitt 1.4.4 auf S. 11). In vier Diagrammen sind für *n*-Si- und *p*-Si-Substrate mit Störstellendichten $N_B = 10^{14} .... 10^{20} cm^{-3}$ der mittlere Schichtwiderstand $\bar{\rho}$ von diffundierten Schichten entgegengesetzten Leitungtyps durch deren Oberflächenstörstellendichte $N_S = 10^{16} .... 10^{21} cm^{-3}$ angegeben: zwei Diagramme für Bor-dotierte *p*-Si-Schichten auf *n*-Si-Substrat (Abb. 3.3, oben: *exp*-Profil, unten: *erfc*-Profil), zwei Diagramme für Phosphor-dotierte *n*-Si-Schichten auf *p*-Si-Substrat (Abb. 3.4, oben: *exp*-Profil, unten: *erfc*-Profil). Zusätzlich enthalten die Abbildungen den Zusammenhang zwischen spezifischem Volumen-Widerstand ρ und der homogenen Störstellendichte *N* (jeweils durchlaufende unterste Kurve "bulk").

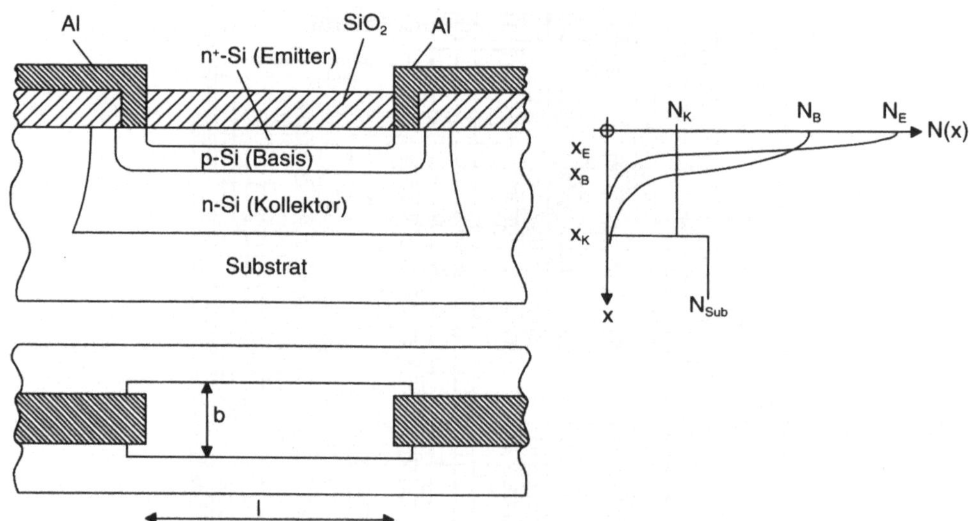

Abb. 3.5 Integrierter Widerstand einer vergrabenen (engl. buried) diffundierten Schicht für einen Bipolartransistor

Soll ein möglichst hoher Widerstand auf kleiner Fläche realisiert werden, so kann dazu eine vergrabene diffundierte Schicht genutzt werden (Abb. 3.5). Zusätzlich zu der Struktur eines normalen integrierten Widerstandes (Abb. 3.2) wird eine weitere flache Dotierung der „Widerstandswanne" mit entgegengesetzter Störstellenart vorgenommen. Diese Gegendotierung isoliert das stromführende Gebiet des integrierten Widerstandes nach oben und verkleinert somit die Querschnittsfläche. Nach Gl. (3.1) steigt damit der Widerstand.

Zur Bestimmung des Schichtwiderstandes einer vergrabenen diffundierten Schicht (Abb. 3.5), die durch zwei gegendotierte Schichten begrenzt wird, werden für die Integrationsgrenzen des Integrales der Gl. (3.2) die Tiefen der beiden pn-Übergänge eingesetzt. Nomogramme für Schichtwiderstände vergrabener Schichten wurden von I. C. Irvin [Irv62] aufgestellt, sind hier jedoch nicht wiedergegeben.

3.1.2 Vermessung von diffundierten Widerständen

Die Ergebnisse einer Widerstandsdiffusion können durch unterschiedliche Messungen überprüft werden: Vermessung des Schichtwiderstandes R_s, Vermessung des Diffusionsprofils mit der differentiellen Leitwert-Technik und optischen Vermessung der Tiefe des diffundierten *pn*-Überganges (Junction-Tiefe x_j).

3.1.3 Vier-Spitzen-Methode

Der Schichtwiderstand R_s einer flach-diffundierten Schicht der Planartechnologie wird meistens mit Hilfe einer Vier-Punkt-Sonde bzw. Vier-Spitzen-Sonde vermessen. Dabei setzt man vier äquidistant in einer Reihe angeordnete ("kollineare") Spitzen aus einem harten Metall auf die Probe auf (Abb. 3.6).

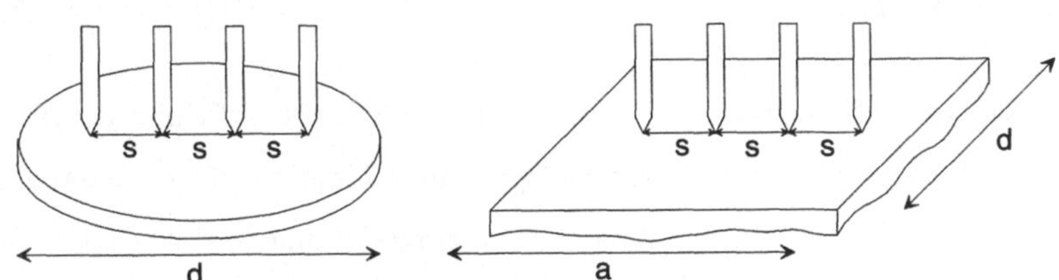

Abb. 3.6 Runde und rechteckige Halbleiter-Proben bei der Vermessung des Schichtwiderstandes mit der Vier-Spitzen-Methode

Wie in Abb. 3.7 angedeutet wird durch die äußeren Spitzen der Strom I_0 ein- und ausgespeist (Quelle und Senke). Das innere Spitzenpaar tastet die Potentialdifferenz U_1 auf der Probenoberfläche ab. Da diese Potentialdifferenz U_1 durch eine Kompensationsschaltung stromlos gemessen wird, wird der vom Strom abhängige Spannungsabfall (Kontaktwiderstand) in den aufgesetzten Messspitzen vermieden, der zur Verfälschung des Wertes U_1 führen würde. Ein geometrie-abhängiger Korrekturfaktor *KF* wird benötigt, um aus

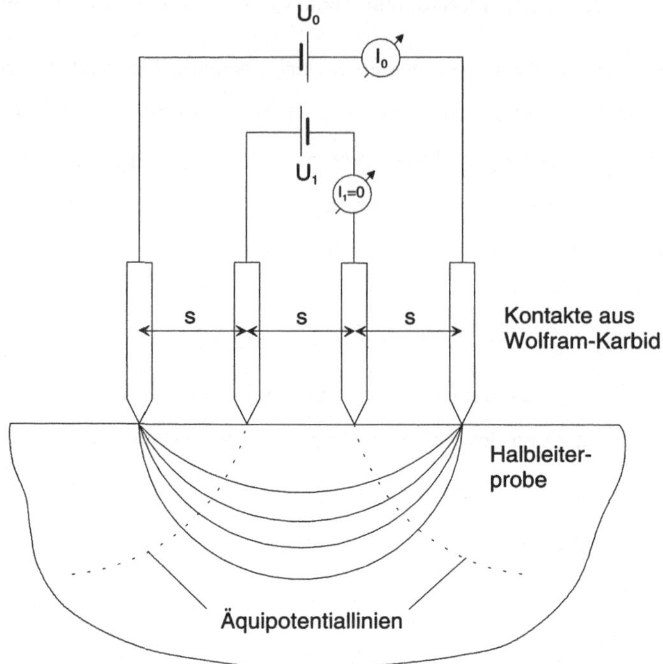

Abb. 3.7 Messung des Schichtwiderstandes mit der Vier-Spitzen-Methode

dem Widerstandsquotienten U / I den Wert des Schichtwiderstandes R_s (in Ω / □) zu errechnen

$$R_S = \frac{U}{I} KF \quad \text{in } \Omega / \square \tag{3.4}$$

Der **Korrekturfaktor *KF*** hängt ab von der Probenform (Abb. 3.6) und der Probengröße (Durchmesser d eines runden Wafers; Kantenlängen einer Rechteckscheibe: parallel zur Reihe der Vier-Punkt-Sonde: Länge a und senkrecht dazu: Breite d) und vom Abstand s der Spitzen der Vier-Punkt-Sonde auf einer flach diffundierten Schicht. Die analytische Bestimmung des Korrekturfaktors wird beschrieben in [Val54, Smi58, Uhl55]. Die Liste in Tab. 3.1 gibt *KF*-Werte an für zirkulare und rechteckige Probenformen zur Ermittlung des Schichtwiderstandes R_S. Kritische Größe ist dabei für beide Geometrien (rund oder rechteckig) das Verhältnis d / s, das für den Korrekturfaktor *KF* aller Geometrien und kollinearer Sondenanordnung schließlich zum gleichen Wert führt:

$$\lim_{\frac{d}{s} \to \infty} KF = 4,5324 = \frac{\pi}{\ln(2)}. \tag{3.5}$$

Soll die Vermessung flach-diffundierter Schichten von der Probenform unabhängig sein, ist ein hoher d / s-Wert anzustreben.

d / s	runde Probe	a / d=1	a / d=2	a / d=3	a / d>=4
1,0				0,9988	0,9994
1,25				1,2467	1,2248
1,5			1,4788	1,4893	1,4893
1,75			1,7196	1,7238	1,7238
2,0			1,9454	1,9475	1,9475
2,5			2,3532	2,3541	2,3541
3,0	2,2662	2,4575	2,7000	2,7005	2,7005
4,0	2,9289	3,1137	3,2246	3,2248	3,2248
5,0	3,3625	3,5098	3,5749	3,5750	3,5750
7,5	3,9273	4,0095	4,0361	4,0362	4,0362
10,0	4,1716	4,2209	4,2357	4,2357	4,2357
15,0	4,3646	4,3882	4,3947	4,3947	4,3947
20,0	4,4364	4,4516	4,4553	4,4553	4,4553
40,0	4,5076	4,5120	4,5129	4,5129	4,5129
∞	4,5324	4,5324	4,5324	4,5325	4,5324

Tab. 3.1 Korrekturfaktor KF für die Messung von Schichtwiderständen auf Proben unterschiedlicher Geometrie mit Vier-Punkt-Sonden, wobei eine sehr geringe Schichtdicke im Verhältnis zum Sondenabstand s vorausgesetzt ist [Smi62].

Mit Hilfe der Gl. (3.4) erhält man einen experimentell bestimmten Wert des Schichtwiderstandes, der mit den Erwartungswerten nach den Simulationsausdrücken des Abschnitt 3.1.1 verglichen werden kann. Ist die Junction-Tiefe x_j durch optische Vermessung bekannt (Abschnitt 3.1.5), lässt sich das Messergebnis im Hinblick auf den mittleren spezifischen Widerstand nach Gl. (3.2) auswerten. Schließlich kann man auch entsprechend Abb. 3.3 / Abb. 3.4 die mittlere Störstellendichte der untersuchten Widerstandschicht ermitteln.

3.1.4 Differentielle Leitwert-Technik

Die differentielle Leitwert-Technik ermöglicht die Bestimmung eines kompletten Tiefenprofiles der Störstellendichte. Es wird dazu nach schrittweise chemischem oder mechanischem Abtragen der diffundierten Schicht wiederholt der Schichtwiderstand bestimmt. Zum chemischen Abtragen werden die dünnen Siliziumschichten anodisch oxidiert und das gebildete SiO_2 mit HF-Lösung abgetragen. Die Methode ist auch unter dem Namen "Electrochemical Profiling" bekannt.

3.1.5 Optische Vermessung der Junction-Tiefe

Die Junction-Tiefe x_j des *pn*-Überganges wird üblicherweise durch Anätzen eines flachen Anschliffes (sogenannter Schrägschliff, Anschliffwinkel gegenüber Probenoberfläche 0,5°...5°, siehe Abb. 3.8) der diffundierten Probe bestimmt. Dabei verwendet man eine Ätzlösung von Flusssäure HF (49%), zu der eine geringe Menge Salpetersäure HNO_3 (z. B. in 100ml HF einige Tropfen HNO_3) gemischt wird ("staining etch"). Wenn die mit Ätzlösung benetzte Probe einige Minuten lang starker Beleuchtung ausgesetzt wird, erscheint die *p*-leitende Seite des *pn*-Überganges dunkler getönt als die *n*-leitende Seite. Unter dem Mikroskop lassen sich Junction-Tiefen bis herab zu 1µm ohne Schwierigkeit auswerten.

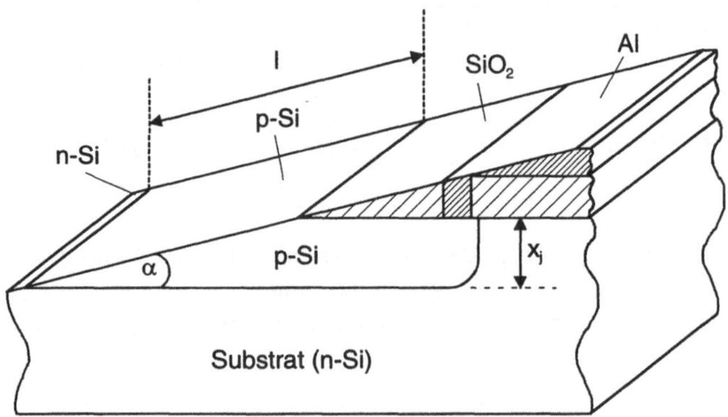

Abb. 3.8 Bestimmung der Junction-Tiefe x_j einer Diffusion durch Schrägschliff, Anätzen und optisches Ausmessen nach der Beziehung $x_j = l \sin \alpha$

3.1.6 Weitere Verfahren zur Vermessung des Widerstandes einer Halbleiterprobe

Neben dem genauesten Verfahren, der zuvor erörterten Vier-Spitzen-Messung, sind noch weitere Verfahren bekannt, die jedoch sämtlich nur über Eichproben genaue Werte des Probenwiderstandes und des zugrundeliegenden Störstellenprofiles erreichen. Es existieren - nach der Anzahl der benötigten Messsonden unterschieden - die sogenannte Ein-Spitzen-Messung und die Zwei-Spitzen-Messung. Die geringere Anzahl der Messsonden ermöglicht dabei eine bessere Ortsauflösung der Messung.

Bei der **Ein-Spitzen-Messung** liegt die Probe mit einem großflächigen Rückkontakt (s. Abb. 3.9) auf einem elektrisch leitenden Teller und wird auf der Vorderseite mit einer Messspitze abgetastet. Dieses Verfahren ist auf Proben mit homogener Dotierung (ohne

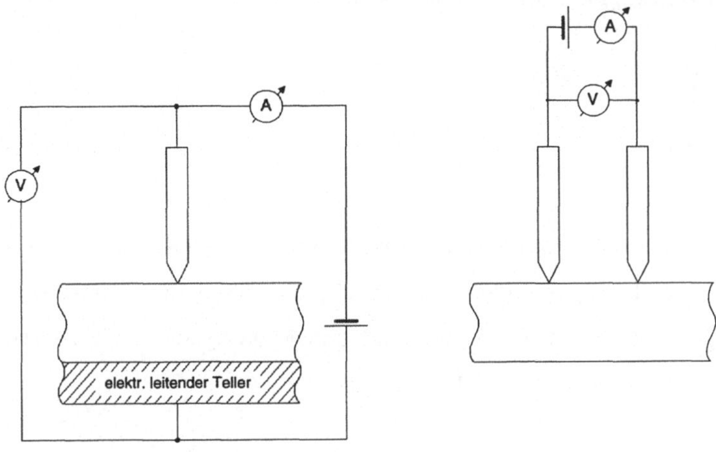

Abb. 3.9 Ein-Spitzen-Messung Zwei-Spitzen-Messung

isolierende *pn*-Übergänge) beschränkt und hat hier nur begrenzte Bedeutung.

Bei der **Zwei-Spitzen-Messung** wird die Oberfläche einer Probe (Wafer) mit zwei nahe beieinander stehenden Messspitzen schrittweise abgetastet. Dabei wird der Ausbreitungswiderstand (engl. spreading resistance) vermessen. Da der spezifische Widerstand ρ des untersuchten Halbleitermaterials sehr viel höher ist als derjenige der Messspitzen (also keine entartet-dotierten Halbleiterproben vorliegen), spielt die aufgesetzte Fläche der Messspitze (und damit deren Radius a bei der Annahme einer zylindrischen und flachen Messspitze ohne Kegel am Ende) für den Ausbreitungswiderstand R zwischen den beiden Messspitzen eine Rolle. Diese Abhängigkeit wird mit einem Korrekturfaktor berücksichtigt. Bei der Messung muss beachtet werden, dass bei möglichst geringem Strom gemessen wird, um verfälschenden Spannungsabfall in den Kontakten zu vermeiden, ebenso sollte Wechselspannung vermieden werden, um die u. U. gleichrichtende Wirkung der Kontakte auszuschließen. Um quantitative Messungen zu machen, muss mit kalibrierten Proben gearbeitet werden.

3.2 Integrierte Kondensatoren

In der Halbleitertechnik werden Kondensatoren vielfach durch spannungsabhängige Raumladungen gebildet. Da sich dann für verschiedene Vorspannungen U ein unterschiedlicher Wert der Kapazität ergibt, muss zwischen dem bekannten statischen Wert C_{stat} der Kapazität und dem in der Halbleitertechnik verwendeten dynamischen oder differentiellen Wert C_{diff} der Kapazität unterschieden werden

$$C_{stat} = \frac{Q}{U}, \tag{3.6}$$

$$C_{diff} = \frac{dQ}{dU}. \tag{3.7}$$

In der Integrationstechnik bezeichnet man spannungsabhängige Kondensatoren als Varaktoren. Hier werden Raumladungsvaraktoren behandelt, die durch die Verarmungszonen an *pn*-Übergängen gebildet werden (*pn*-Varaktoren) und MOS-Systeme, die zwischen Gate- und Halbleiterelektrode entstehen (MOS-Varaktoren).

3.2.1 MOS-Varaktor

Der MOS-Varaktor wird durch eine Halbleiterregion und eine Metallelektrode gebildet, die durch ein isolierendes Dielektrikum voneinander getrennt sind (Abb. 3.10b). In der Regel wird das Dielektrikum durch SiO_2 gebildet. Sollen höhere Dielektrizitätszahlen[1] erreicht werden, finden andere Materialien (Si_3N_4 oder Ta_2O_5) Anwendung. An der Halbleiteroberfläche bildet sich i. Allg. eine Raumladung (engl. space charge - SC) aus, die von der am Gate anliegenden Spannung abhängt. Die Gesamtkapazität ergibt sich aus der Reihenschaltung der Kapazität vom Plattenkondensator C_{OX} des Dielektrikums und von der Oberflächen-Raumladungszone C_{SC} (Abb. 3.11). Im Folgenden wird immer die flächenbezogene Kapazität verwendet.

$$C' = \frac{C}{A}. \tag{3.8}$$

Für die Gesamtkapazität des Varaktors gilt:

$$\frac{1}{C_{ges}'(U)} = \frac{1}{C'_{OX}} + \frac{1}{C'_{SC}(U_G)} \quad \text{oder} \tag{3.9}$$

$$\frac{C'_{ges}(U)}{C'_{OX}} = \frac{1}{1 + \dfrac{C'_{OX}}{C'_{SC}(U_G)}}. \tag{3.10}$$

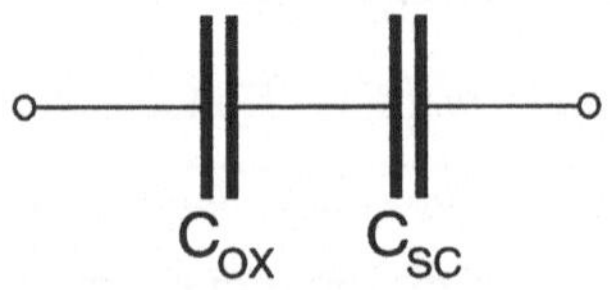

Abb. 3.11 Kapazitätsersatzschaltbild eines MOS-Varaktors

1. $\varepsilon(SiO_2) = 3{,}9$ $\varepsilon(Si_3N_4) = 8$ $\varepsilon(Ta_2O_5) = 22$

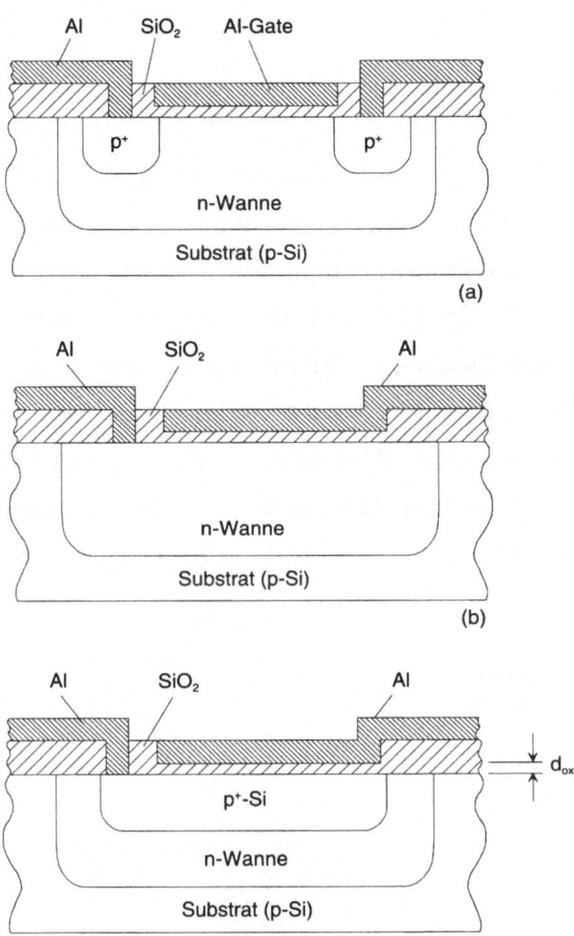

Abb. 3.10 a) p-MOSFET, b) MOS-Varaktor, c) MOS-Varaktor mit hoch dotiertem Kanalgebiet: obere Kondensatorplatte Al, untere Kondensatorplatte p^+-Si, Dielektrikum: SiO_2 der Dicke d_{ox} und der Fläche A.

Die Kapazität C'_{SC} ist eine Funktion der anliegenden Gate-Spannung U_G. Beide Kapazitäten können aus der Plattenkondensator-Gleichung entwickelt werden:

$$C'_{OX} = \frac{\varepsilon_o \varepsilon_{SiO_2}}{d_{OX}} \quad \text{mit der Oxiddicke } d_{OX} = const. \tag{3.11}$$

$$C'_{SC}(U_G) = \frac{\varepsilon_o \varepsilon_{Si}}{w_{RLZ}(U_G)} \quad \text{mit der RLZ-Weite } w_{RLZ}{}^1. \tag{3.12}$$

1. Diese Gleichung gilt nur für den Verarmungsfall (depletion) vgl. Abschnitt 7

Entsprechend Gl. (3.10) folgt:

$$\frac{C'_{ges}(U)}{C'_{OX}} = \left(1 + \frac{\varepsilon_{SiO_2}}{\varepsilon_{Si}} \frac{w_{RLZ}(U_G)}{d_{OX}}\right)^{-1}. \qquad (3.13)$$

Insgesamt ergibt sich für den Verlauf des Verhältnisses C'_{ges} / C'_{OX} eine Funktion, die in Abb. 3.12 dargestellt ist. Im Bereich der Anreicherung von Majoritätsträgern (Akkumulation) und der Anreicherung von Minoritätsträgern (Inversion) an der Oberfläche des Halbleiters ist $w_{RLZ} \ll d_{OX}$, so dass die Gesamtkapazität der Oxidkapazität entspricht. Im Übergang zwischen diesen Bereichen reicht die Raumladungszone tief in den Halbleiter hinein ($w_{RLZ} \gg d_{OX}$), die Gesamtkapazität erreicht ein Minimum. Diese Funktion wird in Abschnitt 6 eingehender betrachtet. Wird im Kanalgebiet sehr hoch dotiert, so gilt im Akkumulationsfall (d. h. Spannungspolung am MOS-Varaktor influenziert Majoritätsträger unter der Isolationsschicht) $w_{RLZ} \ll d_{OX}$, und es kann vereinfacht gerechnet werden $C'_{ges} = C'_{OX}$.

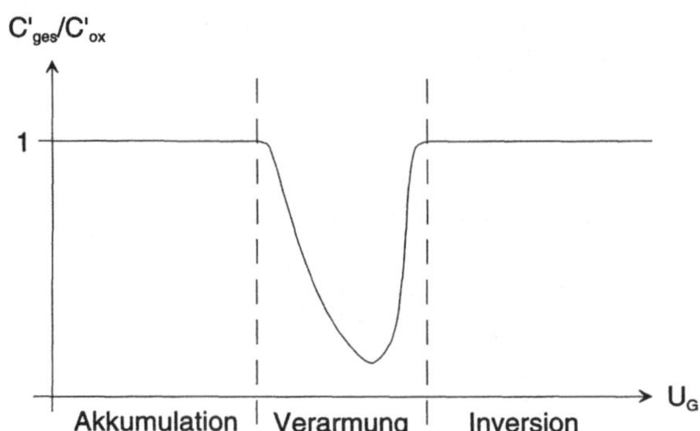

Abb. 3.12 Abhängigkeit der MOS-Kapazität von der angelegten Gatespannung

MOS-Varaktoren entstehen zwangsläufig im Zuge des MOS-Schichtenaufbaus und bilden den Gatebereich der MOSFETs (Abb. 3.10b). Für die Oxid-Kapazität C'_{OX} als flächenbezogene Größe findet man nach Gl. (3.11) mit $\varepsilon_0(SiO_2) = 3{,}9$ und $d_{OX} = 100\text{nm}$ den Wert $C'_{OX}(100nm) = 34{,}3 nF/cm^2 \approx 35 nF/cm^2$.

Mit Hilfe der **Trench-Technologie** lassen sich Kondensatoren auch in die Tiefe des Bauelementes bauen: durch das (Plasma-)Ätzen eines Grabens (engl. trench), dessen Innenwände oxidiert und durch Poly-Si-Abscheidung metallisiert werden, wodurch der Graben wieder verschwindet, entstehen "zahnwurzelförmige" Strukturen in der Chip-Oberfläche, die eine Abkehr von der Planartechnologie bedeuten (Abb. 3.13). Die hohe

Packungsdichte von Speicherkondensatoren für dynamische MOS-Speicherbauelemente (DRAMs: engl. dynamic random access memories) wird mit dieser Technologie erreicht. Mit der Trench-Breite von 0,9...1,0µm, der Trench-Tiefe von 4,5µm und der Gateoxid-Dicke $d_{OX} = 13{,}5\text{nm}$ erzielt man einen Kapazitätswert von $C_{OX} = 40 \cdot 10^{-15}\text{F} = 40\text{fF}$ pro Zelle. Die Substratdotierung beträgt typischerweise $4 \cdot 10^{16}$ Donator-Atome pro cm^3, die Poly-Si-Dotierung $1 \cdot 10^{19}$ Akzeptor-Atome pro cm^3 beim 4M-Bit DRAM [Pri87].

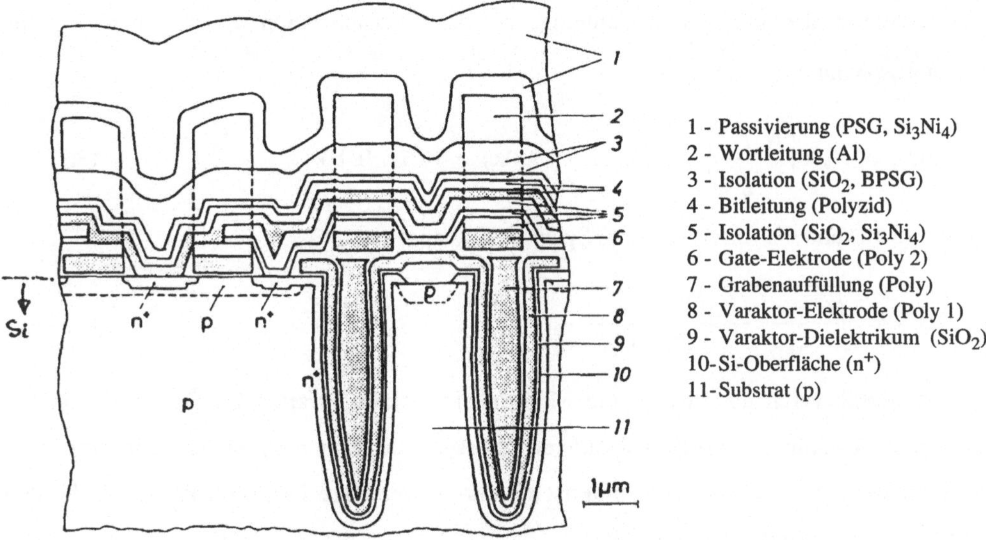

Abb. 3.13 Trench-Speicherzelle eines 4MBit-DRAM von Siemens [Que86]

3.2.2 Kapazität des *pn*-Übergangs

Zur Beschreibung der Kapazität des *pn*-Übergangs müssen der Sperrfall und der Durchlassfall gesondert bertachtet werden.

Liegt eine **Sperrspannung** an einem *pn*-Übergang an, so variiert die Dicke der Raumladungszone mit der anliegenden Spannung. Es müssen von außen Ladungsträger zugeführt bzw. abgeführt werden, so dass der *pn*-Übergang ein kapazitives Verhalten zeigt, das mit der Sperrschichtkapazität beschrieben wird. Ausgangspunkt ist der Zustand der Raumladungszone (RLZ) eines unsymmetrisch dotierten ($N_A >> N_D$) abrupten *pn*-Überganges unter Sperrspannung ("abrupt" beschreibt den abrupten Wechsel der Dotierstoffkonzentration, s. Abb. 4.3). Die RLZ ist an freien Ladungsträgern stark verarmt, wie es dem Gleichgewicht entspricht (Verarmungs- oder Depletion-Kapazität). Es kann die Plattenkondensator-

Beziehung benutzt werden

$$C'_{RLZ}(U) = \frac{\varepsilon_o \varepsilon_{Si}}{w_{RLZ}(U)}. \tag{3.14}$$

Dabei gilt beim abrupten *pn*-Übergang im Sperrfall für die RLZ-Breite:

$$w_{RLZ}(U) = \sqrt{\frac{2\varepsilon_o \varepsilon_{Si}}{q}\left(\frac{1}{N_A} + \frac{1}{N_D}\right)(U_D - U)} \quad \text{für } U_{Br} < U < 0. \tag{3.15}$$

U_{Br} beschreibt die Durchbruchspannung, ab der Stossionisation einsetzt und U_D die Diffusionsspannung:

$$U_D = U_T \ln\left(\frac{N_A N_D}{n_i^2}\right) \quad ; \quad U_D(Si, T{=}300\text{k}) = 0,5\ldots0,8\,V. \tag{3.16}$$

Aus Gl. (3.14) und Gl. (3.15) folgt die Sperrschichtkapazität:

$$C'_S = \sqrt{\frac{q\varepsilon_0 \varepsilon_{Si}}{2} \cdot \frac{N_A N_D}{N_A + N_D} \cdot \frac{1}{U_D - U}}. \tag{3.17}$$

Im **Durchlassbereich** ändert sich die Minoritätsträgerkonzentration im Halbleiter mit der angelegten Spannung. Diffusionsladungen müssen bei Spannungsänderungen zu- bzw. abgeführt werden. Es entsteht die praktisch nicht verwendbare Diffusionskapazität, die hier nicht im Detail behandelt werden soll.

4 Der *pn*-Übergang

4.1 Planare Silizium-Dioden und ihre Kennlinien

Silizium-Dioden werden im Rahmen der Planartechnologie durch Diffusion oder Implantation hergestellt. Es werden z. B. ins homogen dotierte *n*-leitende Grundmaterial an dafür vorgesehenen Stellen Bor-Atome eingebracht, die eine oberflächennahe *p*-leitende Schicht erzeugen. Dabei entsteht ein planarer *pn*-Übergang, wie er für zahlreiche Siliziumbauelemente typisch ist (z. B. für die Source- und Drain-Inseln im MOS-Transistor; für die Aufeinanderfolge von Emitter- und Basis-Schicht beim Bipolartransistor u. a.). Den Querschnitt einer planaren Silizium-Diode zeigt Abb. 4.1, die Strom-Spannungskennlinien für Germanium, Silizium und Galliumarsenid bei $T = 25°C$ werden in Abb. 4.2 dargestellt.

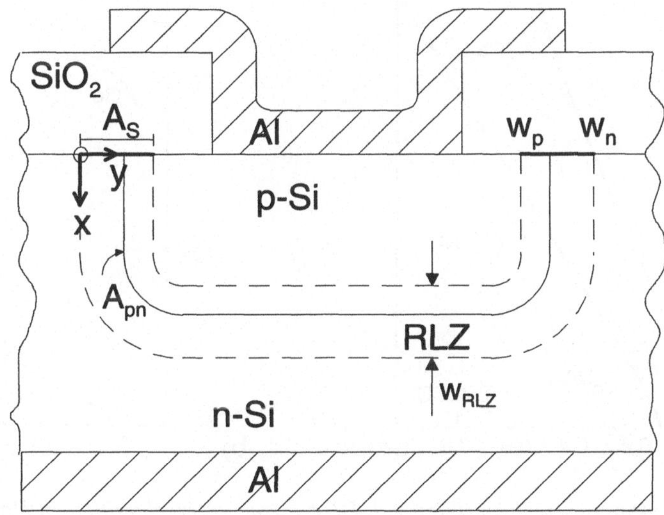

Abb. 4.1 Querschnitt einer planaren Si-Diode mit Darstellung der Raumladungszone (RLZ) der Breite w_{RLZ} und der Fläche A_{pn} sowie der RLZ-Oberfläche A_S zur SiO_2-Deckschicht

Drei charakteristische Abweichungen von der idealen Kennlinie (nach W. Shockley)

$$j = j_0 \cdot \left[\exp\left(\frac{U}{U_T}\right) - 1\right] \quad \text{mit} \quad U_T = \frac{k \cdot T}{q} \quad \text{sowie} \quad U_{Br} < U < U_D \tag{4.1}$$

kennzeichnen den Strom-Spannungsverlauf:

1. Bei hohen Flussströmen steigt die Kennlinie nicht mehr exponentiell an, sondern verläuft flacher (Ursachen: Hochinjektion und Bahnwiderstand)
2. Bei geringen Flussströmen ist die Steigung der halblogarithmischen Auftragung $ln(j) = f(U)$ geringer als nach dem Shockley-Modell erwartet (Ursache: Rekombination im Volumen und an der Oberfläche der Raumladungszone)
3. Der Sättigungssperrstrom j_0 ist spannungsabhängig und erheblich größer, als nach dem Shockley-Modell erwartet wird (Ursache: Generation im Volumen und an der Oberfläche der RLZ).

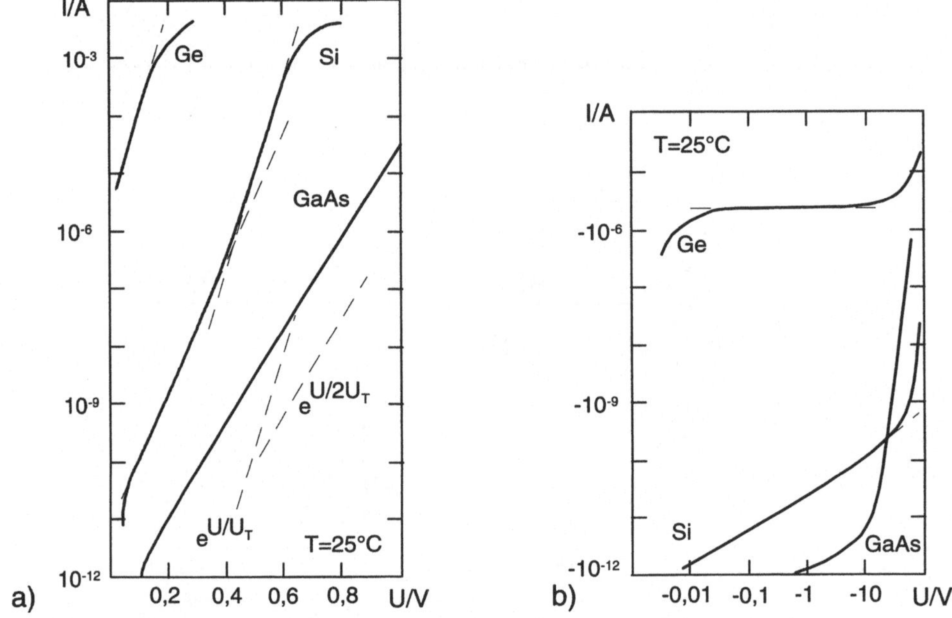

Abb. 4.2 Strom-Spannungskennlinien von Dioden aus unterschiedlichem Halbleitermaterial (Ge; Si; GaAs) bei T = 25°C: a) im Durchlass, b) bei Sperrung [Gro67].

Zunächst werden wir die wichtigsten Tatsachen des Shockley-Modelles der Diode wiederholen und die $I(U)$-Kennlinie für konstant dotierte und begrenzt weite Halbleiterbereiche errechnen. Dann werden wir die Rekombination von Ladungsträgern im Volumen und an der Oberfläche der Raumladungszone zusätzlich berücksichtigen. Abschließend untersuchen wir die Abweichungen der $I(U)$-Kennlinie, wenn bei hohen Flussströmen der Bereich der schwachen Injektion verlassen wird.

4.2 Shockley-Modell der Diodenkennlinie

Das Shockley-Modell der Diodenkennlinie [Sho49] beinhaltet folgende Voraussetzungen, welche zunächst auch für die Struktur der Abb. 4.3 gelten sollen:

1. **Quasi-Neutralität der Ladungsträger,**
2. **schwache Injektion,**
3. **Rekombinationsfreiheit in der Raumladungszone** (RLZ).

Ferner wird von einem abrupten Störstellenverlauf mit ohmschen Metallkontakten in eindimensionaler Darstellung ausgegangen.

Für beide Bahngebiete brauchen nur Minoritätsträger-Diffusionsströme berücksichtigt zu werden, da wegen der Voraussetzungen 1 und 2 ihr Feldstrom vernachlässigt werden kann, also z. B. für das n-Bahngebiet ($w_n \le x \le D$) (siehe Abb. 4.3)

$$j_p = -q \cdot D_p \cdot \frac{dp_n}{dx} = -q \cdot D_p \cdot \frac{d\Delta p_n}{dx} . \tag{4.2}$$

Zusammen mit der Bilanzgleichung der Löcher Gl. (2.5) für stationären Betrieb ($\delta/\delta t = 0$) und ohne optische Anregung ($G_{opt} = 0$) sowie mit dem linearen Zusammenhang zwischen Überschussminoritätsladungsträgerdichte $\Delta p_n = p_n - p_{n0}$ und der Überschussrekombinationsrate R im neutralen Halbleitervolumen (vgl. lineares Rekombinationsgesetz im Kasten auf S.79)

$$0 = -\frac{1}{q} \cdot \left(\frac{dj_p}{dx}\right) - R \quad \text{mit} \quad R = \frac{p_n - p_{n0}}{\tau_p} = \frac{\Delta p_n}{\tau_p} \tag{4.3}$$

und Gl. (4.2) ergibt sich die Differentialgleichung für Minoritätsträgerdiffusion

$$\frac{d^2 \Delta p_n}{dx^2} = \frac{\Delta p_n}{L_p^2} \tag{4.4}$$

mit der Diffusionslänge L_p für den Zusammenhang

$$L_p^2 = D_p \cdot \tau_p \cdot \tag{4.5}$$

Diese Differentialgleichung Gl. (4.4) wird mit den beiden Randbedingungen Gl. (4.6) und Gl. (4.7) gelöst. Damit keine Verwechslungen mit den Darstellungen unter Abschnitt 4.3 entstehen, wird stets für den ausschließlich über der RLZ abfallenden Anteil der äußeren Spannung $U = U_j$ gesetzt.

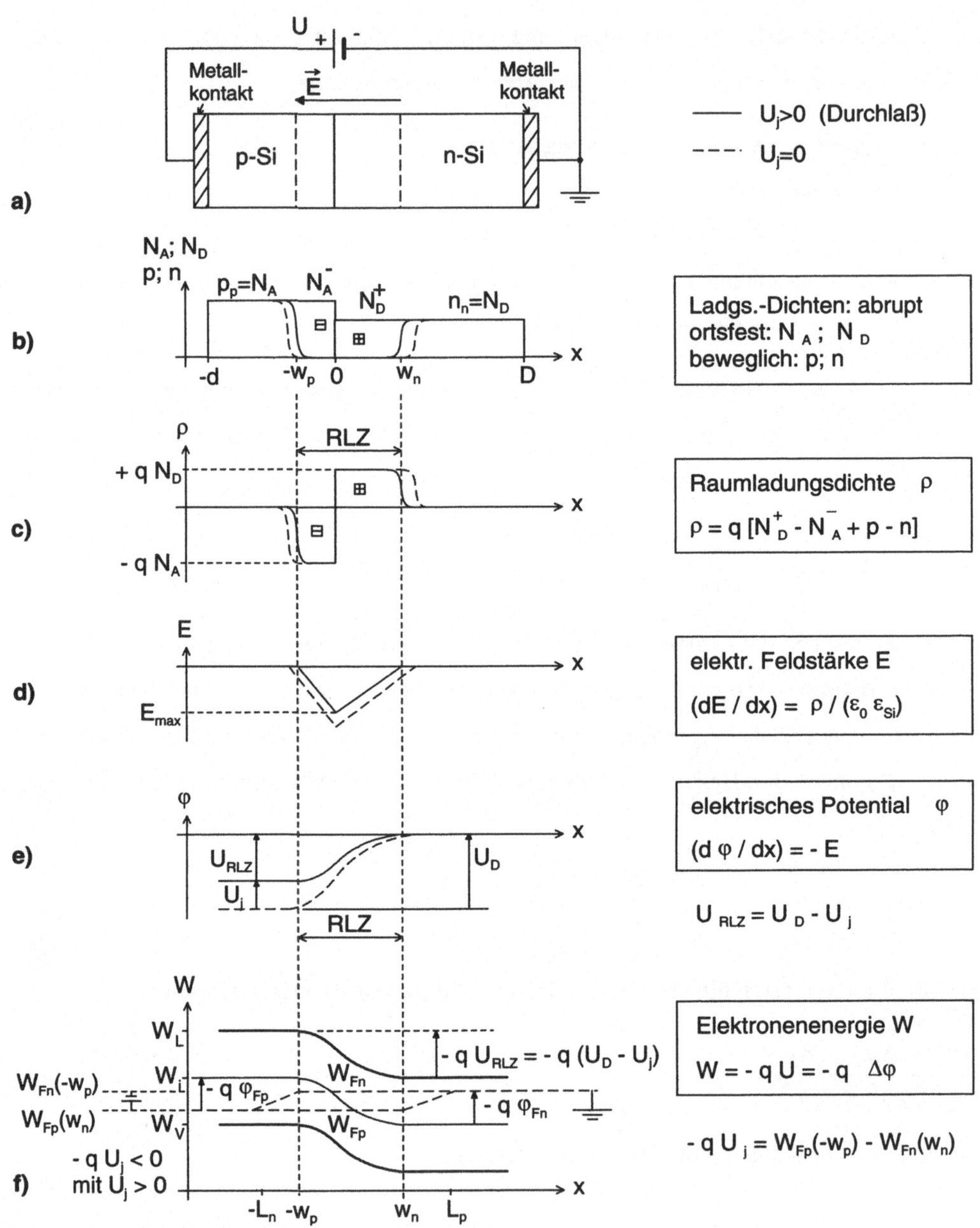

Abb. 4.3 pn-Übergang nach Shockley mit abruptem Störstellenprofil im Durchlass ($U_j > 0$). Eindimensionale Zuordnung der ortsabhängigen Diodenparameter: a) Struktur, b) Störstellenprofil, c) Ladung, d) Feld, e) Potential, f) Bändermodell mit aufgespaltenen Quasi-Fermi-Energien bei Durchlass $-q \cdot U_j = W_{Fp}(x = -w_p) - W_{Fn}(x = w_n)$.

Eine Randbedingung bildet die Boltzmann-Bedingung für die Ladungsträger am RLZ-Rand $x = w_n$ (RB1):

$$\Delta p_n(x = w_n) = p_{no} \cdot \left(\exp\left(\frac{U_j}{U_T}\right) - 1\right). \tag{4.6}$$

Am ohmschen Kontakt wird die Überschussladungsträgerdichte zu null (RB2):

$$\Delta p_n(x = D) = 0\,. \tag{4.7}$$

Die Spannung U_j beschreibt den Potentialunterschied beiderseits der RLZ, also $U_j = \varphi(-w_p) - \varphi(w_n)$ (siehe Abb. 4.3). Die Bezeichnung U_j hebt hervor, dass im Shockley-Modell **ausschließlich über der RLZ (engl. junction) Spannung** abfällt (Voraussetzung 4).

Mit dem Lösungsansatz für die Überschussladungsträgerdichte

$$\Delta p_n(x) = A \cdot \exp\left(\frac{-(x-D)}{L_p}\right) + B \cdot \exp\left(\frac{x-D}{L_p}\right) \tag{4.8}$$

erhält man am RLZ-Rand $x = w_n$

$$\Delta p_n(x = w_n) = p_{no} \cdot \left(\exp\left(\frac{U_j}{U_T}\right) - 1\right) = A \cdot \exp\left(\frac{-(w_n - D)}{L_p}\right) + B \cdot \exp\left(\frac{w_n - D}{L_p}\right) \tag{4.9}$$

und am ohmschen Kontakt $x = D$

$$\Delta p_n(x = D) = 0 = A + B\,. \tag{4.10}$$

Durch Einsetzen von Gl. (4.10) in Gl. (4.9) ergibt sich

$$A \cdot \left\{\exp\left(\frac{-(w_n - D)}{L_p}\right) - \exp\left(\frac{w_n - D}{L_p}\right)\right\} = p_{no} \cdot \left(\exp\left(\frac{U_j}{U_T}\right) - 1\right). \tag{4.11}$$

Unter Berücksichtigung der Definition der *sinh*-Funktion $\sinh(x) = \frac{\exp(x) - \exp(-x)}{2}$ errechnen sich die Koeffizienten A und B zu

$$A = \frac{p_{n0} \cdot \left(\exp\left(\frac{U_j}{U_T}\right) - 1\right)}{2 \cdot \sinh\left(\frac{-(w_n - D)}{L_p}\right)} \quad \text{und} \quad B = \frac{-p_{n0} \cdot \left(\exp\left(\frac{U_j}{U_T}\right) - 1\right)}{2 \cdot \sinh\left(\frac{-(w_n - D)}{L_p}\right)}. \tag{4.12}$$

Mit dem Lösungsansatz Gl. (4.8) und den Koeffizienten aus Gl. (4.12) erhält man für die Überschusslöcherdichte $\Delta p_n(x)$ [1] im n-Bahngebiet ($w_n \leq x \leq D$)

$$\Delta p_n(x) = p_{n0} \cdot \left(\exp\left(\frac{U_j}{U_T}\right) - 1\right) \cdot \frac{\sinh\left(\frac{D-x}{L_p}\right)}{\sinh\left(\frac{D-w_n}{L_p}\right)} \tag{4.13}$$

und gemäß Gl. (4.2) folgt daraus die Löcherstromdichte

$$j_p(x) = \frac{q \cdot D_p}{L_p} \cdot p_{n0} \cdot \left[\exp\left(\frac{U_j}{U_T}\right) - 1\right] \cdot \frac{\cosh\left(\frac{D-x}{L_p}\right)}{\sinh\left(\frac{D-w_n}{L_p}\right)}. \tag{4.14}$$

Aufgrund der Shockleyschen Voraussetzung der Rekombinationsfreiheit in der RLZ (Voraussetzung 3 auf S.105) bestimmen die Minoritätendiffusionsströme am RLZ-Rand (bei $x = w_n$ bzw. $x = -w_p$) den Gesamtstrom, also für die Löcher den Anteil

$$j_p(x = w_n) = \frac{q \cdot D_p}{L_p} \cdot p_{n0} \cdot \left[\exp\left(\frac{U_j}{U_T}\right) - 1\right] \cdot \frac{1}{\tanh\left(\frac{D-w_n}{L_p}\right)} \tag{4.15}$$

und für die Elektronen analog innerhalb des p-Bahngebietes ($-d \leq x \leq -w_p$)

$$j_n(x = -w_p) = \frac{q \cdot D_n}{L_n} \cdot n_{p0} \cdot \left[\exp\left(\frac{U_j}{U_T}\right) - 1\right] \cdot \frac{1}{\tanh\left(\frac{d-w_p}{L_n}\right)}. \tag{4.16}$$

Die Summe der Ausdrücke Gl. (4.15) und Gl. (4.16) bildet den Gesamtstrom

$$j(U) = \left\{\frac{q \cdot D_p}{L_p} \cdot \frac{p_{n0}}{\tanh\left(\frac{D-w_n}{L_p}\right)} + \frac{q \cdot D_n}{L_n} \cdot \frac{n_{p0}}{\tanh\left(\frac{d-w_p}{L_n}\right)}\right\} \cdot \left[\exp\left(\frac{U_j}{U_T}\right) - 1\right]. \tag{4.17}$$

1. Es gilt $\sinh(x) = -\sinh(-x)$

Für sehr lange Basis-Bahnbereiche ($D - w_n >> L_p$; $d - w_p >> L_n$) entsteht die bekannte Diodengleichung nach W. Shockley

$$j(U) = (j_{p0} + j_{n0}) \cdot \left[\exp\left(\frac{U_j}{U_T}\right) - 1\right]$$

$$\text{mit } j_{p0} = \frac{q \cdot D_p}{L_p} \cdot p_{n0} \text{ und } j_{n0} = \frac{q \cdot D_n}{L_n} \cdot n_{p0}. \tag{4.18}$$

4.3 Erweitertes Modell der Diodenkennlinie durch Berücksichtigung der RLZ-Rekombination

Bei der Analyse der über die Breite $-d < x < D$ der Diode ortsverteilten Überschussrekombinationsrate $R = \Delta n/\tau$ bzw. $R = \Delta p/\tau$ (vgl. Abschnitt 2.8.5, Lineares Rekombinationsgesetz) fällt auf, dass entsprechend dem Shockley-Modell der Diodenkennlinie innerhalb der Raumladungszone $-w_p < x < w_n$ keine Rekombinationsereignisse entsprechend der Voraussetzung 3 stattfinden. So findet man, dass z. B. entsprechend Gl. (4.13) die Rekombinationsrate im n-Si-Basisbereich zwischen dem Diodenende bei D bis w_n allmählich ansteigt, um am RLZ-Rand für $x < w_n$ dann scheinbar auf Null zurückzugehen

$$R = \frac{\Delta p_n(x)}{\tau_p} = \frac{p_{n0} \cdot \left(\exp\left(\frac{U_j}{U_T}\right) - 1\right)}{\tau_p \cdot \sinh\left(\frac{D - w_n}{L_p}\right)} \cdot \sinh\left(\frac{D - x}{L_p}\right). \tag{4.19}$$

Entsprechend sieht es im p-Si-Basisbereich der Diode aus, so dass sich eine Darstellung wie Abb. 4.4 anführen lässt, die die fehlende RLZ-Rekombination des Shockley-Modelles anschaulich nachweist.

Ursprünglich wurde das Shockley-Modell für Germanium-Dioden entwickelt, bei denen der Einfluss der fehlenden RLZ-Rekombination und -Generation wegen ihres hier vernachlässigbaren RLZ-Volumens nicht so stark hervortritt. Beim Silizium jedoch ist der RLZ-Einfluss nicht zu vernachlässigen, noch weniger beim Galliumarsenid: je geringer die

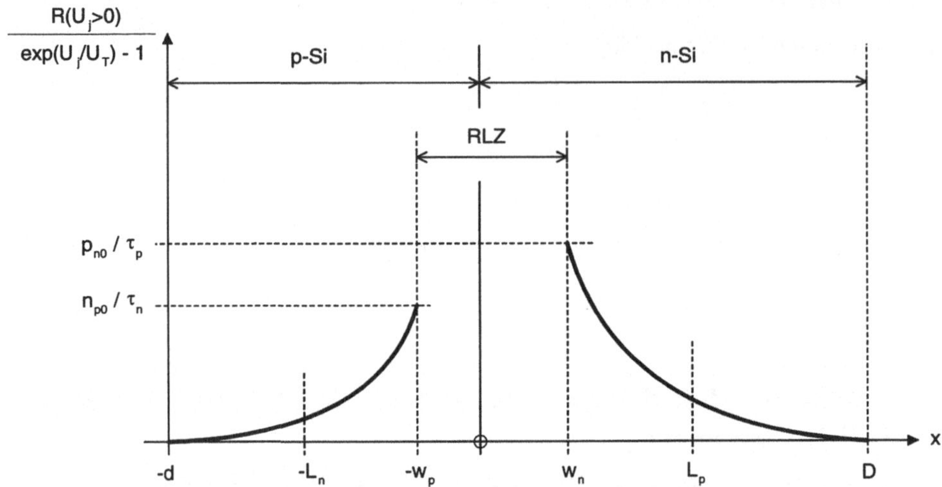

Abb. 4.4 Darstellung des Ortsprofiles der normierten Überschussrekombinationsrate entsprechend dem Shockley-Modell zum Nachweis der fehlenden RLZ-Rekombination. Obwohl die RLZ-Breite vergleichsweise gering ist, ist der Einfluss der RLZ-Rekombination bei Si-Dioden nicht vernachlässigbar.

Eigenleitungsdichte, umso höher die RLZ-Rekombination bzw. -Generation.

4.3.1 Die Überschussrekombinationsrate der Raumladungszone

Wir benutzen das SRH-Modell der Rekombination (Abschnitt 2.8.3) zur Beschreibung der RLZ-Überschussrekombinationsrate R nach den Gl. (2.4) und Gl. (2.5). Eine Rekombination von Ladungsträgern in der RLZ führt dazu, dass Ladungsträger in die RLZ nachgeführt werden müssen. Dies wird durch die Stromdichte j_{RLZ} beschrieben. Durch Integration der Bilanzgleichungen Gl. (2.4) und Gl. (2.5) über die Ausdehnung der RLZ bunter stationären Verhältnissen $(\delta/\delta t = 0)$ und ohne optische Anregung ($G_{opt} = 0$) erhält man

$$j_{RLZ} = \int\limits_{x=-w_p}^{w_n} \left(\frac{dj_n}{dx}\right) dx = -\int\limits_{x=-w_p}^{w_n} \left(\frac{dj_p}{dx}\right) dx = q \cdot \int\limits_{x=-w_p}^{w_n} R_{SRH} dx \,. \tag{4.20}$$

So ergibt sich mit Gl. (2.103) das Integral

$$\int\limits_{x=-w_p}^{w_n} R_{SRH} dx = \int\limits_{x=-w_p}^{w_n} \frac{n \cdot p - n_i^2}{\frac{1}{N_R \cdot C_p} \cdot (n + n_r) + \frac{1}{N_R \cdot C_n} \cdot (p + p_r)} dx, \tag{4.21}$$

das getrennt für den Sperr- und Durchlassbereich der Diode gelöst werden muss. Wichtige

Voraussetzung dafür ist, dass für Sperr- und Durchlassverhalten beide Ladungsträgerprofile im RLZ-Bereich weiter als Boltzmann-Verteilungen beschrieben werden können, also die folgenden Beziehungen für die Potentiale φ im Nicht-Gleichgewicht (NGW) (Gl. (2.50) / Gl. (2.51)) gelten

$$n(x) = n_i \cdot \exp[+\beta(\varphi_{Fn}(x))], \tag{4.22}$$

$$p(x) = n_i \cdot \exp[-\beta(\varphi_{Fp}(x))]. \tag{4.23}$$

Damit ergibt sich zunächst am RLZ-Rand (also für $x = -w_p$ und $x = +w_n$), dann aber auch für alle Werte innerhalb der RLZ $(-w_p \leq x \leq w_n)$ der ortsunabhängige Wert des Produktes

$$n(-w_p) \cdot p(w_n) = n_i^2 \cdot \exp[\beta \cdot (\varphi_{Fn}(-w_p) - \varphi_{Fp}(w_n))] = n_i^2 \cdot \exp\left(\frac{U_j}{U_T}\right), \tag{4.24}$$

$$\text{weil } \varphi_{Fn}(-w_p) - \varphi_{Fp}(w_n) = U_j, \; \beta = \frac{1}{U_T} \text{ und } n_0 \cdot p_0 = n_i^2 \text{ gelten.}$$

Ferner werden die Abkürzungen Gl. (2.104) eingeführt und der Einfachheit halber $\tau_p = \tau_n = \tau$ gesetzt. Für die energetische Lage W_R soll näherungsweise $W_R \approx W_i$ gelten, so dass für $n_r \approx p_r \approx n_i$ gesetzt werden kann (Gl. (2.95) und Gl. (2.96)).

Sperrung (Generation nach Extraktion):

$$U_{Br} < U_j < 0 \text{ mit } n; p << n_i \approx n_r; p_r (W_R \approx W_i)$$

Der Integrand von Gl. (4.21) lässt sich folgendermaßen annähern unter Beachtung von Gl. (4.24)

$$\frac{n \cdot p - n_i^2}{\tau \cdot (n + p + 2 \cdot n_i)} \approx -\frac{n_i}{2 \cdot \tau} \tag{4.25}$$

und die Integration kann leicht ausgeführt werden

$$\int_{x=-w_p}^{w_n} R_{SRH} dx = -\frac{n_i}{2 \cdot \tau} \cdot \int_{x=-w_p}^{w_n} dx = -\frac{n_i}{2 \cdot \tau} \cdot (w_n + w_p) = -\frac{n_i}{2 \cdot \tau} \cdot w_{RLZ}. \tag{4.26}$$

Hier ist die RLZ-Weite w_{RLZ} wiederum spannungsabhängig, z. B. für den abrupten *pn*-Übergang (Gl. (3.15)). Entsprechend Gl. (4.20) erhält man den Überschussgenerationsstrom j_{Gen}

("Unterschuss": negatives Vorzeichen!), der aufgrund seiner RLZ-weiten Modulation von der Sperrspannung abhängt

$$j_{RLZ} = -\frac{q \cdot n_i}{2 \cdot \tau} \cdot w_{RLZ}(U_j) = -j_{Gen}(U_j). \tag{4.27}$$

Die Zeitkonstante τ ist nun die charakteristische Zeit für den Ablauf der Generationsprozesse über energetische Zwischenniveaus.

Durchlass (Rekombination nach Injektion):

$$0 < U_j < U_D \text{ mit } n; p >> n_i \approx n_r; p_r(W_R \approx W_i) \text{ sowie } U_D = U_T \cdot \ln\left(\frac{N_A \cdot N_D}{n_i^2}\right)$$

Der Integrand von Gl. (4.21) lässt sich hier folgendermaßen entwickeln, wiederum unter Beachtung von Gl. (4.24)

$$\frac{n \cdot p - n_i^2}{\tau \cdot (n + p + 2 \cdot n_i)} = \frac{n_i^2 \cdot \left[\exp\left(\frac{U_j}{U_T}\right) - 1\right]}{\tau \cdot (n + p + 2 \cdot n_i)}. \tag{4.28}$$

Dieser Ausdruck lässt sich wegen der Unkenntnis über $n(x)$ und $p(x)$ innerhalb $-w_p < x < w_n$ nur für den Maximalwert der Überschussrekombinationsrate $R_{\max} = R(n = p)$ nach Gl. (4.24) ermitteln. Für den Quotienten ergibt sich nach der Form $(x^2 - 1) = (x + 1) \cdot (x - 1)$

$$\frac{n_i \cdot \left[\exp\left(\frac{U_j}{U_T}\right) - 1\right]}{2 \cdot \tau \cdot \left[\exp\left(\frac{U_j}{2 \cdot U_T}\right) + 1\right]} = \frac{n_i}{2 \cdot \tau} \cdot \left[\exp\left(\frac{U_j}{2 \cdot U_T}\right) - 1\right]. \tag{4.29}$$

So erhält man mit dem Integral über die maximale Überschussrekombinationsrate im gesamten RLZ-Bereich den RLZ-Rekombinationsstrom

$$j_{RLZ}(U_j) = q \cdot R_{\max} \cdot \int_{x=-w_p}^{w_n} dx = \frac{q \cdot n_i}{2 \cdot \tau} \cdot w_{RLZ} \cdot \left[\exp\left(\frac{U_j}{2 \cdot U_T}\right) - 1\right]. \tag{4.30}$$

Hier im Durchlass ist die RLZ-Weite w_{RLZ} nur wenig spannungsabhängig. Der Wert von j_{RLZ} ist durch die RLZ-weite Annahme maximaler Rekombination zu hoch errechnet worden, andererseits haben wir die von Abb. 4.2 erwartete Neigung der (logarithmierten) Kennlinie von $1/(2 \cdot U_T)$ gefunden. Die Zeitkonstante τ ist nun für die Rekombinationsprozesse charakteristisch und mit derjenigen von Gl. (4.27) identisch.

Unter Verwendung der Gl. (4.27) und Gl. (4.30) lässt sich die **Diodengleichung des RLZ-Bereiches** zusammenfassen

$$j_{RLZ}(U_j) = j_{Gen}(U_j) \cdot \left[\exp\left(\frac{U_j}{2 \cdot U_T} \right) - 1 \right] \tag{4.31}$$

für $U_{Br} < U_j < U_D$ und mit dem Sättigungssperrstrom

$j_{Gen}(U_j) = \frac{q \cdot n_i}{2 \cdot \tau} \cdot w_{RLZ}(U_j)$, sowie im Falle des abrupten *pn*-Überganges

$w_{RLZ}(U_j) = \sqrt{\frac{2 \cdot \varepsilon_0 \cdot \varepsilon_{Si}}{q \cdot N_D} \cdot (U_D - U_j)}$ für $N_D << N_A$ (s. Gl. (3.15)).

Ein interessanter Vergleich ist das Verhältnis der Sättigungssperrströme für Generationsprozesse innerhalb (j_{Gen}; vgl. Gl. (4.31)) und außerhalb (j_0; vgl. Gl. (4.18)) des Volumens der RLZ-Bereiche (s. Gl. (4.18)). Wird von einer Dotierungsasymmetrie $N_D << N_A$ ausgegangen, so ergibt sich $n_{p0} << p_{n0}$, weswegen der Anteil der Elektronen an j_0 hierbei vernachlässigt werden kann

$$\frac{j_{Gen}}{j_0} \approx \frac{j_{Gen}}{j_{p0}} = \frac{q \cdot n_i \cdot w_{RLZ}}{2 \cdot \tau} \cdot \frac{L_p \cdot N_D}{q \cdot D_p \cdot n_i^2} = \frac{\tau_p}{2 \cdot \tau} \cdot \frac{w_{RLZ}}{L_p} \cdot \frac{N_D}{n_i} . \tag{4.32}$$

Der Quotient hängt entscheidend vom Verhältnis $(N_D / n_i) >> 1$ ab, so dass damit die Ungleichheit $j_{Gen} >> j_0$ verbunden ist. Dieses Verhältnis wird besonders groß für Halbleiter mit kleinem Wert n_i, d. h. nach Gl. (2.31) mit großem Bandabstand $(W_L - W_V)$. Hierauf beruht der bekannte Unterschied im Verhalten der Sättigungssperrströme von Dioden aus Germanium, Silizium und Galliumarsenid (s. Abb. 4.2).

Abschließend zeigt die Abb. 4.5 als Ergänzung zur Abb. 4.4 nun den Verlauf der Überschussrekombinationsrate in der gesamten Diode als Ergebnis numerischer Rechnung, als Funktion des Ortes unter (normierter) Raumladungsdichte ρ / q und elektrischer Feldstärke *E*, für den Sperrfall $(U < 0)$. Man erkennt den glockenkurvenförmigen Verlauf von $R(x)$, als Folge der unterschiedlichen Werte von Elektronen- und Löcherdichten *n* und *p* als Rekombinationsangebote. Für $x = 0$ kreuzt die Mitte W_i der verbotenen Zone (annähernd) die Fermi-Energie W_F und erzeugt damit die maximale Rekombinationsrate $R_{\max}$ für $n = p = n_i$. In unserer Näherung Gl. (4.30) haben wir demgegenüber im gesamten RLZ-Bereich den zu hohen Maximalwert $R_{\max}$ angenommen.

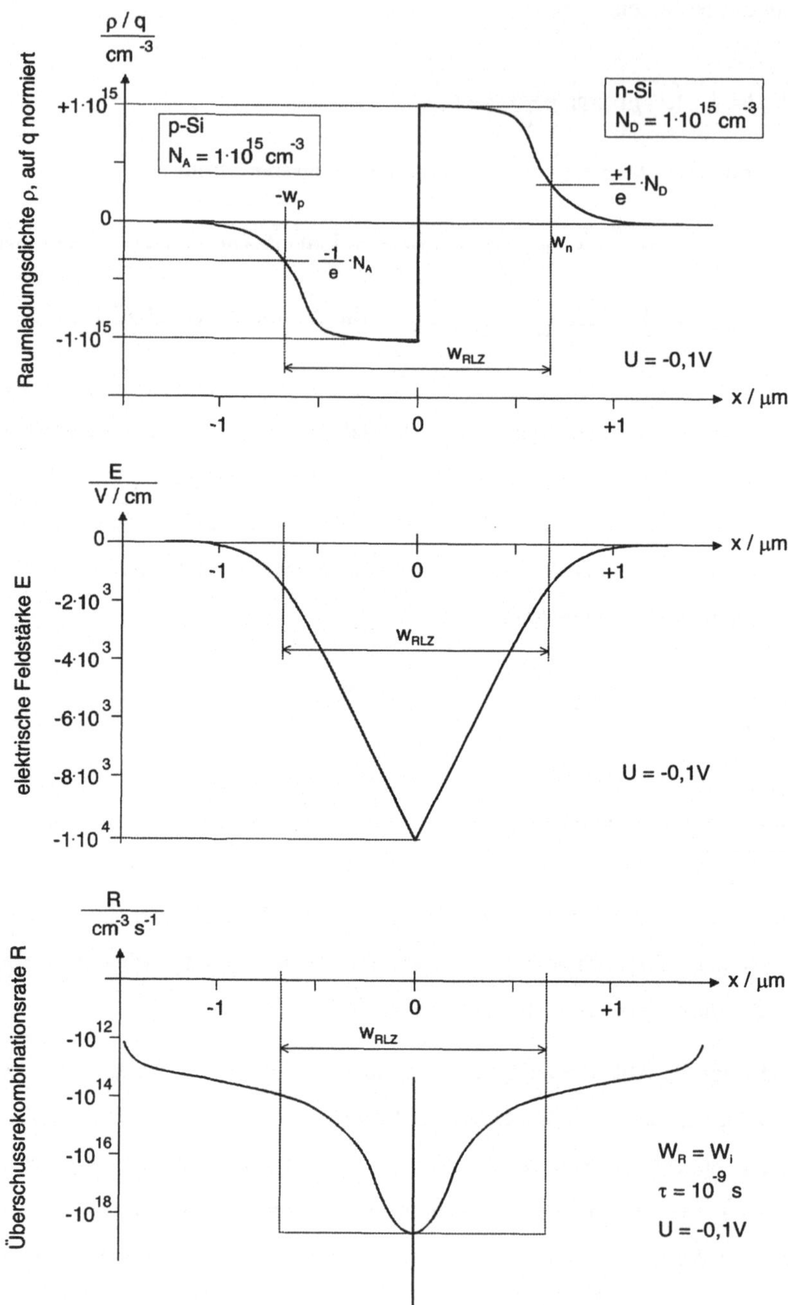

Abb. 4.5 Symmetrischer pn-Übergang in schwacher Sperrung (U = -0,1V) mit abruptem Dotierungsprofil, elektrischer Feldstärke und vorzeichenrichtiger Überschussrekombinationsrate [Gra93]

4.3.2 Einfluss der RLZ-Oberfläche

Bei planaren Si-Dioden grenzt der RLZ-Bereich an die Halbleiteroberfläche (Abb. 4.1, Fläche A_s) unter der SiO_2-Deckschicht. Wegen des Abbruchs des regulären Kristallgitters gibt es hier an der Silizium-Oberfläche zahlreiche unabgesättigte elektronische Bindungen (engl. dangling bonds), die als Oberflächenrekombinationszentren (ORZ) wirken und so den Sättigungssperrstrom der Dioden über den zuvor ermittelten Wert weiter erhöhen können.

Bei der Ermittlung des ORZ-Einflusses geht man wieder von der stationären Bilanzgleichung Gl. (2.4) bzw. Gl. (2.5) aus, in der man mit Hilfe des Satzes von Gauss Oberflächenintegrale der Stromanteile über den *pn*-Übergang (Fläche A_{pn} in Richtung x) und zur Oberfläche (Fläche A_s und Richtung y) formuliert und die Stromdichten näherungsweise als ortsunabhängig ansieht

$$div\left(\vec{j}_p(x,y)\right) = -q \cdot R(x,y)$$

$$\int_V div\left(\vec{j}_p(x,y)\right) dV = \int_A \vec{j}_p(x,y) d\vec{A}$$

$$\int_A \vec{j}_p(x,y) d\vec{A} = \int_{A_{pn}} \vec{j}_{px} d\vec{A} + \int_{A_S} \vec{j}_{py} d\vec{A} \cdot \tag{4.33}$$

Die beiden Summanden in Gl. (4.33)/unten beschreiben zum einen die bekannte (Volumen)-Rekombinationsrate R_x der Raumladungszone mit Breite w_{RLZ} (s. Abschnitt 2.8.5, Lineares Rekombinationsgesetz)

$$j_{px} = q \cdot R_x \cdot w_{RLZ} = q \cdot \frac{\Delta p}{\tau_p} \cdot w_{RLZ} \ , \tag{4.34}$$

zum anderen eine zusätzliche Rekombinationsrate R_y an der Oberfläche A_s der Raumladungszone RLZ, innerhalb derer eine RLZ der Breite w_S $(\neq w_{RLZ})$ unterhalb der SiO_2-Schicht existiert

$$j_{py} = q \cdot R_y \cdot w_S \ . \tag{4.35}$$

Man zieht nun üblicherweise das Produkt $R_y \cdot w_S$ zu einer Oberflächenrekombinationsrate R_S zusammen und bringt auch R_S wie zuvor R_x in Zusammenhang mit der Abweichung

Δp vom Gleichgewicht, hier an der Si-Oberfläche bei $y = 0$

$$j_{py} = q \cdot R_S = q \cdot s \cdot \Delta p(y = 0). \tag{4.36}$$

Der zusätzlich benötigte Koeffizient s hat die Dimension einer Geschwindigkeit und wird deshalb als **Oberflächenrekombinationsgeschwindigkeit** (ORG) bezeichnet.

Der Volumen- und Oberflächenanteil der Stromdichte nach Gl. (4.33) addieren sich zum Gesamtstrom

$$j_{ges}(RLZ) = j_{Vol}(RLZ) + j_{Oberfl}(RLZ). \tag{4.37}$$

Es lässt sich eine effektive Lebensdauer der Löcher $\tau_{p,eff}$ formulieren, wenn man vergleichbare Werte Δp im Volumen und an der Oberfläche annimmt

$$j_{ges}(RLZ) = q \cdot \left(\frac{w_{RLZ}}{\tau_p} + s\right) \cdot \Delta p$$

$$= q \cdot w_{RLZ} \cdot \left(\frac{1}{\tau_p} + \frac{s}{w_{RLZ}}\right) \cdot \Delta p = q \cdot w_{RLZ} \cdot \frac{1}{\tau_{p,\,eff}} \cdot \Delta p \tag{4.38}$$

mit $\frac{1}{\tau_{p,eff}} = \frac{1}{\tau_p} + \frac{s}{w_{RLZ}}$, hier für Löcher formuliert.

Wenn man den Faktor vor s mit A_s erweitert, erkennt man den Quotienten von RLZ-Oberfläche (zum SiO_2 hin) und RLZ-Volumen, insgesamt ergibt sich für die effektive **Minoritätenlebensdauer** des Si-Materials

$$\frac{1}{\tau_{eff}} = \frac{1}{\tau} + \frac{1}{w_{RLZ}} \cdot \frac{A_S}{A_S} \cdot s = \frac{1}{\tau} + \frac{A_S}{V_{RLZ}} \cdot s\,. \tag{4.39}$$

Zur Veranschaulichung diene ein numerisches Beispiel, das den überwiegenden Oberflächeneinfluss im Dioden-Sättigungssperrstrom bereits für konventionelle Probenparameter nachweist. Mit $\tau_p \approx 1\mu s$ und gut passivierter Si/SiO_2-Oberfläche (Abschnitt 1.1) erreicht man ORG-Werte $s \approx 10^2\,cm/s$ für $w_{RLZ} \approx 10^{-5}\,cm$ ($N \approx 10^{16}\,cm^{-3}$, Gl. (3.15) mit $N << N_D$). Man erkennt, dass dann nach Gl. (4.39) die Lebensdauer τ_{eff} von der Oberfläche bestimmt wird. Erst bei Absenkung von $s < 10\,cm/s$, z. B. auf $s \approx 1...5\,cm/s$

verschwindet der Oberflächeneinfluss. Nach Gl. (4.31) wird der Sättigungssperrstrom über die charakteristische Zeitkonstante τ mithin τ_{eff} eingestellt.

Insgesamt haben wir damit die Kennlinienverläufe $\ln(I) = f(U_j)$ (Abb. 4.2) im niedrigen Aussteuerungsbereich mit dem Anstieg

$$\frac{d\ln(I)}{dU_j} = \frac{1}{2 \cdot U_T} \tag{4.40}$$

hinreichend beschrieben. An der Oberfläche und im Volumen der RLZ entsteht ein zusätzlicher Diodenstromanteil, der sich entsprechend Gl. (4.31) beschreiben lässt. Falls nicht-vernachlässigbare Oberflächenrekombination vorliegt, muss in Gl. (4.31) die Minoritätenlebensdauer τ durch die effektive Minoritätenlebensdauer τ_{eff} (Gl. (4.38) bzw. Gl. (4.39)) ersetzt werden.

4.3.3 Die Diodencharakteristik bei hohen Aussteuerungen

Zunächst nehmen wir an, dass die Annahme schwacher Injektion (Dichten der Überschussladungsträger kleiner als GW-Dichte der Majoritätsträger bzw. der Dotierungsatome) nicht mehr gilt, sondern die NGW-Dichten der Ladungsträger den GW-Dichten der Majoritätsträger vergleichbar sind. Das bedeutet, dass die Diode gerade noch keine Hochinjektion aufweist. Damit ist zunächst wiederum ein andersartiger Kennlinienverlauf $\ln(I) = f(U_j)$ (Abb. 4.2) im hohen Aussteuerungsbereich mit dem geringeren Anstieg

$$\frac{d\ln(\mathrm{I})}{d\,\mathrm{U_j}} = \frac{1}{2 \cdot \mathrm{U_T}} \text{ bzw. } \frac{d\log(\mathrm{I})}{d\,\mathrm{U_j}} = \frac{1}{\ln(10)} \cdot \frac{1}{2 \cdot \mathrm{U_T}} = \frac{1}{2{,}303} \cdot \frac{1}{2 \cdot \mathrm{U_T}} \tag{4.41}$$

verbunden, zusätzlich aber macht sich auch der Spannungsabfall in den beiden Bahngebieten $(U_p\,;\,U_n)$ bemerkbar.

Den veränderten Anstieg der logarithmierten Kennlinien kann man am einfachsten auf folgende Weise abschätzen. Wir stellen uns vor, dass die Gesamtspannung U sowohl über dem RLZ-Bereich als auch über den beiden Bahngebieten abfällt

$$U = U_j + U_p + U_n \,. \tag{4.42}$$

Die Abb. 4.6 zeigt nun diese neue Situation im Energiebändermodell einer Silizium-Diode für Durchlassspannung $(U > 0)$. Es existiert bei Niedriginjektion außerhalb des RLZ-Bereiches

$(x < -w_p \,;\, x > w_n)$ kein zusätzlicher Spannungsabfall neben U_j, so dass in Abb. 4.6a gilt: $U = U_j$. In Abb. 4.6b) sieht man für hohe Diodenaussteuerung deutlich an den über dem Ort geneigt verlaufenden Bandrändern (parallel zu den Quasi-Fermi-Niveaus; vgl. Abb. 2.11), dass auch außerhalb des RLZ-Bereiches Spannungsabfall U_n und U_p über den Bahngebieten existiert, so dass die Gl. (4.42) gilt.

In beiden Fällen lässt sich z. B. bei $x = w_n$ die Aussage treffen

$$p_n(w_n) = p_{n0} \cdot \exp(+\beta \cdot U_j) \tag{4.43}$$

als Boltzmann-Bedingung der Minoritätsträger am RLZ-Rand.

Für die Majoritätsträger gilt an der gleichen Stelle

$$n_n(w_n) \approx n_{n0} = N_D^+ = N_D. \tag{4.44}$$

Beide Dichten werden als NGW-Werte weiter durch Quasi-Fermi-Energien am Ort $x = w_n$ beschrieben

$$p_n(w_n) = n_i \cdot \exp(-\beta \cdot \varphi_{Fp}(w_n)), \tag{4.45}$$

$$n_n(w_n) = n_i \cdot \exp(+\beta \cdot \varphi_{Fn}(w_n)). \tag{4.46}$$

Bildet man die Produkte der NGW-Dichten, so erhält man

$$p_n(w_n) \cdot n_n(w_n) = p_{n0} \cdot n_{n0} \cdot \exp(+\beta \cdot U_j) = n_i^2 \cdot \exp(+\beta \cdot U_j) \tag{4.47}$$

und ebenfalls

$$p_n(w_n) \cdot n_n(w_n) = n_i^2 \cdot \exp(\beta \cdot (\varphi_{Fn}(w_n) - \varphi_{Fp}(w_n))). \tag{4.48}$$

Daraus geht zunächst durch Vergleich von Gl. (4.47) und Gl. (4.48)

$$U_j = \varphi_{Fn}(w_n) - \varphi_{Fp}(w_n) \tag{4.49}$$

hervor, was sich ebenfalls sehr gut aus der Abb. 4.6a/b für beide RLZ-Ränder

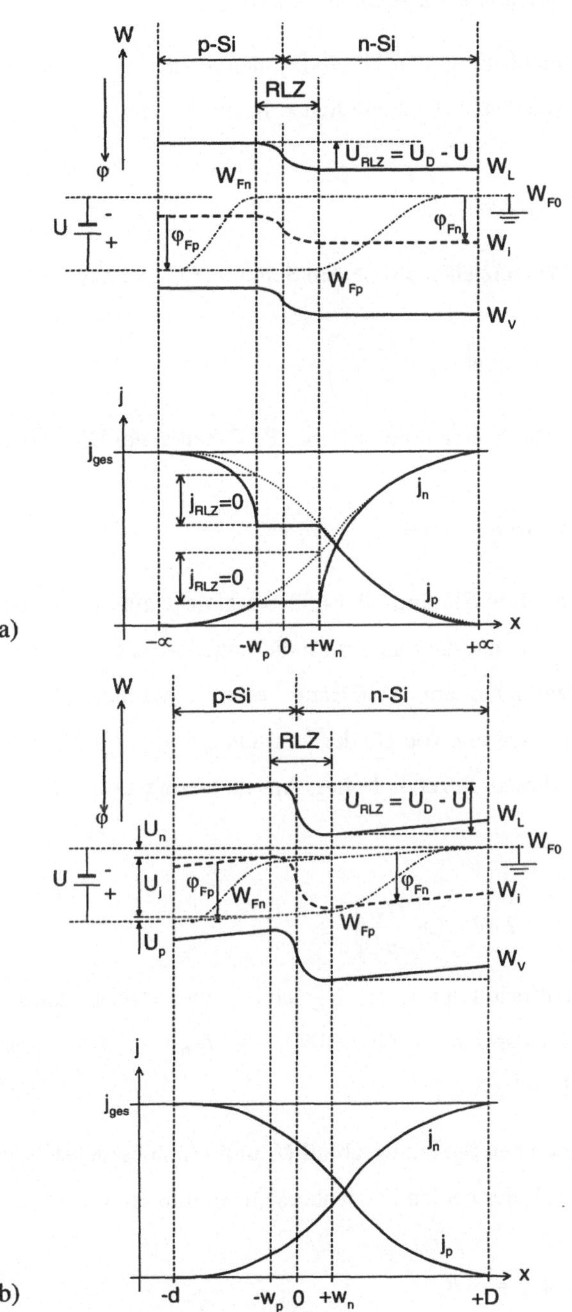

Abb. 4.6 a) Idealisiertes Shockley-Modell des pn-Überganges,
b) realistisches Modell mit RLZ-Rekombination und Spannungsabfall U_n und U_p über den Bahngebieten für Energiebänderverlauf (oben) und Stromdichtenprofil (unten) [Böh89].

$(x = -w_p\ ;\ x = +w_n)$ ablesen lässt (s. auch Gl. (4.24)).

Da wir von der Vergleichbarkeit der NGW-Dichten beider Ladungsträgertypen für hohe Aussteuerung am RLZ-Rand ausgehen, nämlich z. B. für $x = w_n$

$$p_n(w_n) \approx n_n(w_n) = N_D, \tag{4.50}$$

ergibt Gl. (4.47) durch Wurzelziehen auf beiden Seiten der Gleichung

$$p_n(w_n) \approx n_n(w_n) \approx n_i \cdot \exp\left(+\beta \cdot \frac{1}{2} \cdot U_j\right) \tag{4.51}$$

und entsprechende Betrachtungen auf der anderen RLZ-Seiten der Diode bei $x = -w_p$

$$n_p(-w_p) \approx p_p(-w_p) \approx n_i \cdot \exp\left(+\beta \cdot \frac{1}{2} \cdot U_j\right). \tag{4.52}$$

Diese Randbedingungen Gl. (4.51) und Gl. (4.52) vergleicht man mit denjenigen für Niedriginjektion Gl. (4.6) und erkennt, dass sich im Falle hoher Aussteuerungen (Minoritätsträgerdichte $\approx$ Majoritätsträgerdichte am RLZ-Rand) eine schwächere Abhängigkeit von der Junction-Spannung ($U_j/2$ anstelle von U_j) der Stromdichte aufprägt. Man kann relativ einfach abschätzen, wann man diesen **Bereich hoher Aussteuerung** erreicht. Mit Gl. (4.50) und Gl. (4.51) erhält man

$$U_j = U_T \cdot \ln\left(\frac{N_D}{n_i}\right)^2 = 2 \cdot U_T \cdot \ln\left(\frac{N_D}{n_i}\right) \tag{4.53}$$

einen Wert, der der Diffusionsspannung U_D eines symmetrisch dotierten abrupten *pn*-Überganges $(N_D = N_A)$ entspricht (s. Gl. (3.16)). Für $N_D = 10^{15}\,cm^{-3}$ liegt dieser Wert für Zimmertemperatur bei $U_j \approx 0{,}6\mathrm{V}$.

Schließlich haben wir noch den Spannungsabfall U_p und U_n zu berücksichtigen. Wenn wir die Bahnwiderstände R_p und R_n der beiden Diodenbereiche einführen, gilt

$$U_p = I \cdot R_p \quad \text{bzw.} \quad U_n = I \cdot R_n\,. \tag{4.54}$$

Mit Gl. (4.42) erhält man für die von außen an der Diode anliegende Spannung

$$U = I \cdot (R_n + R_p) + U_j = A \cdot j \cdot (R_n + R_p) + U_j \quad \text{oder} \tag{4.55}$$

$$j(U) = \frac{1}{A} \cdot \frac{1}{R_n + R_p} \cdot (U - U_j) \quad \text{mit} \quad U_j = f(j) \cdot \tag{4.56}$$

Die beiden Widerstände bewirken eine Scherung der Diodenkennlinie: Sie setzen den Stromanstieg als Funktion der Spannung zusätzlich herab. Die beiden Widerstände R_n und R_p lassen sich entsprechend der Vorgehensweise in Abschnitt 3 beschreiben, jedoch ist bei Erreichen von Hochinjektion (alle Ladungsträgerdichten > Dotierungskonzentrationen) zusätzliche Widerstandsmodulation durch injizierte Ladungsträger zu berücksichtigen.

4.3.4 Sperrverhalten der Diode

Wie bereits aus der Abb. 4.2b ersichtlich, unterscheidet sich die Sperrkennlinie einer Germanium-Diode erheblich von der einer Silizium-Diode. Eine Germanium-Diode weist einen konstanten Sättigungssperrstrom auf, wie z. B. in Gl. (4.18) beschrieben mit den Anteilen der Ladungsträger aus beiden Bahngebieten bei vollständiger Ionisation der Störstellen

$$j_0 = j_{p0} + j_{n0} = q \cdot \left[\frac{D_p}{L_p} \cdot p_{n0} + \frac{D_n}{L_n} \cdot n_{p0}\right] = q \cdot n_i^2 \cdot \left[\frac{D_p}{L_p \cdot N_D} + \frac{D_n}{L_n \cdot N_A}\right]. \tag{4.57}$$

Bei einer Silizium-Diode hingegen muss auch der spannungsabhängige Sperrstrom berücksichtigt werden, wie er z. B. durch Gl. (4.27) als RLZ-Generationssstrom formuliert worden ist

$$j_{gen} = q \cdot \frac{n_i}{2 \cdot \tau} \cdot w_{RLZ}(U). \tag{4.58}$$

Der wichtigste Unterschied zwischen Germanium- und Silizium-Dioden besteht darin, dass angesichts des geringeren Bandabstandes des Germaniums ($\Delta W = 0.67\text{eV}$ bei $T = 300\text{K}$) die RLZ-Generation im Vergleich zur Generation in den quasineutralen Bahngebieten keine Rolle spielt, beim Silizium dagegen bereits dominiert. Die Abschätzung des Verhältnisses j_{gen} / j_0 nach Gl. (4.32) weist auf die große Bedeutung der n_i-Werte hin, die nach Gl. (2.32) unmittelbar mit dem Bandabstand ΔW des jeweiligen Halbleitermaterials zusammenhängen.

Die Sperrkennlinie mündet in den Durchbruch beim Spannungswert U_{Br}. Für die Durchbruchsspannung U_{Br} von Silizium-Dioden benutzt man die empirische Beziehung

$$U_{Br} \text{ in Volt} = 60 \cdot \left(\frac{(\Delta W(T) \text{ in eV})^{3/2}}{1,1\text{eV}}\right) \cdot \left(\frac{|N_D - N_A| \text{ in cm}^{-3}}{10^{16} cm^{-3}}\right)^{-3/4}. \tag{4.59}$$

4.3.5 Zusammenfassung der Diodencharakteristik

Das Shockley-Modell ist durch RLZ-Rekombination im Volumen und an der Oberfläche sowie durch Bahnwiderstände R_n und R_p erweitert. Es ergibt sich mit den Gleichungen (5.17), (5.31) und (5.56) die Summation:

$$j(U) = \sum_{m=1}^{2} j_m\left[\exp\left(\frac{U_j}{m \cdot U_T}\right) - 1\right] \quad \text{für } U_{Br} < U < U_D, \tag{4.60}$$

wobei:

$$j_1 = j_0 = q \cdot n_i^2\left[\frac{D_n}{L_n \cdot N_A} + \frac{D_p}{L_p \cdot N_D}\right] \quad \text{mit } m = 1$$

$$j_2 = j_{gen} = q \cdot n_i \cdot \frac{1}{2\tau} \cdot w_{RLZ}(U_j) \quad \text{mit } m = 2 \text{ gelten}$$

und

$$w_{RLZ}(U_j) = \sqrt{\left[\frac{2\varepsilon_0\varepsilon_{Si}}{q} \cdot \left(\frac{1}{N_D} + \frac{1}{N_A}\right) \cdot (U_D - U_j)\right]} \quad \text{(abrupter } pn\text{-Übergang)},$$

sowie

$$\frac{1}{\tau} = \frac{1}{\tau_{Vol}} + \frac{1}{w_S} \cdot s \quad \text{mit } w_S \approx w_{RLZ}$$

für $U = U_j + U_n + U_p$ mit $U_{Br} < U_j < U_D$, wenn

$$U_D = U_T \cdot \ln\left(\frac{N_A \cdot N_D}{n_i^2}\right) \quad \text{und } U_n = A \cdot j \cdot R_n \text{ sowie } U_p = A \cdot j \cdot R_p$$

$$\text{und } U_{Br} \text{ in Volt} = 60 \cdot \left(\frac{(\Delta W(T) \text{ in eV})^{3/2}}{1,1\text{eV}}\right) \cdot \left(\frac{|N_D - N_A| \text{ in cm}^{-3}}{10^{16} cm^{-3}}\right)^{-3/4}$$

als Begrenzung des Sperrbereiches mit $U_{Br} < U$ und $U_n = U_p \approx 0$.

Auf diese Weise entsteht eine nicht mehr geschlossen lösbare $j(U)$-Charakteristik.

Es sei darauf hingewiesen, dass kein Shunt-Widerstand parallel zu den beiden Dioden eingeführt wurde.

5 Der Metall-Halbleiter-Kontakt

5.1 Einführung

Der Metall-Halbleiter-Übergang ist in zwei Anwendungsgebieten von großer Bedeutung:

- für die Kontaktierung von Halbleiterbauelementen,
- bei Schottky-Dioden.

Halbleiterbauelemente müssen kontaktiert werden. Da dies u. a. mit Metall als gut leitfähigem Material geschieht, ist an der Schnittstelle ein Metall-Halbleiter-Übergang unvermeidlich. In diesem Falle ist ein nichtgleichrichtender Übergang (ohmscher Kontakt) maximaler Leitfähigkeit erwünscht.

Die Tatsache, dass ein Metall-Halbleiter-Übergang unter bestimmten Bedingungen gleichrichtende Eigenschaften (Schottky-Kontakt) aufweist, lässt sich in einem Gleichrichterbauelement, der **Schottky-Diode**, ausnutzen. Gegenüber der klassischen Halbleiterdiode lässt sich die Schottky-Diode schneller schalten. Ein schnelleres Schalten ist möglich, da aufgrund eines **dominierenden Majoritätsträgerstroms bei Schottky-Dioden** keine gespeicherten Minoritätsladungsträger, wie bei reinen Halbleiterdioden, angereichert bzw. ausgeräumt werden müssen.

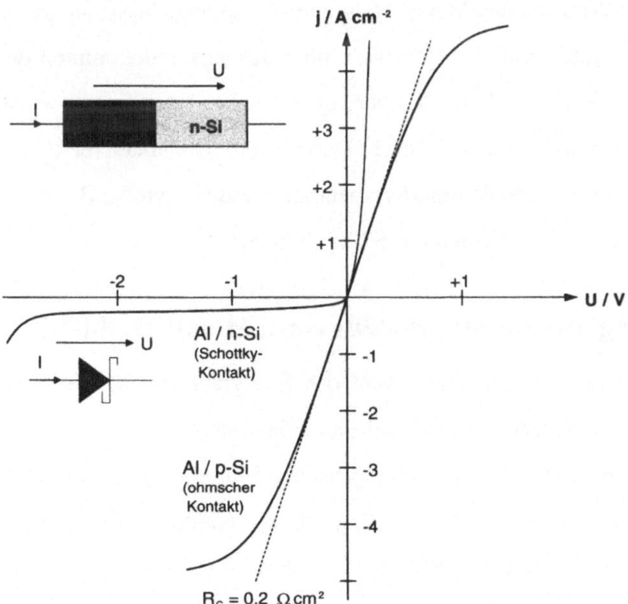

Abb. 5.1 Stromdichte-Spannungskennlinien j(U) von zwei unterschiedlichen Metall-Halbleiter-Kontakten: einem gleichrichtenden Al / n-Si-Schottky-Kontakt und einem Al / p-Si-Kontakt mit ohmschem Verhalten.

Das wichtigste Metall zur Herstellung von Kontakten auf planaren Silizium-Strukturen ist Aluminium. Je nach technologischer Vorgehensweise entsteht zwischen Silizium und Aluminium ein ohmscher oder ein gleichrichtender Kontakt. Eine Rolle spielt dabei auch der Leitungstyp des Siliziums, z. B. ist es erheblich leichter, auf *p*-Silizium einen ohmschen Kontakt zu erzeugen als auf *n*-Silizium. Die Abb. 5.1 zeigt den Gegensatz zwischen einem ohmschen und einem gleichrichtenden Al / Si-Kontakt.

Eine quantitative Charakterisierung des ohmschen Kontaktes erfolgt durch den Kontaktwiderstand R_c, den man aus der $j(U)$-Kennlinie gewinnt

$$R_c = \left(\frac{dj}{dU}\right)^{-1}\Bigg|_{U=0} \quad \text{in } \Omega \cdot cm^2 . \tag{5.1}$$

Aus der Abb. 5.1 entnimmt man $R_c \approx 0,1 \Omega cm^2$. Ziel einer physikalischen Beschreibung von Metall-Halbleiter-Kontakten ist die Vorhersage gleichrichtenden oder ohmschen $I(U)$-Verhaltens von Materialkombinationen sowie die eindeutige Charakterisierung von geeigneten Parametern.

5.2 Das ideale Energiebändermodell des Metall-Halbleiter-Kontaktes

Die gleichrichtende Wirkung des Metall-Halbleiter-Übergangs lässt sich gut am Bändermodell erkennen. Ein zusammenfassender Überblick über das Zustandekommen des Bändermodells wird in Abb. 5.2 gegeben. Um darüber hinaus ein detailliertes Verständnis für den Bänderverlauf zu ermöglichen, soll im Folgenden ein Gedankenversuch dienen. Wichtige Größen, die in diesem Gedankenmodell benutzt werden, wie z. B. die Vakuum-Energie, Austrittsarbeiten, etc. sind im Kasten auf S.125 definiert.

5.2.1 Entstehung des Bändermodells eines Metall-Halbleiter-Übergangs

In einem Gedankenversuch zur Entstehung des Energiebänder-Modells betrachtet man die Umgebung des Fermi-Niveaus von Metall und *n*-Halbleiter (Abb. 5.2). Zunächst sind beide weit ($\delta \rightarrow \infty$) voneinander entfernt und gegenseitig isoliert: gegenüber der Vakuum-Energie[1] liegen beide Fermi-Energien des Metalls W_{FM} und des Halbleiters W_{FS} ungleich hoch auf der Skala der Elektronen-Energie (Abb. 5.2a). Dies wird durch die Ungleichheit der Austrittsarbeiten Φ_M und Φ_S (*M*: metal, *S*: semiconductor) verursacht: hier wird

1. das Vakuum-Energieniveau von Metall und Halbleiter muss bei räumlicher und galvanischer Trennung der beiden Materialen nicht identisch sein.

Def. Mikropotential

Jeder Gitteratomrumpf stellt eine elektrostatische Ladung dar, die wiederum eine Feldwirkung und somit einen Potentialverlauf in der Umgebung des Gitteratoms erzeugt. Die einzelnen Mikropotentiale der Gitteratome überlagern sich im Kristallverbund zu einem periodischen Mikropotentialverlauf.

Def. Makropotential, Vakuum-Energie

Das Vakuum-Energieniveau W_{Vak} liegt außerhalb des Einflussgebietes der Mikropotentiale der Gitteratome, berücksichtigt jedoch noch dem Einfluss einer makroskopischen Ladung des Kristalls (z. B. durch äußere Spannung). Ein Elektron hat das Vakuum-Energieniveau erreicht, wenn es zwar den Kristall verlassen hat, aber kurz vor der Kristalloberfläche verharrt. Das Vakuum-Energieniveau unterscheidet sich also von der Ionisationsenergie, welche das Elektron nur als freies Elektron in unendlicher Entfernung vom Kristall erreichen würde.

Def. Austrittsarbeit

Die Austrittsarbeit Φ_x des Materials x beschreibt die Energie, die benötigt wird, um ein Elektron vom Fermi-Energieniveau W_F zur Vakuum-Energie W_{Vak} anzuheben, d. h. um den Austritt eines Elektrons aus dem Kristallinneren vor die Kristalloberfläche zu ermöglichen. Als Abkürzung für die Austrittsarbeit wird Φ gewählt (Φ ist hier eine Energie, kein Potential - also Einheit eV!), wobei der Index den Materialtyp kennzeichnet (Φ_M - Austrittsarbeit des Metalls, Φ_S - Austrittsarbeit des Halbleiters).

Def. Elektronenaffinität

Die Elektronenaffinität χ entspricht dem Energieunterschied zwischen Leitungsbandkante an der Kristalloberfläche und dem Vakuum-Energieniveau.

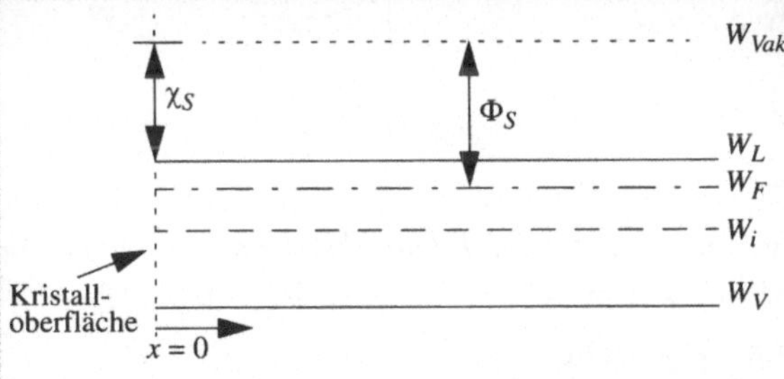

Links:
Bändermodell eines idealen Halbleiters im thermodynamischen Gleichgewicht und bei Neutralität mit der Elektronenaffinität
$\chi_S = W_{Vak} - W_L \ (x = 0)$
und der Austrittsarbeit
$\Phi_S = W_{Vak} - W_F$.

angenommen $\Phi_M > \Phi_S$.

Nun wird ein gut leitender Draht zwischen beiden Materialien gezogen, und **Elektronen der Halbleiteroberfläche fließen unter Wirkung von $\Phi_M > \Phi_S$ über den Draht zum Metall**, um die Elektronen der Halbleiteroberfläche auf die gleiche Fermi-Energie wie diejenigen in der Metalloberfläche zu bringen (Abb. 5.2b). Die von der Halbleiteroberfläche abgeflossenen Elektronen lassen dort jedoch unkompensierte positiv geladene Störstellen N_D^+ zurück: Es entsteht eine Raumladung in Form einer Oberflächenverarmungsschicht. Im Bändermodell entspricht die Raumladung einer Bandverbiegung, wie sie in Abb. 5.2b an der

Halbleiteroberfläche zu erkennen ist. Diese muss auch entstehen, da die **Elektronenaffinität** χ_S als Materialkonstante sich über den Vorgang nicht verändert, und somit die Leitungsbandkante an der Oberfläche nicht gleichermaßen absinken kann. Die Vakuum-Energie des Halbleiters hat sich aufgrund der abgeflossenen Halbleiterelektronen, die nun eine Gegenladung auf der Metallseite darstellen, ebenfalls um einen Anteil erhöht: zwischen Metall und Halbleiter wirkt eine elektrische Feldstärke. Somit hat sich zwar die anfängliche Austrittsarbeit des Halbleiters Φ_S erhöht, es gilt jedoch immer noch $\Phi_M > \Phi_S$.

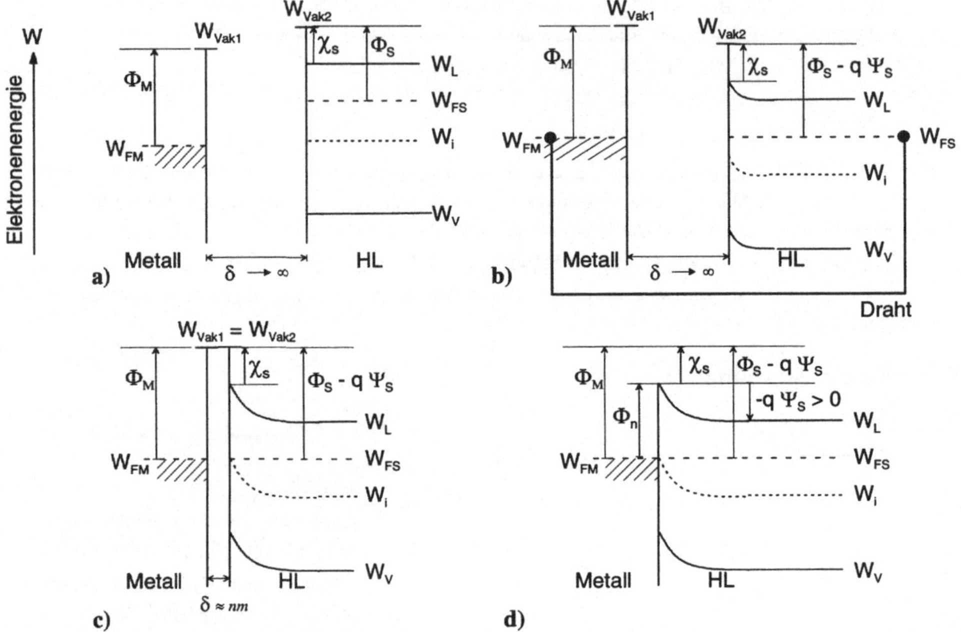

Abb. 5.2 Entstehung einer Verarmungsrandschicht im Halbleiter beim Kontakt mit einem Metall für den Fall der Kombination von Austrittsarbeiten $\Phi_M > \Phi_S$ (z. B. Al/*n*-Si)
a. bei großem Abstand δ beider Materialien,
b. jedoch mit leitender Verbindung,
c. mit Verringerung des Abstandes δ bis auf wenige nm,
d. schließlich beim Kontakt beider Materialien.

Nun wird der Abstand zwischen Metall und Halbleiter weiter verringert (Abb. 5.2c). Haben sich beide Materialien bis auf wenige *nm* genähert, setzt über den schmalen Zwischenraum Tunnel-Emission von Elektronen ein, die zu weiterer Entleerung der Halbleiteroberfläche an Elektronen führt: Die elektrische Feldstärke zwischen beiden Stoffen verschwindet, die Vakuum-Energie beider Stoffe ist nun gleich und die Bandverbiegung wächst weiter. Triebfeder dafür ist die zunächst immer noch kleinere Austrittsarbeit des Halbleiters gegenüber dem Metall $\Phi_M > \Phi_S$ bei sich nun angleichenden Lagen der Vakuum-Energie vor den beiden Materialien. Im Kontakt beider Oberflächen schließlich (Abb. 5.2d) stellt sich eine maximale Bandverbiegung ein, mit gleichen Werten der Vakuum-Energie vor der Oberfläche beider Materialien, ebenso natürlich die gleichen Fermi-Energien beiderseits. Als Ergebnis hat sich im Halbleiter eine Verarmungsschicht der Breite w und eine Energieschwelle Φ_n (Index n für n-HL), eine **Schottky-Barriere**, gebildet

$$\Phi_n = \Phi_M - \chi_S . \tag{5.2}$$

Bei dem gesamten Vorgang steht die Elektronenaffinität χ_S des Halbleiters neben der Austrittsarbeit Φ_M der Metallelektronen als Konstanten des Vorganges; die Austrittsarbeit Φ_S des Halbleiters hat sich durch die wachsende Bandverbiegung Ψ_S fortlaufend geändert. Dies war eine wichtige Beobachtung von J. Bardeen [Bar47], der erstmals feststellte, dass die Austrittsarbeit der Halbleiter keine Materialkonstante ist, sondern vom Kontaktmaterial ($\Phi_S < \Phi_M$ oder $\Phi_S > \Phi_M$) abhängt (bzw. von Zwischenschichten).

So stellt der Fall $\Phi_M > \Phi_S$ einen gleichrichtenden Kontakt dar (also z. B. Al / n-Si, Abb. 5.1), weil die Halbleiterelektronen nur über die Energieschwelle Φ_n (das Fermi-Niveau W_F bestimmt ihre mittlere Energie!) das Metall erreichen können. Legt man nun ein negatives Potential an das Metall gegenüber dem Halbleiter an, so wächst die Verarmungszonenbreite w bzw. Φ_n), und ein weiterer Elektronenübergang zwischen Halbleiter und Metall wird behindert: Die Schottky-Diode sperrt. Im entgegengesetzten Fall verringert sich die Schottky-Barriere und man geht in den Durchlass.

Die Vakuum-Energie ist in Abb. 5.2d und auch Abb. 5.3 stets ortskonstant über dem Material gezeichnet. Das bedeutet, dass Ladungsträger auf dem Wege zur Vakuum-Energie stets eine Oberfläche zu überqueren haben. Im Halbleiterinneren ist somit die Energie der Elektronen um den Energiebetrag $-q \cdot \Psi_S$ kleiner als unmittelbar an der Oberfläche; die Größe Ψ_S ist die Bandverbiegung (s. Kasten "Potentialgrößen am MOS-Varaktor" auf S. 158).

Mit Hilfe dieser Überlegungen findet man sofort, dass beim n-Silizium im Falle $\Phi_M > \Phi_S$ der Charakter der Schottky-Diode begründet wird. Für den Fall $\Phi_M < \Phi_S$ beim n-Silizium erkennt man, dass im Zuge des Ladungsträgerüberganges sich eine Anreicherung an Elektronen in der Halbleiteroberfläche ergibt, die zur sogenannten Anreicherungsoberfläche ohne Potentialbarriere führt und einen **ohmschen Kontakt** ergibt. Für p-Silizium findet man eine Verarmungsoberfläche für $\Phi_M < \Phi_S$, eine Anreicherungsoberfläche für $\Phi_M > \Phi_S$. Die

Abb. 5.3 gibt eine Übersicht über die Energiebänder-Kombinationen. Nur für **Schottky-Kontakte**, also gleichrichtende Kontakte, beobachtet man eine Energieschwelle Φ_n in Form einer Bandaufwölbung bzw. Φ_p in Form einer Bandabwölbung (Abb. 5.3a/d).

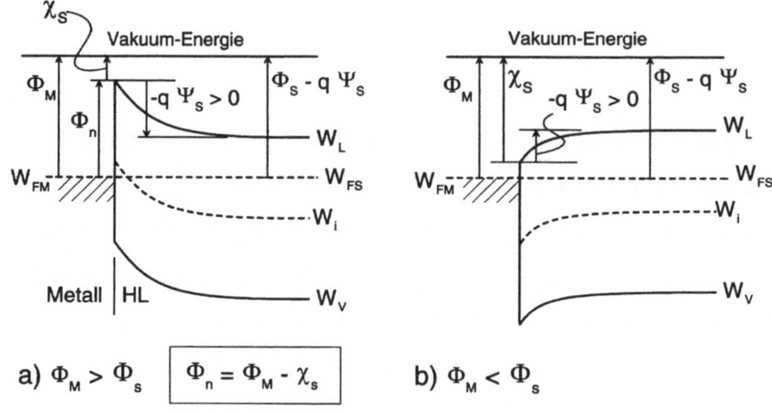

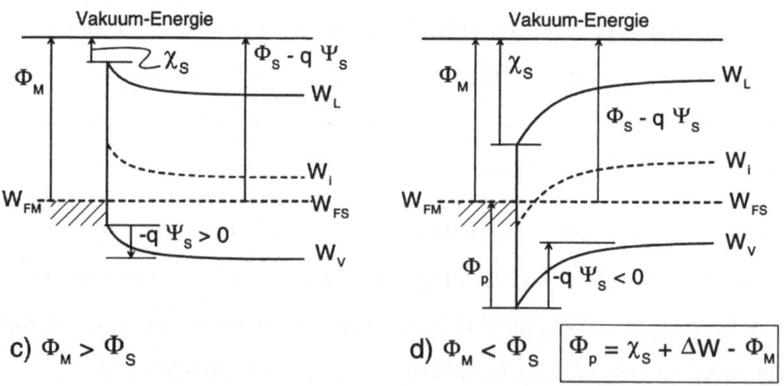

Abb. 5.3 Die vier Möglichkeiten der Kombination von Halbleitermaterial unterschiedlichen Leitungstyps mit einem Metall hinsichtlich der Differenz von Austrittsarbeiten bei der Entstehung von Schottky- (a. und d.) oder ohmschen (b. und c.) Kontakten

Entstehung des Metall-Halbleiter-Bändermodells

Metall und Halbleiter weisen i. Allg. unterschiedliche Austrittsarbeiten (z. B. $|\Phi_M| > |\Phi_S|$, wie in Abb. a auf. Werden beide Materialien in Kontakt gebracht, gleichen sich im thermodynamischen Gleichgewicht die Fermi-Niveaus W_{FM} und W_{FS} an, da Elektronen solange vom Ort einer hohen Fermi-Energie zum Ort niedriger Fermi-Energie fließen, bis die Fermi-Energien auf einem Niveau liegen. Da an der Oberfläche jedoch die Elektronenaffinität des Halbleiters konstant bleiben muss, entsteht dort eine Raumladungszone (im Fall des n-Halbleiters aus nicht kompensierten, positiv geladenen Donatoren und aus einer Gegenladung von Elektronen auf der Metallseite). Im Bändermodell äußert sich dies in einer Energieschwelle, der sogenannten Schottky-Barriere: $\Phi_n = \Phi_M - \chi_S$.

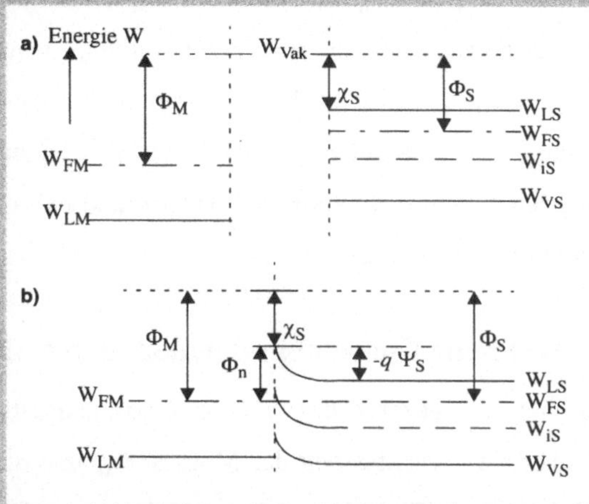

Stromleitung im Metall-Halbleiter-Übergang

Der Stromfluss im Metall-Halbleiter-Übergang wird von den Majoritätsträgern des Halbleiters bestimmt. Beim hier betrachteten Fall eines n-Halbleiters sind dies also die Elektronen. Aus dem Bändermodell in Abb. b erkennt man, dass Elektronen vom Metall nicht in den Halbleiter gelangen können, da die Schottky-Barriere Φ_n eine hohe Energieschwelle darstellt. In umgekehrter Richtung hingegen müssen die Elektronen nur eine kleinere Energieschwelle entsprechend der Bandverbiegung des Halbleiters Ψ_S überwinden $-q\Psi_S = \Phi_n-(W_{LS} - W_{FS})$ (s. Abb. b). Das Anlegen eines negativen Potentials an den Halbleiter gegenüber dem Metall hebt W_{FS} an und verringert damit die Bandverbiegung: mehr Elektronen vermögen trotz der Bandverbiegung Ψ_S vom Halbleiter zum Metall zu gelangen mittels thermionischer Emission. Wird hingegen das Potential in entgegengesetzter Richtung angelegt, so vergrößert sich die Bandverbiegung und wird für die Halbleiterelektronen immer unüberwindlicher: der Kontakt sperrt. Somit ergibt sich die gleichrichtende Wirkung eines idealen Schottky-Kontakts. In der Realität verändern Oberflächenladungszustände den Bänderverlauf und damit das Kontaktverhalten erheblich.

5.2.2 Anmerkung zum Modell des Kontaktes zwischen Metall und p-leitendem Silizium

Obwohl das Modell der Majoritätsträger Defektelektronen oder Löcher im Kontakt mit einem Metall zu korrekter Beschreibung von sperrendem bzw. leitendem Übergang führt, sei darauf hingewiesen, dass im Metall i. Allg. nicht mit dem Begriff der Löcher, der Lücken im Elektronenverband, argumentiert wird. Die physikalisch besser einleuchtende Beschreibung beschränkt sich auf die Erörterung von Elektronen-Transport: beim n-Silizium vom oder zum Leitungsband, beim p-Silizium vom oder zum Valenzband, entsprechend den jeweiligen Lagen der Fermi-Energien W_{FS} im Halbleiter. Ein ohmscher Kontakt entsteht für Verarmungs- bzw. Inversionsoberflächen mit Bänderaufwölbung gegenüber dem Elektronenübergang vom Metall aus. Die entsprechende Verfeinerung der Aussage: "Majoritätsträger bestimmen den Stromfluss im Metall-Halbleiter-Kontakt" lautet deshalb "Elektronentransport mit Leitungsband beim n-Silizium und Valenzband beim p-Silizium bestimmt den Stromfluss im Metall-Halbleiter-Kontakt".

5.3 Das reale Energiebändermodell des Metall-Halbleiter-Kontaktes

Es hat sich nun gezeigt, dass i. Allg. eine quantitative Beschreibung der Energieschwellen allein über die Austrittsarbeit des Metalls Φ_M und die Elektronenaffinität des Halbleiters χ_S im Sinne von Gl. (5.2) nicht möglich ist. Die Ursache dafür sind energetische **Oberflächenzustände** des Halbleitermaterials, die den Wert der Bandverbiegung Ψ_S bestimmen und nicht die beiden (reinen) Kontaktmaterialien mit ihren Werten Φ_M und Φ_S (bzw. χ_S). Diese Oberflächenzustände mit Akzeptor- oder Donatorcharakter bei einer energetischen Lage W_t im Bereich der Verbotenen Zone stellen bei genügender Dichte N_t die Bandverbiegung Ψ_S so ein, dass die Fermi-Energie W_{FS} mit W_t zusammenfällt, ohne dass dabei die Differenz $\Phi_M - \chi_M$ (Gl. (5.2)) eine bestimmende Rolle spielt. Für eine hinreichend hohe Oberflächenzustandsdichte ($\approx 10^{11} cm^{-2}$) beträgt die Schottky-Barriere Φ_n dabei ungefähr $\frac{2}{3} \cdot (W_L - W_V)$ für Silizium. ("pinning" der Fermi-Energie durch Oberflächenzustände, s. Abschnitt 6.4.1 auf S. 152). So sind lediglich Tendenzaussagen möglich, nämlich in der Form:

$$\Phi_M > \Phi_S(n - Si) \text{ und } \Phi_M < \Phi_S(p - Si) \text{ : Schottky-Kontakt,} \tag{5.3}$$

$$\Phi_M < \Phi_S(n - Si) \text{ und } \Phi_M > \Phi_S(p - Si) \text{ : Ohmscher Kontakt.} \tag{5.4}$$

5.3.1 Metall-Halbleiter-Übergang nach Temperaturbehandlung

Bei der Herstellung der bisher betrachteten Metall-Halbleiter-Kontakte wurde auf p-Si bzw. auf n-Si Aluminium aufgedampft und bei $T = 450°C$ getempert. Durch die Temperaturbehandlung wird eine zuverlässige mechanische Haftung des Al-Belags erreicht. Andererseits bleibt man bei dieser Temperatur sicher unter derjenigen des Al-Si-Eutektikums

(T_{Eu} = 577°C) und verhindert damit ein Legieren der beiden Materialien. Der Al/Si-Kontakt zeigt wie bisher diskutiert bei *p*-Si ohmsches Verhalten, während bei *n*-Si der Kontakt gleichrichtend wirkt. Quantitativ gilt dabei $\Phi_M(\mathrm{Al}) = 4{,}1\,\mathrm{eV}$ und $\Phi_S((\mathrm{n\text{-}Si}) \geq 4{,}15\,\mathrm{eV})$ (vgl. auch Tab. 6.1 und Tab. 6.2 auf Seite 158).

Erfolgt jedoch eine thermische Nachbehandlung des Al / n-Si-Kontaktes über längere Zeit bei $550°C \leq T \leq 600°C$, verschwindet auch hier das Sperrverhalten. Dies lässt sich damit erklären, dass die Temperatur des **Al-Si-Eutektikums** überschritten wird: Dies führt zur Lösung von Si-Atomen durch die Al-Atome und einer Umdotierung der Si-Oberfläche von *n*- zur (entarteten) *p*-Leitung. Weiterhin führt der **Segregationseffekt** zu einer Anhäufung von Donatorstörstellen (z. B. Phosphor) kurz unterhalb der Phasengrenze im Halbleiter. Damit entsteht also vom Halbleitervolumen zur Oberfläche zunächst ein stark *n*-dotiertes Gebiet mit einem unmittelbar angrenzenden entartet *p*-dotiertem Gebiet. Das resultierende Bändermodell solch einer Struktur zeigt Abb. 5.4. Im Bereich der Oberfläche ist bei Beibehaltung des Energieschwellenwertes Φ_n (s. Abb. 5.3a) ein sehr schmaler Potentialwall entstanden, der in beiden Richtungen durchtunnelt werden kann und insofern die Eigenschaften eines ohmschen Kontaktes aufweist. Damit ist das Verhalten des hoher Temperatur ausgesetzten, zunächst gleichrichtenden Al / n-Si-Kontaktes (Abb. 5.1) erklärt, der nach Temperaturbehandlung ohmsches Verhalten zeigt.

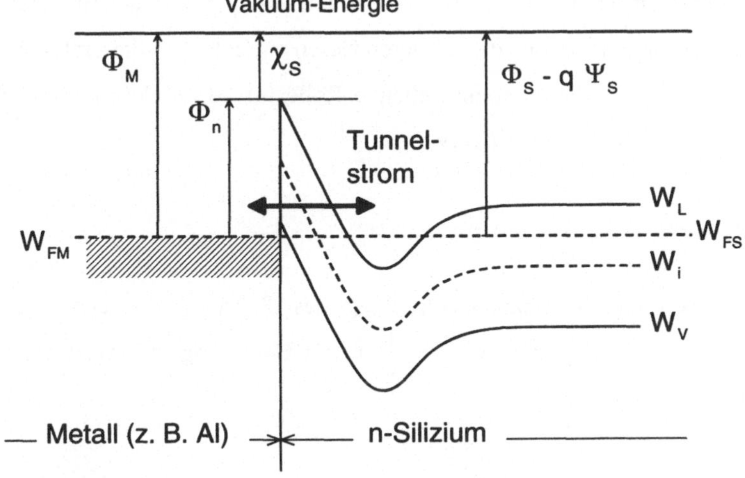

Abb. 5.4 Tunnelkontakt einer Halbleiter-Metall-Verbindung

5.4 Strom-Spannungskennlinie von Schottky-Dioden

Wir beschreiben im Folgenden die Herleitung der $I(U)$-Kennlinie entsprechend dem **Modell thermionischer Emission** von Majoritätsträgern über die Energieschwelle Φ_n bzw. Φ_p (Abb. 5.3a bzw. d). Dafür wählen wir den Fall des Kontaktes zwischen Metall und n-Si (Abb. 5.3a).

Der strombegrenzende Vorgang ist der Transport von Elektronen über die Energieschwelle Φ_n vom n-Halbleiter (HL) zum Metall (M). Durch eine angelegte Durchlassspannung $U > 0$ lässt sich die Oberflächenverarmungsschicht mit Elektronen überfluten, und infolgedessen vergrößert sich die Elektronendichte n, so dass die Stromdichte $j_{HL/M}$ vom Halbleiter zum Metall wächst. Im umgekehrten Fall der Sperrung $U < 0$ spielt die anliegende Spannung keine Rolle, weil die Dichte der Metallelektronen sich durch die Spannung $U < 0$ nicht beeinflussen lässt und lediglich ihr energiereichster Anteil über die Energieschwelle Φ_n gelangt.

Die Elektronendichte im Leitungsband an der M / HL-Phasengrenze auf der Halbleiterseite wird durch die Beziehung gegeben (Gl. (2.16), Gl. (2.17))

$$n_s = n(x=0) = N_L \cdot \exp\left(\frac{-(\Phi_n - q \cdot U)}{k \cdot T}\right) \tag{5.5}$$

$$\text{mit } W_L(x=0) - W_{Fn} = \Phi_n - q \cdot U,$$

$$\text{wobei } 0 < U < \frac{1}{q} \cdot \Phi_n.$$

Von diesen Elektronen der Dichte n läuft der Anteil $a \cdot n_s$ gegen die Energieschwelle an. Dabei spielen die Komponenten $\overline{v_x}$ der mittleren Geschwindigkeit $\bar{v}$, die senkrecht auf der M / HL-Phasengrenze stehen, die ausschlaggebende Rolle für den Elektronenfluss N_s, der die Schwelle $W_L(x=0) - W_L(x \to \infty)$ überwindet

$$N_s = a \cdot n_s \cdot \bar{v}. \tag{5.6}$$

Bei einer isotropen Geschwindigkeitsverteilung des Betrages v errechnet man für die wirksamen senkrechten Komponenten $\overline{v_x} = \frac{1}{4} \cdot \bar{v}$ (für Herleitung vgl. Abschnitt 5.6), d. h. es gilt $a = 1/4$.

Damit lässt sich die Dichte $j_{HL/M}$ des Elektronenstromes formulieren, der durch den Elektronenfluss N_s zustande kommt

$$j_{HL/M} = \frac{1}{4} \cdot q \cdot \bar{v} \cdot N_L \cdot \exp\left(-\frac{\Phi_n - q \cdot U}{kT}\right). \tag{5.7}$$

Umgekehrt fließt im Sperrfalle, unbeeinflusst von der Sperrspannung $U_{Br} < U < 0$, die Dichte $j_{M/HL}$ des Elektronenstromes vom Metall zum Halbleiter

$$j_{M/HL} = \frac{1}{4} \cdot q \cdot \bar{v} \cdot N_L \cdot \exp\left(-\frac{\Phi_n}{kT}\right). \tag{5.8}$$

Aus dem Gleichgewicht beider gegenläufigen Stromdichten entsteht der Gesamtstrom (mit $(kT)/q = U_T$)

$$j(U) = j_{HL/M}(U) - j_{M/(HL)} = \frac{1}{4} \cdot q \cdot \bar{v} \cdot N_L \cdot \exp\left(-\frac{\Phi_n}{k \cdot T}\right) \cdot \left[\exp\left(\frac{U}{U_T}\right) - 1\right], \tag{5.9}$$

der erwartungsgemäß im Nullpunkt $U = 0$ verschwindet. Nun ist bislang die Annahme thermionischer Emission über die Energieschwelle noch nicht berücksichtigt worden. Dabei geht man vom **Modell der thermischen Emission der Elektronen** aus einer geheizten Kathode (Glühkathode) aus, die eine **Maxwell-Verteilung** $f_M(v)$ **der Geschwindigkeiten** v berücksichtigt. Diese kann man heranziehen, um die mittlere Geschwindigkeit $\bar{v}$ zu errechnen. Dabei beschreibt m als effektive Masse m_{eff} die Elektronenmasse im Halbleiter

$$j_M(v) \sim \frac{\mathrm{dN}}{\mathrm{d}v} = \left(\frac{m_{eff}}{2\pi \cdot kT}\right)^{\frac{3}{2}} \cdot N \cdot 4\pi v^2 \cdot \exp\left(-\frac{m_{eff} \cdot v^2}{2kT}\right). \tag{5.10}$$

Maxwellsche Geschwindigkeitsverteilung

Die Maxwellsche Geschwindigkeitsverteilung $f_M(v)$ gibt die Wahrscheinlichkeit an, mit der ein dN von N Teilchen in dem Geschwindigkeitsintervall zwischen v und $v + dv$ vorliegt. Im dreidimensionalen isotropen Geschwindigkeitsraum mit der Oberfläche $4\pi v^2$ befindet sich also der Anteil dN der Gesamtzahl N der Teilchen innerhalb einer Kugelschale mit der Dicke dv im Abstand v vom Nullpunkt. Dabei gilt die Normierungsbedingung, dass alle Teilchen eine Geschwindigkeit zwischen 0 und ∞ besitzen: $\int_{N(v=0)}^{N(v=\infty)} \frac{1}{N} dN = 1$.

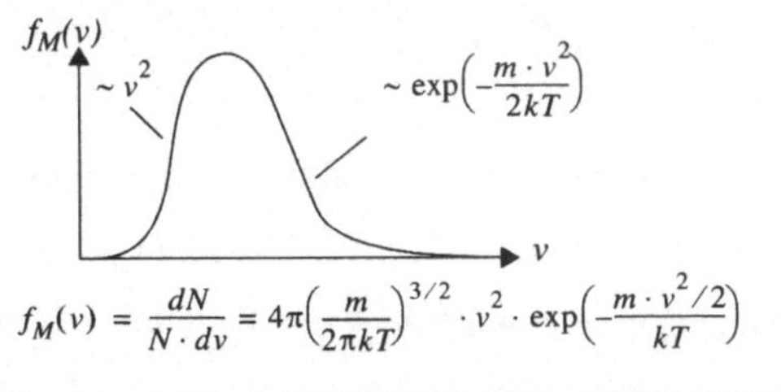

So erhält man durch Integration den Mittelwert der Geschwindigkeit $\bar{v}$ und unter Anwendung der Normierungsbedingung

$$\bar{v} = \frac{\int\limits_{N(v=0)}^{N(v=\infty)} v dN}{\int\limits_{N(v=0)}^{N(v=\infty)} dN} = \frac{1}{N} \cdot \int\limits_{N(v=0)}^{N(v=\infty)} \left(v \cdot \left(\frac{m_{eff}}{2\pi \cdot kT} \right)^{\frac{3}{2}} \cdot N \cdot 4\pi v^2 \cdot \exp\left(-\frac{m_{eff} \cdot v^2}{2 \cdot kT} \right) \right) dv$$

$$= 4\pi \cdot \left(\frac{m_{eff}}{2\pi \cdot kT} \right)^{\frac{3}{2}} \cdot \int\limits_{v=0}^{\infty} \left(v^3 \cdot \exp\left(-\frac{m_{eff} \cdot v^2}{2 \cdot kT} \right) \right) dv$$

$$= 4\pi \cdot \left(\frac{m_{eff}}{2\pi \cdot kT} \right)^{\frac{3}{2}} \cdot \frac{1}{2} \cdot \left(\frac{2 \cdot kT}{m_{eff}} \right)^2 = \sqrt{\frac{8 \cdot kT}{\pi \cdot m_{eff}}}. \qquad (5.11)$$

Wenn nun noch die Zustandsdichte N_L entsprechend Gl. (2.14) verwendet wird

$$N_L = \frac{\sqrt{32\pi \cdot m_{eff}^3}}{h^3} \cdot (kT)^{3/2}$$

ergibt sich die **Kennliniengleichung des Schottky-Kontaktes** unter Verwendung von Gl. (5.9), wobei bereits verallgemeinernd Φ_n durch $\Phi_{n;\,p}$ ersetzt wird:

$$j(U) = A^* \cdot T^2 \cdot \exp\left(-\frac{\Phi_{n;\,p}}{k \cdot T} \right) \cdot \left[\exp\left(\frac{U}{U_T} \right) - 1 \right] \qquad (5.12)$$

mit der **Richardson-Konstante**

$$A^* = 4\pi \cdot \frac{q \cdot k^2}{h^3} \cdot m_{eff}. \qquad (5.13)$$

Die Richardson-Konstante A^* stimmt mit derjenigen bei Glühemission freier Elektronen überein, wenn für die effektive Masse m_{eff} der Halbleiterelektronen der Wert für freie Elektronen m_0 gesetzt wird. A^* kann dann numerisch angegeben werden

$$A^*(m_{eff} = m_0) = 120 \frac{A}{cm^2 K^2}. \qquad (5.14)$$

Für Silizium und Galliumarsenid nimmt man die Werte in Tab. 5.1 an, welche die Werte der effektiven Massen von Elektronen und Löchern berücksichtigen.

$A^* / A\,cm^{-2}\,K^{-2}$	Si	GaAs
n-Leitung	110	8
p-Leitung	32	74

Tab. 5.1 Richardson-Konstante für typische Halbleitermaterialien [Sze85]

So erhalten wir für den (gleichrichtenden) Metall-Halbleiter-Kontakt, den Schottky-Kontakt, eine Kennlinie *j(U)*, die in ihrer Spannungsabhängigkeit derjenigen des Halbleiter-Halbleiter-Kontaktes, des *pn*-Überganges nach dem Shockley-Modell entspricht (Gl. (4.1)). Allerdings beschreiben wir den Stromtransport sehr unterschiedlich. Im Falle des *pn*-Überganges als Vorgang, an dem **beide** Ladungsträgertypen beteiligt sind und über Rekombination die Stromkontinuität sichern. Im Falle der Schottky-Diode als Vorgang, an dem nur **eine** Ladungsträgersorte, die Majoritätsträger, beteiligt sind, die thermionisch über eine Energieschwelle emittiert werden (s. Anmerkungen in Abschnitt 5.2.2).

5.5 Der Kontaktwiderstand

Entsprechend Gl. (5.1) können wir nun nach Gl. (5.12) den Kontaktwiderstand R_C errechnen und Einflussgrößen erkennen

$$R_C = \left(\frac{dj}{dU}\right)^{-1}\Bigg|_{U=0} = \frac{k}{A^* \cdot T \cdot q} \cdot \exp\left(\frac{\Phi_{n;p}}{kT}\right), \tag{5.15}$$

$$R_C(T;\Phi_{n;p}) = R_{C0}(T = 300K) \cdot \left(\frac{300}{T/K}\right) \cdot \exp\left(\frac{\Phi_{n;p}}{kT}\right),$$

wobei $R_{C0}(T = 300K) = 2,4 \cdot 10^{-9}\Omega \cdot cm^2$ gilt

mit $A^* = 120\frac{A}{cm^2 K^2}$.

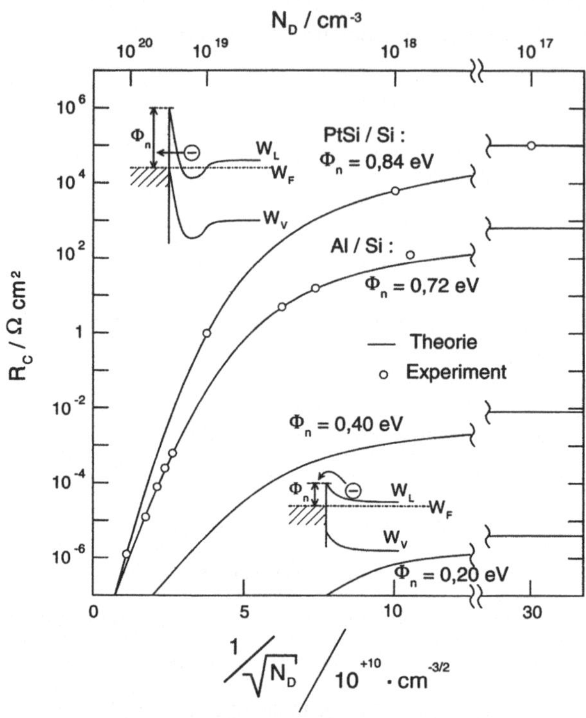

Abb. 5.5 Gemessene und errechnete Werte des Kontakt-Widerstandes R_C. Oben links ist der Tunnelkontakt dargestellt, der den linken Teil der Kurven beherrscht. Unten ist die thermionische Emission illustriert, welche die von der Dotierung unabhängigen Werte rechts charakterisiert [Sze85/p. 170].

Man erkennt, dass eine kleine Energieschwelle $\Phi_{n;\,p}$ für einen geringen Kontaktwiderstand günstig ist, ebenso, dass R_C mit wachsender Temperatur sinkt. Die Abb. 5.5 zeigt Kontaktwiderstände R_C für zwei unterschiedliche Materialkombinationen, oben: für PtSi / *n*-Si (Platinsilicid / *n*-Silizium) mit $\Phi_n = 0{,}8eV$ und unten: für Al / n-Si mit $\Phi_n = 0{,}72eV$. Die nach Gl. (5.15) errechneten R_C-Werte hängen nicht von der Dotierung ab, solange sich kein Tunnelkontakt gebildet hat (rechts in Abb. 5.5). Der wiederum senkt den R_C-Wert für hohe HL-Dotierung, was im linken Teil der Abb. 5.5 dokumentiert ist. Der in Abb. 5.1 experimentell ermittelte Wert $R_C = 0{,}1\Omega cm^2$ eines Tunnelkontaktes Al / *n*-Si erfordert nach Abb. 5.5 eine Oberflächendotierung von $N_A \geq 10^{19} cm^{-3}$.

5.6 Vorfaktor 1/4 der mittleren Geschwindigkeit für den Halbraum

Wie hoch ist bei einer isotropen Geschwindigkeitsverteilung mit dem mittleren Betrag $\bar{v}$ die wirksame Komponente in eine Richtung, z. B. die Komponente in positive z-Richtung $\overline{v_z}$?

Das Verhältnis $\overline{v_z}/\bar{v}$ lässt sich errechnen durch Integration der isotropen[1] Geschwindigkeitsverteilung. Dabei wird das Integral über die in positive z-Richtung wirksame Komponente $\bar{v}_z = \bar{v} \cdot \cos(\vartheta)$ ins Verhältnis gesetzt zu dem Integral über die isotrope Geschwindigkeitsverteilung mit der mittleren Geschwindigkeit $\bar{v}$:

$$\frac{\overline{v_z}}{\bar{v}} = \frac{\int_{HR} \bar{v} \cdot \cos(\vartheta) dHR}{\int_R \bar{v} dR} = \frac{\int_{HR} \cos(\vartheta) dHR}{\int_R dR} . \tag{5.16}$$

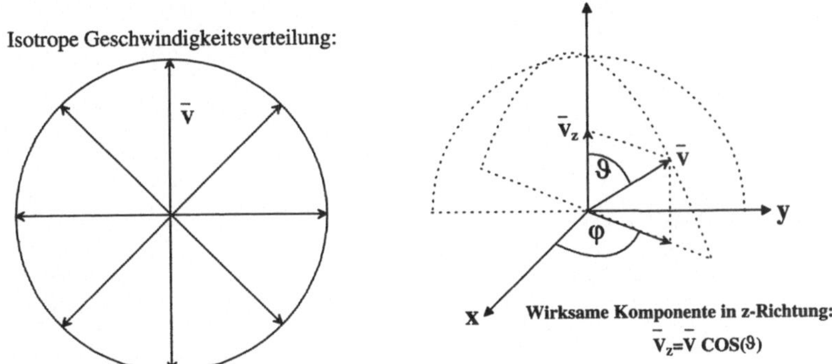

Abb. 5.6 Vektoren der Geschwindigkeit bei isotroper Geschwindigkeitsverteilung

Für den Geschwindigkeitsanteil $\overline{v_z}$ reicht es aus, nur über den Halbraum *HR* zu integrieren, da nur die Anteile in **positive** z-Richtung relevant sind. Für die isotrope Geschwindigkeitsverteilung muss jedoch über den ganzen Raum *R* integriert werden.

Bei der Integration mit Transformation von räumlichen kartesischen Koordinaten in Kugelkoordinaten ist die Funktionaldeterminante $r^2 \sin(\vartheta)$ zu berücksichtigen:

$$\frac{\overline{v_z}}{\bar{v}} = \frac{\int_0^{2\pi}\int_0^{\pi/2} \cos(\vartheta) \cdot \sin(\vartheta) d\vartheta d\varphi}{\int_0^{2\pi}\int_0^{\pi} \sin(\vartheta) d\vartheta d\varphi} = \frac{1}{4\pi} \cdot \left(2\pi \cdot \frac{1}{2} \sin^2(\vartheta)\Big|_0^{\pi/2}\right) = \frac{1}{4} . \tag{5.17}$$

1. isotrop: richtungsunabhängig, d. h. für diesen Fall, dass die mittlere Elektronengeschwindigkeit in alle Raumrichtungen gleichverteilt ist.

Die in positive z-Richtung wirksame Geschwindigkeitskomponente ist also:

$$\bar{v}_z = \frac{1}{4} \cdot \bar{v}. \tag{5.18}$$

Das Ergebnis geht in die Gleichungen Gl. (5.6) / Gl. (5.7) ein.

6 Die Halbleiteroberfläche anhand des MOS-Varaktors

Im Mittelpunkt der Theorie der MOS-Bauelemente steht der Halbleiterbereich unter der Gate-Elektrode mit der Halbleiteroberfläche. Insofern wenden wir uns diesem Bereich zwischen den beiden *pn*-Übergängen zu den Source- und Drain-Kontakten eines MOS-Transistors (s. Abb. 6.1) zunächst zu. Diese Struktur, die eigentliche MOS-Schichtenfolge umfassend, heißt MOS-Kondensator (oder MOS-Varaktor). Am MOS-Varaktor wird die Beschreibung der Halbleiteroberfläche unter Wirkung elektrischer Felder ("Feldeffekt") erarbeitet.

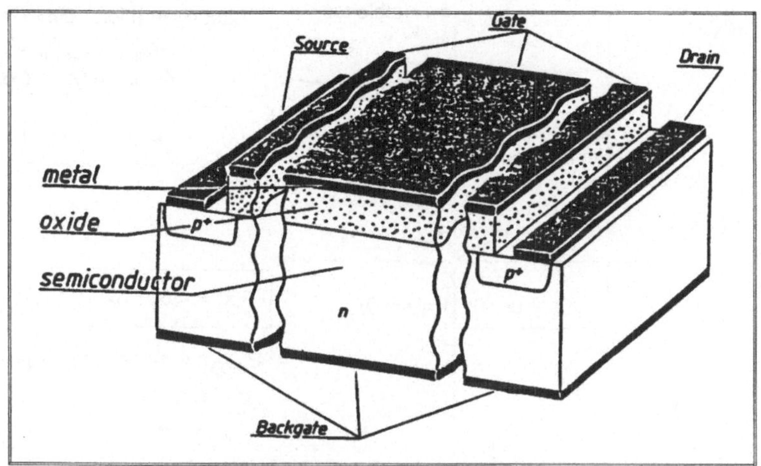

Abb. 6.1 p-Kanal-MOS-Transistor, zwischen dessen Source und Drain sich der n-MOS-Varaktor befindet. Man beachte: Dem MOS-Transistor gibt der Typ des Kanals den Namen (p-MOS-FET), dem MOS-Varaktor hingegen die Substratdotierung (n-MOS-Varaktor).

6.1 Vorbetrachtung zum idealisierten MOS-Varaktor

Der MOS-Varaktor besteht aus dem Gate aus Metall (z. B. Aluminium) oder metallähnlichem Material (hochdotiertem Polysilizium), der Oxidschicht aus SiO_2, dem Substrat aus Silizium und dem Rückseitenkontakt ("Backgate") aus Metall (i. Allg. Aluminium). Damit keine Randstörungen entstehen, denken wir uns die Schichten seitlich bis ins Unendliche ausgedehnt. Dann reduziert sich das zweidimensionale Problem auf eine Dimension, die x-Koordinatenrichtung. Der Nullpunkt von x wird an die Phasengrenze SiO_2 / Si gesetzt, die x-Koordinate weist in den Halbleiter Silizium hinein (Abb. 6.2a).

Die elektrostatische Grundaufgabe am MOS-Varaktor besteht darin, die örtliche Ladungsverteilung $\rho(x)$ aus der anliegenden Spannung U_G zwischen Gate und Substrat zu

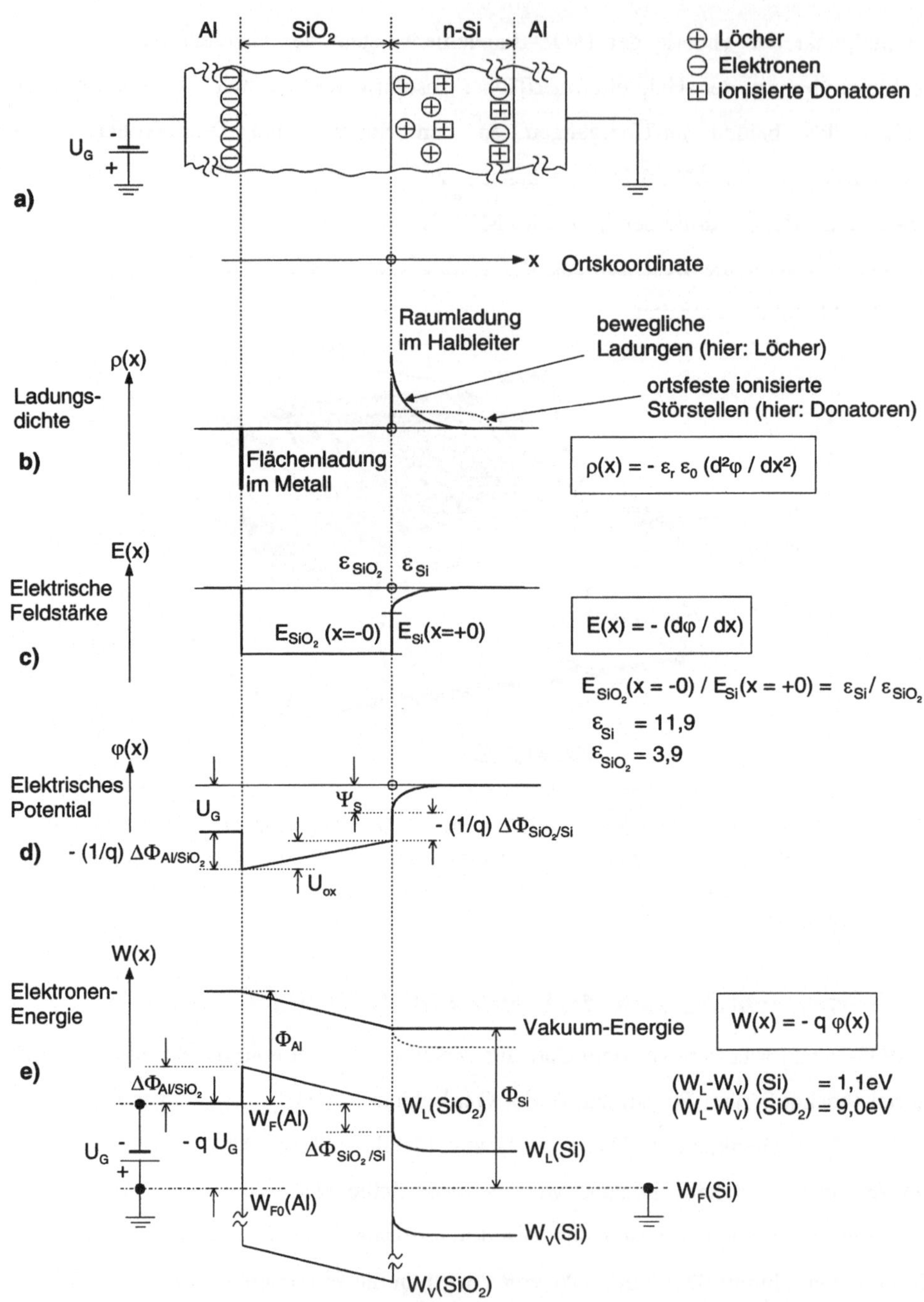

Abb. 6.2 Zuordnung der Größen an einem n-MOS-Varaktor. Die Raumladung im Halbleiter setzt sich wie in a) und b) angedeutet aus beweglichen Minoritätsladungsträgern und ionisierten, ortsfesten Störstellen zusammen. In c) - e) wird jedoch der Anteil der ortsfesten Ladungen gegenüber den beweglichen vernachlässigt (dies entspricht dem Fall der starken Inversion).

errechnen. Die Aufgabe wird folgendermaßen gelöst: Durch Integrationen der Poisson-Gleichung gewinnt man aus der Ladungsdichte $\rho(x)$ die Verläufe von Feldstärke $E(x)$ und Potential $\varphi(x)$. Schließlich lässt sich das Energiebändermodell $W(x)$ der Struktur zeichnen (Abb. 6.2b-e).

Idealisiert ist der MOS-Varaktor, wenn außer der Flächenladung auf dem Metall-Gate und der Raumladung auf dem Halbleiter-Substrat keine weiteren Ladungen im System erscheinen. Als Integrationskonstanten erscheinen Potentialsprünge $-\frac{1}{q} \cdot \Delta\Phi$ in den Phasengrenzen. Ihre physikalische Interpretation finden wir später im Energiebändermodell der Elektronen als sogenannte Austrittsarbeitsdifferenz Φ_{21} von zwei benachbarten Materialien (Material *1* und Material 2).

6.2 Die Raumladungsschicht an der Halbleiteroberfläche

Vorbemerkung: Ein Metall als System mit "entarteter" Dichte der Ladungsträger (vgl. Abschnitt 2.2.2 auf S. 49) kann ein elektrisches Feld mit Hilfe einer **Flächenladung** neutralisieren ("relaxieren"). Ein Halbleiter mit erheblich geringerer Dichte der Ladungsträger neutralisiert eindringende Feldlinien i. Allg. innerhalb einer **Raumladung**.

Die eindimensionale Poisson-Gleichung (vgl. auch Gl. (2.6)) beschreibt den Zusammenhang zwischen Ladungsdichte ρ im Halbleiter und dem Potential φ für die Koordinatenrichtung senkrecht zur Oberfläche (x-Richtung)

$$\frac{\partial^2 \varphi}{\partial x^2} = \frac{-1}{\varepsilon_{Si} \cdot \varepsilon_0} \cdot \rho(x) \qquad \text{für } 0 \le x \le \infty \qquad \text{(s. Abb. 6.2a)} \tag{6.1}$$

mit der Raumladung $\rho(x) = q \cdot [p(x) - n(x) + N_D - N_A]$, wobei ein konstantes Störstellenprofil N_D ; $N_A = const$ mit Störstellenerschöpfung $N_D = N_D^+$, $N_A = N_A^-$ in einem n-Halbleiter (wie beim n-MOS-Varaktor in Abb. 6.1 bzw. Abb. 6.2) mit $N_D >> N_A$ angenommen wird. Es gelten für Ladungsträgerdichten die Beziehungen aus Tab. 2.2:

$$n(x) = n_i \cdot \exp\left(+\frac{W_F - W_i(x)}{k \cdot T}\right) = n_i \cdot \exp(+\beta \cdot \varphi(x)), \tag{6.2}$$

$$p(x) = n_i \cdot \exp\left(-\frac{W_F - W_i(x)}{k \cdot T}\right) = n_i \cdot \exp(-\beta \cdot \varphi(x)) \tag{6.3}$$

$$\text{mit } \beta = \frac{q}{k \cdot T} \text{ und } \varphi(x) = \frac{W_F \quad W_i(x)}{q}.$$

Strategie zur Berechnung von MOS-Varaktor-Kenngrößen

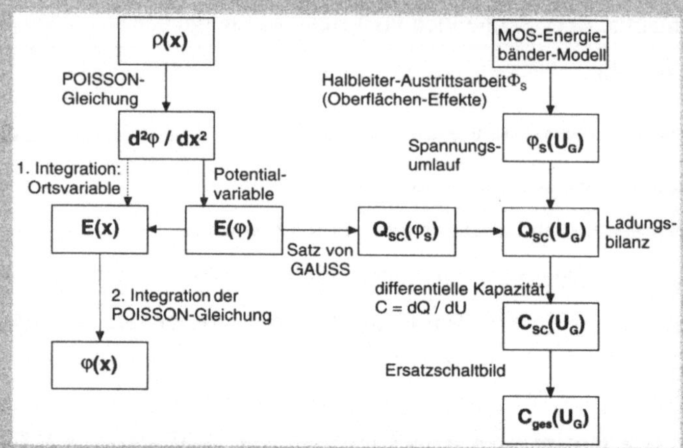

Wichtige Ziele dieses Kapitels sind es, die Oberflächenladung Q_{SC} sowie die Kapazität des MOS-Varaktors $C_{ges}(U_G)$ zu berechnen. Dabei gehen wir zunächst von der Raumladungsdichte an der Halbleiteroberfläche $\rho(x)$ aus. Die Poisson-Gleichung Gl. (6.1) verknüpft $\rho(x)$ mit dem Potential $\varphi(x)$. Eine direkte Lösung über Integrationen aus der Poisson-Gleichung ist nicht möglich, da $\rho(x)$ nicht bekannt ist. Die Raumladungsanteile von $\rho(x)$ lassen sich jedoch als Funktion vom Potential $\varphi(x)$ ausdrücken, und somit kann durch Integration über die Potentialvariable φ und den Satz von Gauss die Oberflächenladung $Q_{SC}(\varphi_S)$ mit dem Oberflächenpotential φ_S ermittelt werden. Wir betrachten dann das MOS-Energiebändermodell und gewinnen daraus einen Zusammenhang $\varphi_S(U_G)$, der es uns erlaubt, $Q_{SC}(U_G)$ zu beschreiben und die MOS-Varaktor-Teilkapazität $C_{SC}(U_G)$ bzw. Gesamtkapazität $C_{ges}(U_G)$ zu ermitteln.

Somit verbleibt für n-Silizium die **Raumladungsdichte** $\rho(x)$ für $0 \le x \le \infty$

$$\rho(x) = q \cdot \{N_D + n_i \cdot \exp[-\beta \cdot \varphi(x)] - n_i \cdot \exp[+\beta \cdot \varphi(x)]\}. \tag{6.4}$$

Die ortsunabhängige Donatorendichte N_D kann aufgrund der Neutralität im ungestörten Halbleitervolumen, wo $\varphi = \varphi_B$ gilt, ersetzt werden. Mit $\rho(x \to \infty) = 0$ und $\varphi(x \to \infty) \to \varphi_B$ folgt aus Gl. (6.4)

$$N_D = n_i \cdot \{\exp[+\beta \cdot \varphi_B] - \exp[-\beta \cdot \varphi_B]\}. \tag{6.5}$$

Gl. (6.5) eingesetzt in Gl. (6.4) ergibt

$$\rho(x) = qn_i\{\exp[+\beta \cdot \varphi_B] - \exp[-\beta \cdot \varphi_B] + \exp[-\beta \cdot \varphi(x)] - \exp[+\beta \cdot \varphi(x)]\} . \tag{6.6}$$

Die Raumladung beschrieben durch Gl. (6.6) kombiniert mit der Poisson-Gleichung Gl. (6.1) liefert leicht umgeformt bzw. erweitert:

$$\frac{\partial^2 \varphi}{\partial x^2} = +\frac{q}{\varepsilon_{Si} \cdot \varepsilon_0} \cdot \{n_i \cdot \exp(+\beta \cdot \varphi_B) \cdot [\exp(+\beta \cdot (\varphi - \varphi_B)) - 1] \tag{6.7}$$

$$-n_i \cdot \exp(-\beta \cdot \varphi_B) \cdot [\exp(-\beta \cdot (\varphi - \varphi_B)) - 1]\}$$

bzw. im Gleichgewicht mit $n_{n0} = n_i \cdot \exp(+\beta \cdot \varphi_B)$ und $p_{n0} = n_i \cdot \exp(-\beta \cdot \varphi_B)$ (s. Tab. 2.2)

$$\frac{\partial^2 \varphi}{\partial x^2} = \frac{+q}{\varepsilon_{Si} \cdot \varepsilon_0}\{n_{n0} \cdot [\exp(+\beta \cdot (\varphi - \varphi_B)) - 1] - p_{n0} \cdot [\exp(-\beta \cdot (\varphi - \varphi_B)) - 1]\}. \tag{6.8}$$

Durch Übergang von der Abhängigkeit vom Ort x auf die Abhängigkeit vom Potential φ kann die 1. Integration mit Hilfe der folgenden Umformung durchgeführt werden

$$\int_{\varphi_B}^{\varphi} \left(\frac{d^2\varphi}{dx^2}\right) d\varphi = \int_{x \to \infty}^{x} \left(\frac{d^2\varphi}{dx^2}\right) \cdot \left(\frac{d\varphi}{dx}\right) dx = \int_{x \to \infty}^{x} \frac{d}{dx}\left[\frac{1}{2} \cdot \left(\frac{d\varphi}{dx}\right)^2\right] dx = \frac{1}{2} \cdot \left(\frac{d\varphi}{dx}\right)^2. \tag{6.9}$$

Daraus folgt für Gl. (6.8) integriert über das Potential φ

$$\frac{1}{2} \cdot \left(\frac{\partial \varphi}{\partial x}\right)^2 = +\frac{q \cdot n_{n0}}{\varepsilon_{Si} \cdot \varepsilon_0} \cdot \int_{\varphi_B}^{\varphi} \left\{[\exp(+\beta \cdot (\varphi - \varphi_B)) - 1] - \frac{p_{n0}}{n_{n0}} \cdot [\exp(-\beta \cdot (\varphi - \varphi_B)) - 1]\right\} d\varphi$$

$$\frac{1}{2} \cdot \left(\frac{\partial \varphi}{\partial x}\right)^2 = +\frac{q \cdot n_{n0}}{\varepsilon_{Si} \cdot \varepsilon_0 \cdot \beta} \cdot \{[\exp(+\beta \cdot (\varphi - \varphi_B)) - \beta \cdot (\varphi - \varphi_B) - 1]$$

$$+\frac{p_{n0}}{n_{n0}} \cdot [\exp(-\beta \cdot (\varphi - \varphi_B)) + \beta \cdot (\varphi - \varphi_B) - 1]\}. \tag{6.10}$$

Mit der Beziehung für die elektrische Feldstärke E

$$E = -\left(\frac{\partial \varphi}{\partial x}\right) \tag{6.11}$$

ergibt sich für die **orts- und potentialabhängige Feldstärke** $E(\varphi)$ für $0 \le x \le \infty$

$$E(\varphi) = \mp\frac{\sqrt{2}}{\beta} \cdot \sqrt{\frac{q \cdot n_{n0} \cdot \beta}{\varepsilon_{Si} \cdot \varepsilon_0}} \cdot \{[\exp(+\beta \cdot (\varphi - \varphi_B)) - \beta \cdot (\varphi - \varphi_B) - 1] \tag{6.12}$$

$$+\frac{p_{n0}}{n_{n0}} \cdot [\exp(-\beta \cdot (\varphi - \varphi_B)) + \beta \cdot (\varphi - \varphi_B) - 1]\}^{1/2}.$$

An der Halbleiteroberfläche ($x = +0$) gilt für das "Oberflächenpotential" $\varphi = \varphi_S$ (Index S für engl. surface potential) die **Oberflächenfeldstärke**

$$E(\varphi_S) = \mp\frac{\sqrt{2}}{\beta}\cdot\sqrt{\frac{q\cdot n_{n0}\cdot\beta}{\varepsilon_{Si}\cdot\varepsilon_0}}\cdot\{[\exp(+\beta\cdot(\varphi_S-\varphi_B))-\beta\cdot(\varphi_S-\varphi_B)-1]$$
$$+\frac{p_{n0}}{n_{n0}}\cdot[\exp(-\beta\cdot(\varphi_S-\varphi_B))+\beta\cdot(\varphi_S-\varphi_B)-1]\}^{1/2}. \tag{6.13}$$

Der Satz von Gauss[1] macht Aussagen über die Flächendichte der Ladung $Q/(A\cdot s\cdot cm^{-2})$, die zwischen Oberflächenfeldstärke $E(\varphi = \varphi_S) = E_S$ (an der Phasengrenze zwischen Halbleiter und Isolator bei $x = +0$) und Volumenfeldstärke $E(\varphi = \varphi_B) = 0$ (im ungestörten Halbleiterinneren) eingeschlossen wird: $\frac{1}{\varepsilon_{Si}\cdot\varepsilon_0}\cdot Q_{SC} = -E_S$.

Auf diese Weise wird die Abweichung von der Neutralität an der Oberfläche des n-Siliziums, die **Flächendichte der Oberflächen-Raumladung Q_{SC}** (Index SC für engl. surface charge), mit dem Oberflächenpotential φ_S für eine vorgegebene Dotierung φ_B verknüpft:

$$Q_{SC} = \pm\frac{\sqrt{2}\cdot\varepsilon_{Si}\cdot\varepsilon_0}{\beta}\cdot\sqrt{\frac{q\cdot n_{n0}\cdot\beta}{\varepsilon_{Si}\cdot\varepsilon_0}}\cdot\{[\exp(+\beta\cdot(\varphi_S-\varphi_B))-\beta\cdot(\varphi_S-\varphi_B)-1]$$
$$+\frac{p_{n0}}{n_{n0}}\cdot[\exp(-\beta\cdot(\varphi_S-\varphi_B))+\beta\cdot(\varphi_S-\varphi_B)-1]\}^{1/2}. \tag{6.14}$$

Es gilt weiterhin $\frac{p_{n0}}{n_{n0}} = \exp(-2\cdot\varphi_B)$.

6.3 Diskussion der Oberflächen-Raumladung

Die Oberflächen-Raumladung Q_{SC} aus Gl. (6.14) lässt sich auch mit der **Debye-Länge L_D** und der sogenannten ***F*-Funktion** schreiben als

$$Q_{SC}(\varphi_S;\varphi_B) = \frac{\sqrt{2}\cdot\varepsilon_{Si}\cdot\varepsilon_0}{\beta}\cdot\frac{1}{L_D(\varphi_B)}\cdot F(\varphi_S;\varphi_B). \tag{6.15}$$

Zunächst betrachten wir die **Debye-Länge L_D**

$$L_D = \sqrt{\frac{\varepsilon_{Si}\cdot\varepsilon_0}{q\cdot n_{n0}\cdot\beta}}. \tag{6.16}$$

1. $\int_V div(\vec{E})dv = \int_A \vec{E}d\vec{a}$ (Gauss); $div(\vec{E}) = \frac{1}{\varepsilon_{Si}\cdot\varepsilon_0}\cdot\rho$ (Poisson); damit $\frac{1}{\varepsilon_{Si}\cdot\varepsilon_0}\cdot\int_V\rho dv = -E_S\cdot A$; und schließlich $E_S = \frac{-1}{\varepsilon_{Si}\cdot\varepsilon_0}\cdot Q_{SC}$, wobei $Q_{SC} = \frac{1}{A}\cdot\int_V\rho dv$.

Sie ist ein charakteristisches Maß für die Breite einer Raumladung im Silizium bestimmter Dotierung (Abb. 6.3). Setzen wir für die Majoritätsträgerdichte n_{n0} die (Netto-)Dotierung ein, wenn, wie üblich, vollständige Ionisierung der Störstellen vorausgesetzt wird, so gilt für den Fall des n-Siliziums $n_{n0} = |N_D - N_A|$ mit $N_D >> N_A$,

$$L_D = \sqrt{\frac{\varepsilon_{Si} \cdot \varepsilon_0}{q \cdot |N_D - N_A| \cdot \beta}} = \sqrt{\frac{\varepsilon_{Si} \cdot \varepsilon_0}{q \cdot n_i \cdot \beta}} \cdot \exp\left(-\frac{\beta \cdot \varphi_B}{2}\right) = L_{Di} \cdot \exp\left(-\frac{\beta \cdot \varphi_B}{2}\right). \quad (6.17)$$

Der obere Grenzwert ist die Eigenleitungs-Debye-Länge L_{Di}. Bei $T = 300K$ entspricht sie in Silizium 40µm. Die Abb. 6.3 gibt einen Überblick über die dotierungsabhängige Debye-Länge L_D.

In Gl. (6.15) für die Oberflächenladung Q_{SC} erscheint die Debye-Länge reziprok. Der physikalische Sinn ist wie folgend zu beschreiben. Je höher die Dotierung ist, umso kleiner ist entsprechend Gl. (6.17) die Debye-Länge L_D. Da entsprechend der Poisson-Gleichung Gl. (6.1) die Raumladungen die Quellen und Senken der elektrischen Verschiebungsdichte sind, findet man die "Fußpunkte" der Feldlinien bei hoher Dotierung innerhalb einer schmalen, bei geringer Dotierung innerhalb einer breiten Randschicht des Halbleiters.

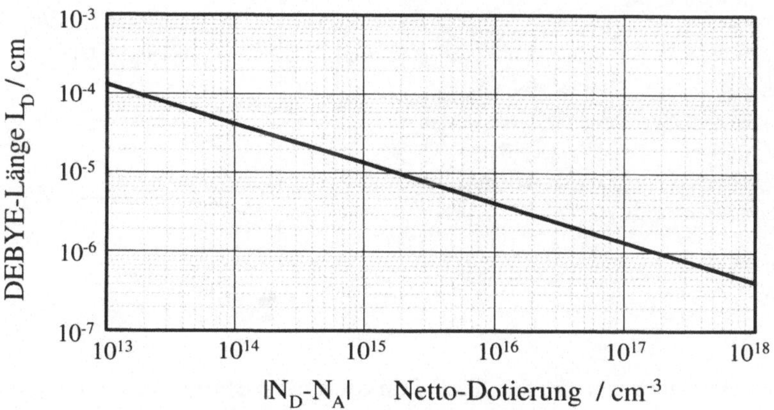

Abb. 6.3 Debye-Länge in Abhängigkeit von der Netto-Dotierung

Die F-Funktion (nicht zu verwechseln mit der $F_{1/2}$-Funktion aus Gl. (2.11)) fasst die Terme der Gl. (6.14) zusammen, die vom Oberflächenpotential φ_S abhängen.

$$F(\varphi_S;\varphi_B) = -sign(\varphi_S - \varphi_B) \cdot \{[\exp(+\beta \cdot (\varphi_S - \varphi_B)) - \beta \cdot (\varphi_S - \varphi_B) - 1]$$

$$+\frac{p_{n0}}{n_{n0}}\cdot[\exp(-\beta\cdot(\varphi_S-\varphi_B))+\beta\cdot(\varphi_S-\varphi_B)-1]\Big\}^{1/2}, \tag{6.18}$$

$$\text{mit } sign(x) = \begin{cases} +1 \text{ für } x \geq 0 \\ -1 \text{ für } x < 0 \end{cases}, \text{ wobei } \frac{p_{n0}}{n_{n0}} = \exp(-2\cdot\varphi_B) \ll 0, \text{ weil } \varphi_B > 0 \text{ gilt.}$$

In der Gl. (6.14) treten die Parameter φ_S und φ_B stets in der subtraktiven Form φ_S - φ_B auf. Das wird zum Anlass der Definition eines wichtigen Parameters genommen, der **Bandverbiegung** $\Psi_S = \varphi_S - \varphi_B$. Sie beschreibt in sehr anschaulicher Weise die Auf- und Abbiegung der Energiebänder an der Oberfläche des Halbleiters (Beispiel: s. Abb. 6.4). Bei den Vorzeichen von φ_S, φ_B und Ψ_S ist zu beachten, dass es sich um Potentiale handelt, die mit Energiewerten über $W = -q\cdot\varphi$ zusammenhängen. Mithin weisen sie in die entgegengesetzte Richtung von W.

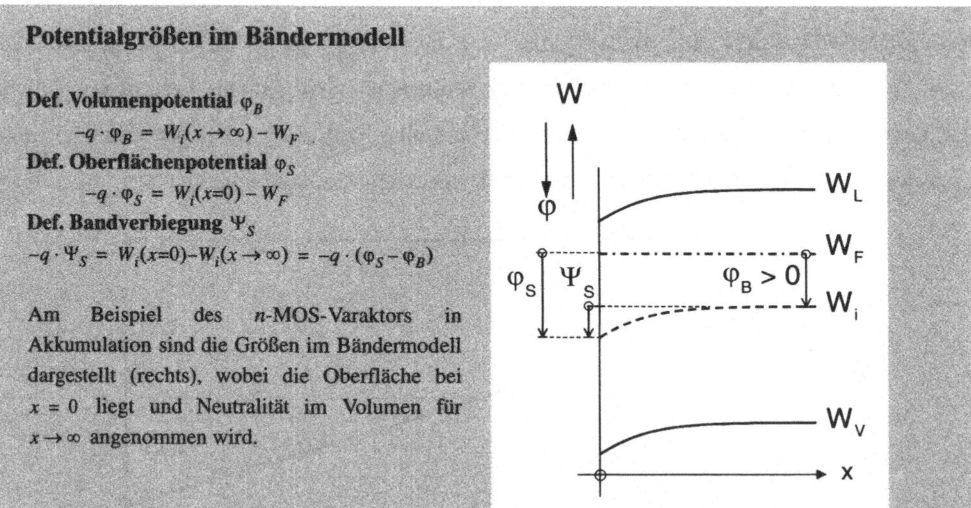

Mit der Bandverbiegung schreibt sich die ***F*-Funktion für *n*-Halbleiter** aus Gl. (6.18)

$$F(\Psi_S) = -sign(\Psi_S)\cdot\left\{\exp(+\beta\Psi_S)-\beta\Psi_S-1+\frac{p_{n0}}{n_{n0}}[\exp(-\beta\Psi_S)+\beta\Psi_S-1]\right\}^{\frac{1}{2}}. \tag{6.19}$$

Zur Diskussion der Auswirkung der F-Funktion auf die Ladung Q_{SC} betrachten wir den idealen n-MOS-Varaktor[1] bei Variation des Gate-Potentials, das unmittelbar die Größen φ_S bzw. Ψ_S beeinflusst. Dabei unterscheiden wir unterschiedliche Bereiche und Punkte: die

1. Idealisiert heißt hier, dass zunächst weder Austrittsarbeitsdifferenzen zwischen Metall und Halbleiter noch die Existenz von Phasengrenzzuständen berücksichtigt werden. Die Aussagen sind deshalb nicht auf reale MOS-Varaktoren zu verallgemeinern, wie sie in späteren Abschnitten diskutiert werden.

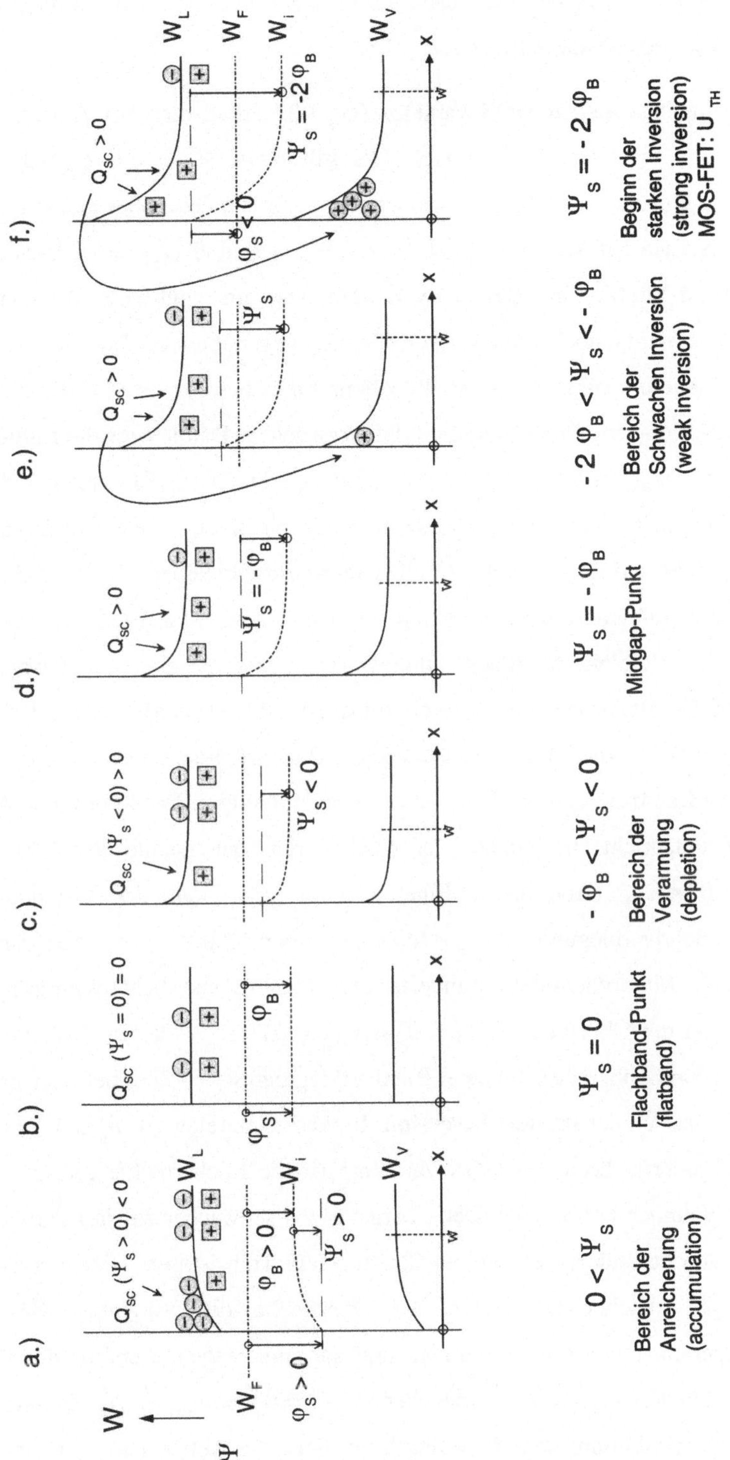

Abb. 6.4 Bereiche der Bandverbiegung eines n-MOS-Varaktors: a.) Anreicherung, c.) Verarmung, e.) schwache Inversion; Grenzen der Bereiche: b.) Flachband-Punkt, d.) Midgap-Punkt, f.) Beginn der starken Inversion (bei MOSFET entspricht dies der Schwellenspannung U_{TH}).

Anreicherung oder Akkumulation, den Flachband-Punkt, die Verarmung, den Mid-Gap-Punkt, die schwache Inversion und die starke Inversion (Abb. 6.4a-f).

Anreicherung bei einem idealen *n*-MOS-Varaktor ($\varphi_B > 0$) erhält man bei Anlegen eines positiven Potentials an das Gate des Varaktors. Es gilt dann $\Psi_S = \varphi_S - \varphi_B > 0$. Unter Influenzwirkung sammelt sich ein Elektronenüberschuss an der Halbleiteroberfläche: $Q_{SC} < 0$ (Abb. 6.4a). Liegt das Gate auf Massepotential, so gilt $\Psi_S = 0$ und $Q_{SC} = 0$. Dies ist der sogenannte **Flachband-Punkt**: die Bänder verlaufen wie im neutralen Volumen des Halbleiters (Abb. 6.4b). Wird jedoch ein negatives Potential gegenüber dem Backgate am Gate des idealen *n*-MOS-Varaktors angelegt, so ist $\Psi_S < 0$ und dies bewirkt eine positive Ladung $Q_{SC} > 0$. Also wechselt Q_{SC} im Flachbandpunkt das Vorzeichen. Damit wird die Einführung des Faktors $-sign(\varphi_S - \varphi_B)$ in Gl. (6.18) bzw. $-sign(\Psi_S)$ in Gl. (6.19) verständlich. Für $\Psi_S < 0$ setzt sich die positive Ladung Q_{SC} zunächst aus positiven, ionisierten Donatoren zusammen, die unkompensiert an der Halbleiteroberfläche zurückbleiben, da die Elektronen vom Gate-Feld in das Halbleiterinnere getrieben werden. Dieser Mangel an beweglichen Ladungsträgern an der Halbleiteroberfläche charakterisiert den Bereich der **Verarmung** (Abb. 6.4c). Während die Elektronen ins Halbleiterinnere verdrängt werden, zieht das Gate-Feld zunehmend Löcher an die Halbleiteroberfläche. Bewirkt eine zunehmend negative Potentialdifferenz eine Bandverbiegung $\Psi_S = -\varphi_B$, so ist der **Midgap-Punkt** erreicht: An der Halbleiteroberfläche entspricht die Dichte der Löcher nun der Dichte der Elektronen $p_n(x=0) = n_n(x=0) < n_{n0}$ (Abb. 6.4d). Eine weiteres Absenken des Gatepotentials resultiert in einer Bandverbiegung $-2\varphi_B < \Psi_S < -\varphi_B$ und führt dazu, dass an der Halbleiteroberfläche der Majoritätsträgertyp invertiert wird: Die Löcherdichte wird größer als die Elektronendichte an der Oberfläche $n_n(x=0) < p_n(x=0) < n_{n0}$. Diesen Zustand nennt man **schwache Inversion** (Abb. 6.4e). Ab einer Bandverbiegung $\Psi_S < -2\varphi_B$ befindet sich der *n*-MOS-Varaktors im Bereich der **starker Inversion**. In diesem Bereich gilt $p_n(x=0) > n_{n0}$, d. h. an der Halbleiteroberfläche des *n*-MOS-Varaktors ist die Löcherdichte größer als die Elektronendichte im Volumen (Abb. 6.4f). Der Übergang von schwacher zu starker Inversion bei $\Psi_S = -2\varphi_B$ ist von besonderer Bedeutung für die MOS-Transistoren. Hier gibt es freie Minoritätsladungsträger gleicher Dichte an der Oberfläche des Siliziums wie sonst Majoritätsladungsträger im ungestörten Volumen, und sie entsprechen ebenfalls der Dichte ortsfester ionisierter Störstellen gleichen Vorzeichens $p_n(x=0) = n_{n0} = N_D^+$. Demnach ist die Silizium-Oberfläche im Leitungstyp “invertiert”. Im Sinne der Abb. 6.1 lässt sich nun der Inversionskanal zwischen Source und Drain aufbauen. Der Einsatz der starken Inversion entspricht der **MOSFET-Schwellenspannung U_{TH}** (vgl. Abschnitt 7.2 auf S. 179). Die Abb. 6.5 gibt einen Überblick über einen Verlauf $Q_{SC}(\Psi_S)$ für φ_B bzw. $N_D = const$ gemäß Gl. (6.15).

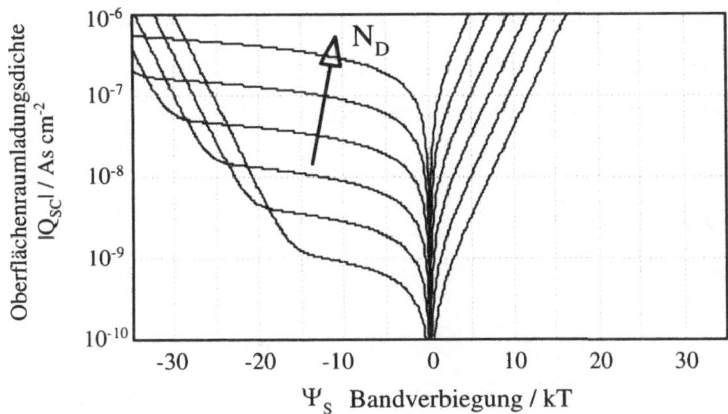

Abb. 6.5 Betrag der Dichte der Oberflächenladung Q_{SC} von n-leitendem Silizium unterschiedlicher Störstellendichte N_D (von unten nach oben: $10^{13}, 10^{14}, 10^{15}, 10^{17}, 10^{18}$ cm^{-3}; für $\Psi_S < 0$ gilt $Q_{SC} > 0$; für $\Psi_S > 0$ gilt $Q_{SC} < 0$)

Oberflächenladung Q_{SC} in einem MOS-Varaktor

Wird an einen *n*-MOS-Varaktor (unser Fall) eine Gatespannung U_G angelegt, so erfordert eine Ladung auf dem Gate des Varaktors eine Gegenladung im Halbleiter, die Oberflächenladung Q_{SC}. Die Oberflächenladung Q_{SC} wird durch die Gatespannung U_G moduliert und geht mit einer Bandverbiegung Ψ_S an der Halbleiteroberfläche einher. Unterschiedliche Ladungsarten bilden die Gegenladung im Halbleiter. Für einen *n*-MOS-Varaktor besteht diese Ladung im Falle der Akkumulation aus den Majoritätsträgern, den Elektronen, im Falle der Verarmung aus ortsfesten ionisierten Störstellen, den ionisierten Donatoren, im Falle der Inversion vorwiegend aus den Minoritätsträgern, den Löchern.

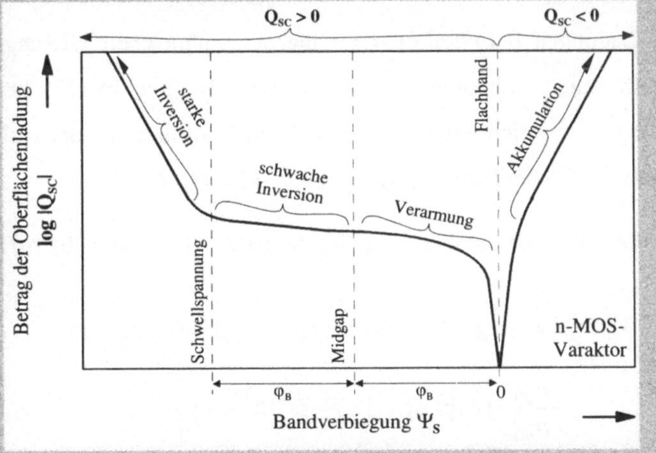

Besondere Merkmale der Funktion $Q_{SC}(\Psi_S)$ (s. Gl. (6.14) bzw. Gl. (6.15)) sind:

1. Exponentieller Anstieg über $\Psi_S/2$ im Bereich der Akkumulation und der starken Inversion,
2. Wurzelverlauf $\sim\sqrt{\Psi_S}$ im Bereich der Verarmung und der schwachen Inversion (vom Verhalten der Raumladungszone des *pn*-Überganges wohlbekannt).

Zum besseren physikalischen Verständnis der Gl. (6.14) und Gl. (6.18) soll folgende Zuordnung dienen, mit der Bandverbiegung $\Psi_S = \varphi_S - \varphi_B$:

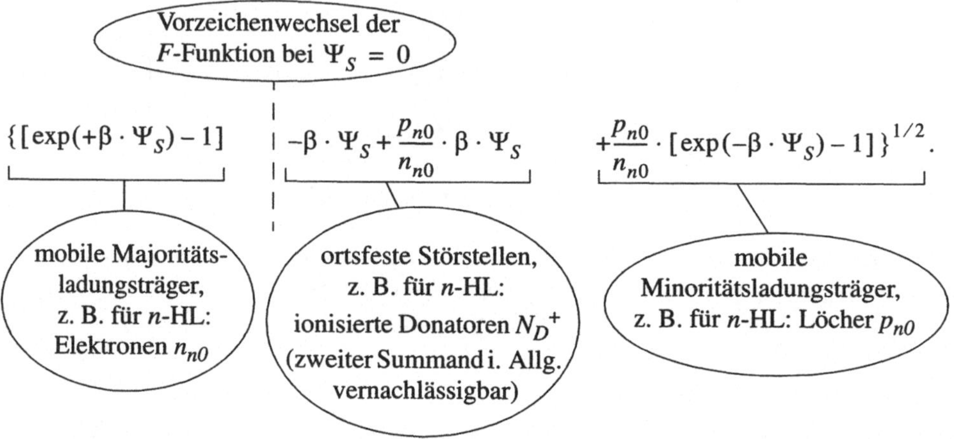

Alle Ladungen befinden sich im thermodynamischen **Gleichgewicht** $(n \cdot p = n_i^2)$, jedoch herrscht nicht unbedingt lokale **Neutralität** (nur im Flachband-Fall der Abb. 6.4b für $\Psi_S = 0$). Abweichungen von der lokalen Neutralität an der Halbleiteroberfläche zeigen sich in der Oberflächenladung $Q_{SC}(\Psi_S) > 0$ oder $Q_{SC}(\Psi_S) < 0$.

Der Vollständigkeit halber wird hier die ***F*(Ψ_S)-Funktion für *p*-Halbleiter** angegeben:

$$F(\Psi_S) = -sign(\Psi_S) \cdot \left\{[\exp(-\beta \cdot \Psi_S) + \beta \cdot \Psi_S - 1] + \frac{n_{p0}}{p_{p0}} \cdot [\exp(+\beta \cdot \Psi_S) - \beta \cdot \Psi_S - 1]\right\}^{1/2}, \tag{6.20}$$

wobei $\frac{n_{p0}}{p_{p0}} = \exp(+2 \cdot \beta \cdot \varphi_B) \ll 0$, weil $\varphi_B(\text{p-HL}) < 0$ gilt.

Debye-Länge, Raumladungszonenweite, Diffusionslänge und Relaxationszeit

In der Gl. (6.15) erkennt man deutlich die Flächendichte Q_{SC} der Oberflächenraumladung, deren Elementarausdehnung L_D durch die reziproke F-Funktion moduliert wird. Wo die Größe Q_{SC} die geringsten Werte annimmt (Umgebung $\Psi_S \approx 0$, Abb. 6.5), hat $L_D/F(\Psi_S)$ den höchsten Wert. Dort hat die Oberflächenraumladung auch die größte Ausdehnung. Das lässt sich auch im Sinne der Gl. (3.14) / Gl. (3.15) als geringster Wert einer Raumladungskapazität C_{RLZ} deuten, hier an der MOS-Oberfläche für einen "halben" pn-Übergang. In diesen Beziehungen beschreibt der Vorfaktor L_D die "Elementarlänge" einer Raumladung, die von mobilen Ladungsträgern (Elektronen, Löcher) allein gebildet wird. Wenn man dazu noch Anteile von ortsfesten Ladungsträgern (wie ionisierten Störstellen) zu berücksichtigen hat, weitet sich die Oberflächenraumladungszone auf und ist im Bereich der Verarmung beweglicher Ladungen (s. Abb. 6.4c sowie S. 150 über Q_{SC} und die F-Funktion) wie beim w_{RLZ}-Verlauf des abrupten pn-Überganges am Wurzel-(Spannung)-Gesetz zu erkennen.

Demnach sind die Anreicherungs- und Inversionsschichten durch die **Debye-Länge L_D** des Halbleitermaterials charakterisiert, und sie beschreibt dabei die Strecke, innerhalb derer die Dichte freier Ladungsträger auf den e-ten Teil absinkt. Im n-Material sind es bei Anreicherung die Elektronen, bei (starker) Inversion die Löcher, deren Ortsverlauf durch L_D charakterisiert wird. Man erkennt an Abb. 6.2b und Abb. 6.4f, dass im Falle der Starken Inversion der Bandverbiegung ($\psi_S < -2\varphi_B$) zwischen den Rändern der Starken Inversion an der Oberfläche und der Anreicherung im neutralen Volumen der breite Bereich der Verarmung der ionisierten Störstellen liegt. Dessen Breite wird durch die **Weite der Raumladungszone w_{RLZ}** beschrieben.

Zur Abgrenzung gegenüber der **Diffusionslänge L_p, L_n** (Gl. (4.5)): während wir bei L_D und w_{RLZ} immer von Raumladungen gesprochen haben, betrachtet man bei Diffusionsvorgängen (bei Niedriginjektion) stets neutrale Verteilungen von Elektronen-Löcher-Paaren, deren inhomogene Ortsverteilung sich ausgleicht. Die Strecke, innerhalb derer das Konzentrationsgefälle von Minoritäten auf den e-ten Teil absinkt, heißt Diffusionslänge. Dies kann man abschließend auch im Zeitverhalten ausdrücken: Der Diffusionslänge entspricht zeitlich die (Minoritäten-) **Lebensdauer** (Gl. (2.104)), während der Debye-Länge die **Relaxationszeit** $\tau_{rel} = \varepsilon_o \varepsilon_{Si}/\sigma$ (mit der spezifischen Leitfähigkeit σ) entspricht.

6.4 Der Potential- und Energiebänderverlauf eines MOS-Varaktors

Bislang ist ausschließlich das Potential an der Phasengrenze Halbleiter / Isolator φ_S gegenüber dem Halbleiterinneren oder der Potentialverlauf $\varphi(x)$ über der Raumladungsschicht erörtert worden. Weder φ_S noch $\varphi(x)$ sind unmittelbarer Messung zugänglich, weil durch sie lediglich lokale Potentialunterschiede in der Halbleiter-Raumladungsschicht bezeichnet werden. Direkt zugänglich ist die Gate-Spannung U_G, von der φ_S ein einzelner Anteil ist. Weitere Anteile entstehen durch die Aufeinanderfolge von Materialien (Metall / Isolator / Halbleiter) mit ihren verschiedenen Austrittsarbeiten Φ. Begriffe, wie die Vakuum-Energie W_{Vak}, die Austrittsarbeit Φ, die Elektronenaffinität χ, wurden bereits bei der Diskussion des Metall-Halbleiter-Überganges in Abschnitt 5 auf S. 123 eingeführt.

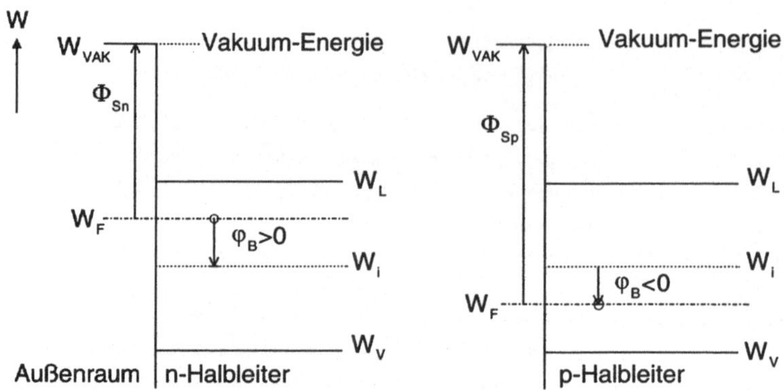

Abb. 6.6 Ideale Oberfläche eines n- und eines p-Halbleiters

6.4.1 Austrittsarbeit des Halbleiters

Wie auch beim idealen Metall-Halbleiter-Übergang betrachten wir zunächst bei MOS-Varaktoren eine ideale Oberfläche des Halbleiters im Energiebänder-Diagramm (Abb. 6.6).

Bei Verwendung der gleichen Definition für die Austrittsarbeit Φ_S der Halbleiter sollten sich *n*- und *p*-leitende Materialien charakteristisch unterscheiden (s. Abb. 6.6): $\Phi_{Sp} > \Phi_{Sn}$. Allgemein sollte Dotierungsabhängigkeit gelten $\Phi_S = f(\varphi_B)$. Diese Beschreibung unterscheidet sich von der entsprechenden Beschreibung Φ_M bei Metallen. Die Erklärung liegt zunächst einmal in der unterschiedlichen Dichte freier Ladungsträger bei Metall und Halbleiter.

Wie jedoch bereits in Abschnitt 5 (vgl. Abschnitt 5.3 auf S. 130) angedeutet, wird der Einfluss der Dotierung auf die Austrittsarbeit eines Halbleiters in der Realität von einem weiteren Effekt überlagert. Seit den klassischen Versuchen von Bardeen [Bar47] ist bekannt, dass die Austrittsarbeit eines Halbleiters viel stärker als durch Dotierungsstoffe durch die Materialien, mit denen seine Oberfläche im Kontakt steht (feste, flüssige oder gasförmige Substanzen), beeinflusst werden kann. Brattain und Bardeen [Bra53] stellten deshalb ein Modell auf, in dem durch den Kontakt mit Fremdstoffen an der Oberfläche (Phasengrenze) zusätzliche Energienniveaus im Bereich der verbotenen Zone erzeugt werden (entsprechend den Störstellen im Inneren des Halbleiters). Grundsätzlich können derartige "Oberflächen"- oder "Phasengrenz"-Zustände allein deshalb entstehen, weil die Periodizität des Halbleiterkristalles an der Oberfläche abbricht (**strukturelle Oberflächenzustände**) [Tam32]. Elektrisch den gleichen Effekt haben jedoch Fremdatome, die sich an der Oberfläche anlagern (**Verunreinigungs- Oberflächenzustände**). Beispielsweise wird ein adsorbiertes neutrales Sauerstoff-Atom die Neigung haben, ein Elektron recht fest zu binden, um so zum negativen

Ion zu werden. Als Atom der Gruppe VI des Periodensystems strebt es damit der Edelgaskonfiguration zu. Das bedeutet in der Sprache des Bändermodelles, dass an der Oberfläche des Halbleiters, lokalisiert am Ort des adsorbierten Atoms, ein neues, für Elektronen erlaubtes, aber zunächst unbesetztes Akzeptorniveau der Energie W_t im verbotenen Band entstanden ist (Abb. 6.7).

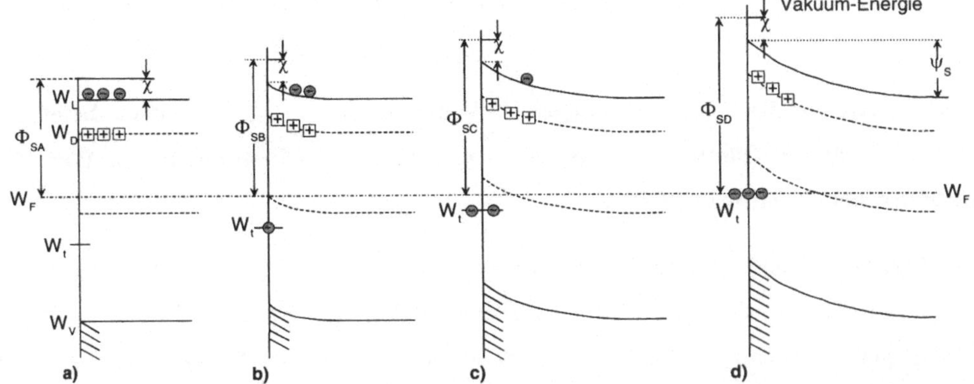

Abb. 6.7 Durch Einfang von Elektronen durch Phasengrenzzustände entsteht eine Bandverbiegung. Phasengrenzzustände werden z. B. durch adsorbierte Fremdatome (z. B. Sauerstoff O) gebildet, die sich im Kontakt mit dem Halbleiter umladen ($O^x + e^- \rightarrow O^-$ bei $W_t = W_F$). Eine hohe Dichte der Phasengrenzzustände bei dem Niveau W_t führt zum sogenannten "Pinning", dem "Festnageln" vom Fermi-Niveau W_F auf das Niveau W_t a) - c) zeigen die Bandverbiegung bei einer wachsenden Dichte adsorbierter Fremdatome und die damit verbundene Annäherung von W_F und W_t.

Auch für ein diskretes Energieniveau W_t bestimmt die Lage des Ferminiveaus, ob es (mit mehr als 50 % Wahrscheinlichkeit) ein Elektron festhält oder nicht. Liegt nun W_t zunächst energetisch unterhalb von W_F, so hält es als einzelner Akzeptor ein zusätzliches Elektron fest und verursacht damit die elektrostatische Abstoßung eines freien Elektrons von der Halbleiteroberfläche hinweg (Abb. 6.7). Damit entsteht eine, der Dichte der Akzeptor-Niveaus entsprechende Bandaufwölbung, einer positiven Ladung entsprechend. Durch die Bandaufwölbung wird W_t relativ zu W_F verschoben und als Folge ein weiterer Teil der Akzeptorniveaus negativ geladen (Abb. 6.7a - c). Die Bandaufwölbung (oder Bandverbiegung) steigt, bis die energetische Lage W_t mit W_F zusammenfällt (Abb. 6.7d). Bei weiterer Bandaufwölbung stiege W_t über W_F, und ein Teil der Oberflächen-Akzeptor-Zustände müßte das "eingefangene" (engl. trapped) Elektron wieder abgeben, mit der Folge eines Rückgangs der Bandaufwölbung. Insofern bezeichnet $W_t = W_F$

einen Gleichgewichtszustand, der sich stets dann einstellt, wenn beim dargestellten Energiebändermodell (*n*-HL: Akzeptorzustand bei $W_t < W_F$) eine hohe Dichte N_t von energetischen Oberflächenzuständen (hier: genügend hohe Dichte adsorbierter Sauerstoffatome) vorhanden ist. Die Festlegung der Fermienergie der Halbleiteroberfläche auf eine bestimmte Energielage bezeichnet man als "**pinning**" (engl. festnageln). Bardeen untersuchte seinerzeit Germanium-Kristalle im Kontakt mit unterschiedlichen Gasen. Er stellte fest:

Nicht die Art und Dichte der Störstellen im Volumen (N_A^- ; N_D^+), sondern diejenigen an der Oberfläche (Parameter Energie W_t und Dichte N_t) bestimmen den Wert der Austrittsarbeit Φ_S eines Halbleiters.

Die Ergebnisse sind vollständig übertragbar auf "innere" Oberflächen, sogenannte Phasengrenzen, wie sie ein Metall-Halbleiter-Kontakt (vgl. Abschnitt 5) und auch das MOS-System zwischen Silizium und dem Isolator (meist SiO_2) aufweist. Eine Verallgemeinerung ist allerdings hier notwendig: aus einem "diskreten" Energiezustand der Dichte $N_t(W_t)$ ("diskreter" Wert bei der Energie W_t) wird eine kontinuierliche energetische Verteilung von Phasengrenz-Zuständen $N_t(W)$, die sich über die gesamte Breite der verbotenen Zone $W_L > W > W_V$ erstrecken. Der energetische Ladungsschwerpunkt von $N_t(W)$ stellt dann die sich einstellende Bandaufwölbung Ψ_S ein. Diese Vorstellungen sind ebenfalls auf Schottky-Kontakte anwendbar (s. Abschnitt 5.3 auf S. 130). Bevor auf das MOS-System eingegangen wird, hier noch einmal die Unterscheidung von Austrittsarbeit Φ_S und Elektronenaffinität χ_S beim Halbleiter: in Φ_S steckt der Einfluss der Bandaufwölbung Ψ_S aufgrund der Raumladung in der Halbleiteroberfläche, die u. a. auf Phasengrenz-Zustände zurückgeht (s. Abb. 6.7). Das betrachtete Elektron muss aus dem Halbleiterinneren durch die Raumladungszone hindurch an die Halbleiteroberfläche gebracht werden und diese verlassen. Bei χ_S befindet sich das betrachtete Elektron bereits an der Halbleiteroberfläche, und es wird lediglich der Energieanteil zwischen Oberfläche und Vakuum-Energie berechnet. Während Φ_S sich infolge der Dichte der Oberflächenzustände $N_t(W)$ ändert, bleibt χ_S unverändert (s. Abb. 6.7).

6.4.2 Spannungsumlauf um das MOS-System

Für einen vollständigen Spannungsumlauf um das MOS-System wird ein konkretes Beispiel ins Auge gefasst (Abb. 6.8). Es handelt sich um einen MOS-Varaktor mit Rückkontakt (Schichtenfolge Al / SiO_2 / Si / Al) verbunden mit einer Spannungsquelle. Durch die

Spannungsquelle entsteht die Differenz der Fermi-Energien $-q \cdot U_G$, die über der Probe als Spannung abfällt. Wie Abb. 6.8 zeigt, treten dabei im Probeninneren Teilspannungen auf, wie die Spannung über dem Gateoxid U_{OX}, die Bandverbiegung Ψ_S und die Differenz von Austrittsarbeiten. Welche Materialien an der Differenz von Austrittsarbeiten beteiligt sind, zeigt der (virtuelle) Weg eines Elektrons durch die Probe (**Methode des Kreisprozesses**). Abb. 6.8 zeigt vorzeichenmäßig korrekt die zu verrechnenden Energiedifferenzen. Zugunsten einer allgemeinen Darstellung benutzen wir im Folgenden die Indices *M* (metal), *I* (insulator) und *S* (semiconductor) statt Al, SiO_2 und Si.

Das Elektron verlässt die Kathode der Spannungsquelle auf dem Niveau W_F, das gegenüber dem Gleichgewichtsniveau W_{F0} um $-q \cdot U_G$ angehoben ist. Von dem Niveau W_F im Al-Kontakt muss das Elektron an der Phasengrenze zum Isolator SiO_2 ins Leitungsband W_{LI} des Isolators gelangen, weil die Oxiddicke von z. B. 10nm nicht durchtunnelt werden kann. Für diesen Potentialsprung definieren wir eine Hilfsgröße $\Phi_{M0} = \Phi_M - \chi_I$. Das Elektron verliert über dem Oxid die Energie $-q \cdot U_{OX}$. Unmittelbar beim Eintritt in den Halbleiter verliert es weitere Energie, für deren Potentialäquivalent wir als Hilfsgröße eine modifizierte Elektronenaffinität $\chi_{S0} = \chi_S - \chi_I$ einführen. In der Oberflächenraumladungsschicht verliert es weitere Energie $-q \cdot \Psi_S$. Es bleibt energetisch im Leitungsband des Siliziums bis zum Übergang auf das Fermi-Niveau des Aluminiums, das dem Gleichgewichts-Niveau W_{F0} entspricht. Dabei verliert das Elektron $\frac{W_g}{2} - q \cdot \varphi_B$, wobei W_g dem Bandabstand von Silizium entspricht. Man hat hier Vorkehrungen zu treffen, dass ein Ohmscher Kontakt entsteht, den das Elektron wiederum durchtunneln kann (hohe Dotierung des Halbleiters am Kontakt erzeugt hohe Ladungsträgerdichte, wodurch der Potentialwall wiederum schmal wird (s. Abb. 5.4)). Schließlich erreicht das Elektron die Anode der Batterie.

Für die Energiebilanz des Elektrons gilt nach dieser Betrachtung

$$-q \cdot U_G + \Phi_{M0} = -q \cdot U_{OX} + \chi_{S0} - q \cdot \Psi_S + \frac{W_g}{2} - q \cdot \varphi_B . \tag{6.21}$$

Daraus folgt, dass die Gatespannung U_G in Form einer Spannung über dem Gateoxid U_{OX}, der Bandverbiegung Ψ_S über dem Halbleiter und der Differenz der Austrittsarbeiten zwischen Halbleiter und Metall Φ_{MS} über der Probe abfällt

$$U_G = U_{OX} + \Psi_S + \frac{1}{q} \cdot \left[\Phi_{M0} - \left(\chi_{S0} + \frac{W_g}{2} - q \cdot \varphi_B\right)\right] = U_{OX} + \Psi_S + \frac{1}{q} \cdot \Phi_{MS}, \tag{6.22}$$

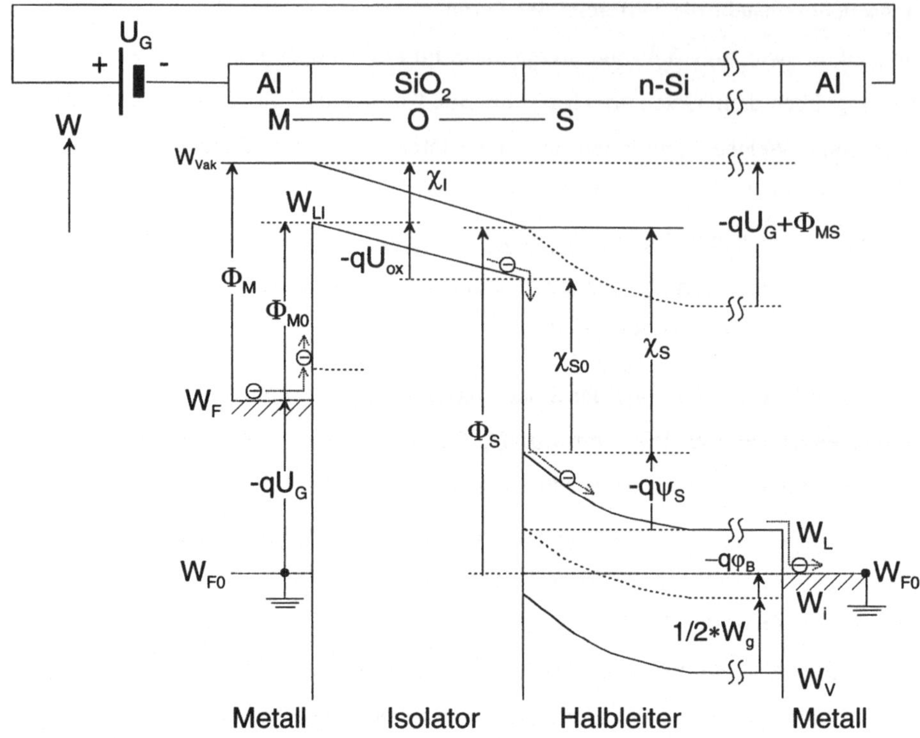

Abb. 6.8 Vollständiger Spannungsumlauf um das MOS-System

wobei für die Austrittsarbeitsdifferenz Φ_{MS} gilt

$$\Phi_{MS} = \Phi_{M0} - \left(\chi_{S0} + \frac{W_g}{2} - q \cdot \varphi_B\right). \tag{6.23}$$

Weiterhin ist zu bemerken, dass es genau genommen nicht ganz korrekt ist, Φ_{MS} Differenz der Austrittsarbeiten zu nennen, die eigentlich als $\Phi^*_{MS} = \Phi_M - \Phi_S$ zu definieren wäre. Denn nach Gl. (6.23) mit der Definition der Hilfsgrößen $\Phi_{M0} = \Phi_M - \chi_I$ und $\chi_{S0} = \chi_S - \chi_I$ gilt

$$\Phi_{MS} = \Phi_M - \chi_I - \left(\chi_S - \chi_I + \frac{W_g}{2} - q \cdot \varphi_B\right) = \Phi_M - (\Phi_S + q \cdot \Psi_S). \tag{6.24}$$

Mit $\Phi_S = \chi_S - q \cdot \Psi_S + \frac{W_g}{2} - q \cdot \varphi_B$ bedeutet dies, dass die Bandverbiegung Ψ_S in der Definition von Φ_{MS} nicht berücksichtigt wird. Trotzdem ist die gebräuchliche Definition von Φ_{MS} ohne Ψ_S sehr nützlich, weil in Φ_{MS} nur Größen enthalten sind, die nicht von Phasengrenzeigenschaften abhängen. Diese sind in der Bandverbiegung Ψ_S mitenthalten!

In Gl. (6.24) erkennt man auch, dass tatsächlich keine Materialgrößen des Isolators in das Ergebnis eingehen: Die Elektronenaffinität des Isolators χ_I an der Al-Seite und an der Si-Seite heben sich auf, wie bei einer galvanischen Kette mehrerer in Reihe geschalteter Elektroden unterschiedlichen Materials. Man betrachte nochmal die Abb. 6.2e im Vergleich zu Abb. 6.8: Hier finden die zunächst pauschal für Austrittsarbeitsdifferenzen eingeführten Größen ihre Entsprechung $\Delta\Phi_{Al/SiO_2} = \Phi_{M0}$ und $\Delta\Phi_{SiO_2/Si} = \chi_{S0}$. Im übrigen ist im Isolator SiO_2 die Lage der Fermi-Energie undefiniert aus Mangel an freien Elektronen.

6.4.3 Bändermodell für ein Silicon-Gate-System

Bislang wurden stets Systeme Metall-Isolator-Halbleiter diskutiert, bei denen ein Metall wie Aluminium im Mittelpunkt stand. Ein sehr wichtiges System für viele Anwendungen ist das sogenannte **Silicon-Gate-System**, bei dem das Gate-Metall durch **entartet-dotiertes** polykristallines Silizium ("polySi") ersetzt ist (vgl. Abschnitt 1.14 auf S. 33 und Abschnitt 1.16 auf S. 35).

Auf das Gate-poly-Si folgt mindestens ein weiteres Metall (Metall 2 in Abb. 6.9 ganz links). Entartet-hochdotiertes Silizium kann als *n*-poly-Si oder *p*-poly-Si vorliegen. Das Fermi-Niveau liegt jeweils im Leitungs- oder Valenzband. Bei CMOS-Bauelementen ist es wichtig, wohldefinierte Anreicherungsbauelemente beim komplementären Aufbau zu verwenden, nämlich mit U_{TH}(*n*-MOSFET) > 0 und U_{TH}(*p*-MOSFET) < 0 (s. Abb. 7.6). Beim

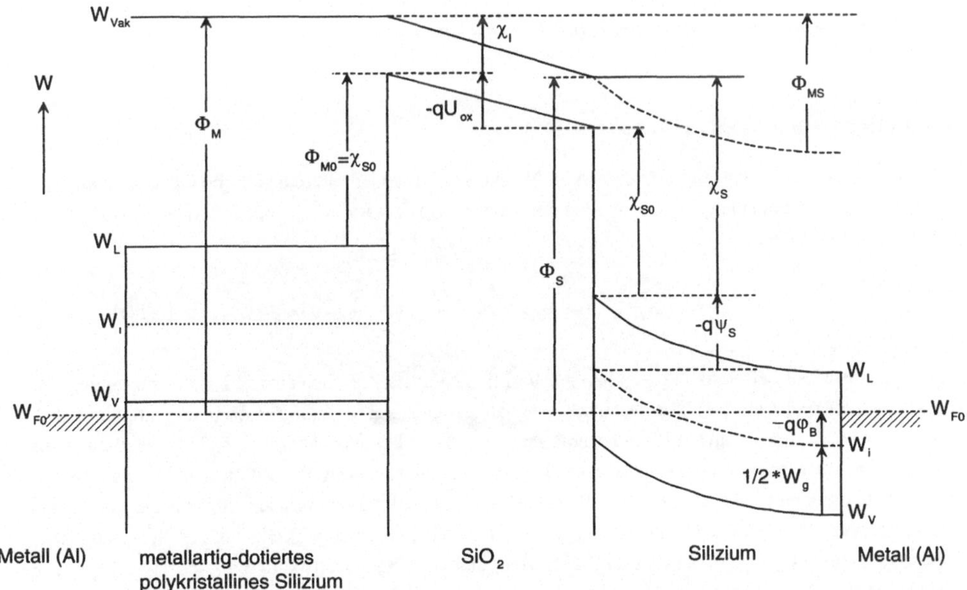

Abb. 6.9 Energiebänder des Silicon-Gate-MOS-Systems p^+-poly-Si / SiO_2 / n-Si und Metall bei $U_G = 0$ für einen p-Kanal-MOS-Transistor (p-MOSFET), wie in Abb. 6.1.

Silicon-Gate-Prozess lassen sich die U_{TH}-Werte sicher einstellen beiderseits vom Nullpunkt. Die erwünschten CMOS-Werte für Φ_{MS} entstehen nur, wenn Gate und Substrat **entgegengesetzt** dotiert werden, also in den Kombinationen *n*-poly-Si / *p*-Si oder *p*-poly-Si / *n*-Si.

Schließlich sollen Zahlenwerte für $\Phi_{MS}(\varphi_B)$ angegeben werden. Mit den Werten nach [Goe73] aus Tab. 6.1 (siehe dazu auch Abb. 6.9) und $\chi_I = 0{,}9\text{eV}$ sowie $W_g/2 = 0{,}56eV$ für Silizium bei $T = 300\,\text{K}$ ergibt sich das Diagramm Abb. 6.10. Es ergeben sich die Austrittsarbeitsdifferenzen bei Eigenleitung in Tab. 6.2, deren Verläufe $\pm 0{,}059\text{V}$ / Dekade (d. h. $U_T \cdot \ln(10)/$ Dekade) ansteigen.

$\chi_{S0}(\text{Si})$	$\Phi_{M0}(\text{Al})$	$\Phi_{M0}(\text{Au})$	$\Phi_{M0}(\text{poly-Si})$
3,25 eV	3,20 eV	4,1 eV	(3,25+1,12) eV p-poly (3,25+0) eV n-poly

Tab. 6.1 Hilfsgrößen zur Bestimmung einiger Austrittsarbeitsdifferenzen [Goe73] (vgl. Abb. 6.9)

$\Phi_{\text{Al/Si}}(n_i)$	$\Phi_{\text{Au/Si}}(n_i)$	$\Phi_{\text{polySi/Si}}(n_i)$
$-0{,}6eV$	$+0{,}3eV$	$\pm 0eV$

Tab. 6.2 Austrittsarbeitsdifferenzen bei Eigenleitung

Potentialgrößen am MOS-Varaktor

Wie aus einem Spannungsumlauf beim MOS-Varaktor zu erkennen ist, teilt sich die Gatespannung U_G in folgende Komponenten auf: eine Spannung über dem Isolator U_{OX}, ein Potentialäquivalent der Austrittsarbeitsdifferenz $\frac{1}{q} \cdot \Phi_{MS}$ und eine Bandverbiegung Ψ_S:

$$U_G = U_{OX} + \Psi_S + \frac{1}{q} \cdot \Phi_{MS} \qquad \text{mit } \Phi_{MS} = \Phi_M - \left(\chi_S + \frac{1}{2} \cdot W_g - q \cdot \varphi_B\right) \text{ (vgl. Gl. (6.24))}.$$

Die Austrittsarbeitsdifferenz Φ_{MS} enthält nur wirkliche Konstanten, also nicht die Bandverbiegung Ψ_S (vgl. Abb. 6.8 und Abb. 6.9): von Φ_S wird $-q\Psi_S$ abgezogen, weil es zunächst darin enthalten ist.
Als Nicht-Idealität sind Phasengrenzzustände zu berücksichtigen, die zusätzlich zur Dotierungskonzentration die Austrittsarbeit Φ_S eines Halbleiters bestimmen. Phasengrenzzustände mit einem Energieniveau W_t ziehen das Ferminiveau des Halbleiters an der Oberfläche auf dieses Energieniveau W_t ("pinning") und erzeugen dadurch bereits ohne jegliche äußere Spannung eine Bandverbiegung (vgl. Abb. 6.7). Diese Bandverbiegung, als Charakteristikum des konkret vorliegenden Halbleitermaterials, ist dann in obiger Gleichung mitberücksichtigt.

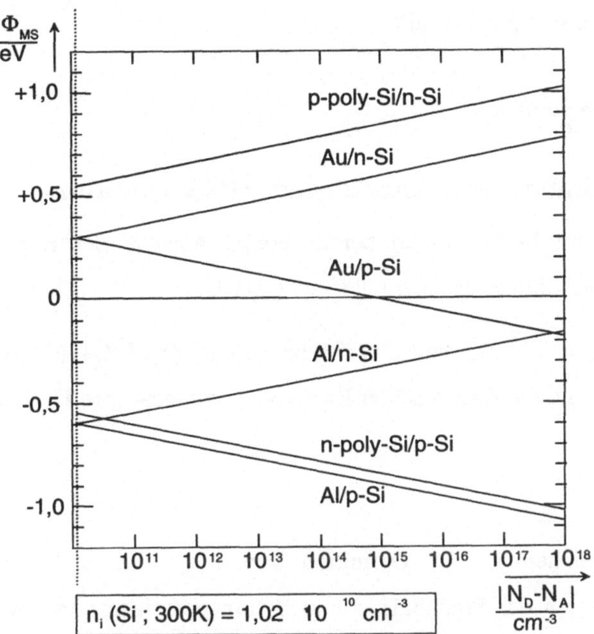

Abb. 6.10 Austrittsarbeitsdifferenz Φ_{MS} für die Metalle Gold (Au) und Aluminium (Al), sowie für entartet hochdotiertes poly-Si (Silicon-Gate) gegenüber n- bzw. p-Si-Substrat unterschiedlicher Dotierungskonzentration.

6.4.4 Berücksichtigung von Phasengrenzzuständen

Bisher wurde lediglich der ideale MOS-Varaktor ohne Phasengrenzzustände betrachtet. Um den Unterschied zwischen einem idealen MOS-Varaktor ohne Phasengrenzzustände und einem MOS-Varaktor mit Phasengrenzzuständen zu verdeutlichen, bietet es sich an, den Flachbandfall zu betrachten. Im Flachbandfall liegt am MOS-Varaktor die **Flachband-Spannung U_{FB}** an, die als Gate-Spannung U_G definiert ist, welche die Bandverbiegung $\Psi_S = 0$ bewirkt. Mit Gl. (6.22) ergibt sich

$$U_{FB} = U_G(\Psi_S = 0) = U_{OX}(\Psi_S = 0) + \frac{1}{q} \cdot \Phi_{MS} \text{ wegen } Q_{SC}(\Psi_S = 0) = 0 . \tag{6.25}$$

Im **idealen** Fall (**keine Phasengrenzzustände**) gilt $U_{OX}(\Psi_S = 0) = 0$ (s. auch Gl. (6.56)), so dass man schreiben kann

$$U_{FB}^{\text{ideal}} = \frac{1}{q} \cdot \Phi_{MS} . \tag{6.26}$$

Im **realen** Fall (**mit Phasengrenzzuständen**) enthält $U_{OX}(\Psi_S = 0)$ den Anteil der Phasengrenzzustände, so dass dann gilt

$$U_{FB}^{\text{real}} = U_{OX} + \frac{1}{q} \cdot \Phi_{MS}. \tag{6.27}$$

6.5 Der Kapazitätsverlauf eines idealen MOS-Varaktors

Im Abschnitt 3.2.1 auf S. 98 wurden bereits einige Aspekte der Kapazität eines MOS-Varaktors erörtert. Sie soll hier genauer untersucht werden.

Bandverbiegung $\Psi_S = \varphi_S - \varphi_B$ und Oberflächenladung $Q_{SC}(\Psi_S)$ (Gl. (6.15)) beschreiben gemeinsam die differentielle Kapazität der Raumladungsschicht (pro Fläche, deshalb C')

$$C'_{SC} \equiv -\frac{dQ_{SC}}{d\Psi_S}. \tag{6.28}$$

Das negative Vorzeichen in der Definition von C'_{SC} (Gl. (6.28)) berücksichtigt die eingeführten Richtungen der Potentiale φ und Ψ, um gemeinsam mit einer positiven oder negativen Ladungsänderung eine per definitionem positive Kapazität zu liefern. Beispielsweise bedeutet $d\Psi_S > 0$ eine Band-Abbiegung mit $dQ_{SC} < 0$ (Abb. 6.4a), so dass beide Vorzeichen in der Definition Gl. (6.28) eine positive differentielle Kapazität bilden

Def. differentielle und statische Kapazität

Eine **differentielle** Kapazität C_{diff} beschreibt die (differentiell-kleine) Änderung einer Ladung aufgrund einer entsprechenden Spannungsänderung, im Gegensatz zur **statischen** Kapazität C_{stat}, die den Quotienten von Gesamt-Ladung und Gesamt-Spannung beschreibt. Nur wenn $Q(U)$ einen linearen Zusammenhang darstellt, sind C_{diff} und C_{stat} (bis auf Konstanten) gleich. Insofern werden differentielle Kapazitäten immer dann verwendet, wenn Q und U nicht-linear zusammenhängen. In der Physik der Halbleiter ist dies meist der Fall (Beispiel: Raumladungs-Kapazität beim *pn*-Übergang (s. Abschnitt 3.2.2 auf S. 101)).

Def. Kleinsignal-Kapazität

Andererseits entspricht eine differentielle Kapazität der **Kleinsignal-Kapazität** $C_{\sim}$ an einem Arbeitspunkt U_0, in dessen Umgebung für eine Kleinsignal-Aussteuerung ΔU eine Linearisierung ΔQ beim Wert Q_0 vorgenommen wird, um den Wert $Q(U_0 \pm \Delta U)$ darzustellen:

$$Q(U_0 \pm \Delta U) = Q_0 \pm \left(\frac{\Delta Q}{\Delta U}\right)\bigg|_{U_0} \cdot \Delta U \quad \text{für } U_0 >> \Delta U$$

Entsprechend erklärt sich der Ausdruck "statische" Kapazität als Gegensatz zur Kleinsignal-Kapazität $C_{\sim}$, die "dynamisch" gemessen wird.

$$C'_{SC} = -\frac{dQ_{SC}}{d\Psi_S} = -\frac{\sqrt{2}\cdot\varepsilon_{Si}\cdot\varepsilon_0}{\beta}\cdot\frac{1}{L_D(\varphi_B)}\cdot\frac{dF(\Psi_S)}{d\Psi_S}. \tag{6.29}$$

Bei der Differentiation ist zu beachten, dass innerhalb der $F(\Psi_S)$-Funktion die $sign(\Psi_S)$-Funktion steht (Gl. (6.19)). Bei Differentiation der $F(\Psi_S)$-Funktion nach der Produktregel ist ein Summand mit dem Faktor $\frac{d}{d\Psi_S}sign(\Psi_S)$ vorhanden. Bis auf den Wert $\Psi_S = 0$ (Flachband) ist die Ableitung der *sign*-Funktion stets gleich null, für $\Psi_S = 0$ ergibt sich für die Ableitung der Wert $= \infty$ durch den Sprung von $sign(\Psi_S < 0) = -1$ auf den Wert $sign(\Psi_S > 0) = +1$. Die Flachbandkapazität muss daher auf andere Weise ermittelt werden.

Man erhält nach Differentiation für die Raumladungskapazität im *n*-MOS-Varaktor

$$C'_{SC}(\Psi_S) = -\frac{\varepsilon_{Si}\cdot\varepsilon_0}{L_D\cdot\sqrt{2}}\cdot\frac{[\exp(\beta\cdot\Psi_S)-1]-(p_{n0}/n_{n0})\cdot[\exp(-\beta\cdot\Psi_S)-1]}{F(\Psi_S)} \tag{6.30}$$

mit der Debye-Länge $L_D = \left(\frac{\varepsilon_{Si}\cdot\varepsilon_0}{\beta\cdot q\cdot|N_D-N_A|}\right)^{1/2} = L_{Di}\cdot\exp\left(-\frac{1}{2}\cdot\beta\cdot\varphi_B\right)$.

Physikalisch ist dieser Ausdruck als Kapazität eines Plattenkondensators zu deuten, bei dem der Plattenabstand L_D bzw. L_{Di} durch eine Funktion von Ψ_S gewichtet wird.

Unter Verwendung von $(p_{n0}/n_{n0}) = \exp(-2\cdot\beta\cdot\varphi_B)$, Reihenentwicklung bis zum quadratischen Glied mit anschließendem Grenzübergang $\Psi_S \to 0$ erhält man bei Berücksichtigung von $\exp(-2\cdot\beta\cdot\varphi_B) \ll 1$ für die **Flachbandkapazität**:

$$C'_{SC}(\varphi_B;\varphi_S = \varphi_B) \equiv C'_{FB}(\varphi_B) = \frac{\varepsilon_{Si}\cdot\varepsilon_0}{L_D}. \tag{6.31}$$

Die **Gesamtkapazität des idealen MOS-Varaktors** C'_{ges} besteht aus der Kondensator-Kapazität C'_{OX} und der Raumladungskapazität C'_{SC}. Spannungsänderungen dU verursachen Ladungsänderungen dQ; beide begründen eine differentielle Gesamtkapazität C'_{ges}.

Auf der Gateelektrode ändert sich die Ladungsdichte dQ_{ges} aufgrund einer Spannungsänderung dU_G. Daraufhin ändert sich die Ladungsdichte in der Halbleiterraumladung (als Gegenladung!) um $-dQ_{SC}$ aufgrund der Spannungsänderung dU_{OX} und $d\Psi_S$ (s. Gl. (6.22))

$$dQ_{ges} + dQ_{SC} = 0, \tag{6.32}$$

$$dU_G = d\Psi_S + dU_{OX}. \tag{6.33}$$

Mit den Definitionen

$$C'_{ges} = \frac{dQ_{ges}}{dU_G} \tag{6.34}$$

sowie

$$C'_{OX} = \frac{dQ_{ges}}{dU_{OX}} \tag{6.35}$$

ergibt sich mit Gl. (6.32)

$$\frac{dU_G}{dQ_{ges}} = \frac{dU_{OX}}{dQ_{ges}} - \frac{d\Psi_S}{dQ_{SC}},$$

$$\frac{1}{C'_{ges}} = \frac{1}{C'_{OX}} + \frac{1}{C'_{SC}}, \tag{6.36}$$

$$C'_{ges} = C'_{OX} \cdot \frac{C'_{SC}}{C'_{OX} + C'_{SC}}. \tag{6.37}$$

Gl. (6.36) weist auf ein Serien-Ersatzschaltbild hin (Abb. 6.11, vgl. auch Abb. 3.11).

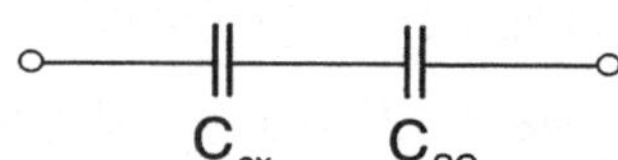

Abb. 6.11 MOS-Ersatzschaltbild (ohne Phasengrenzzustände)

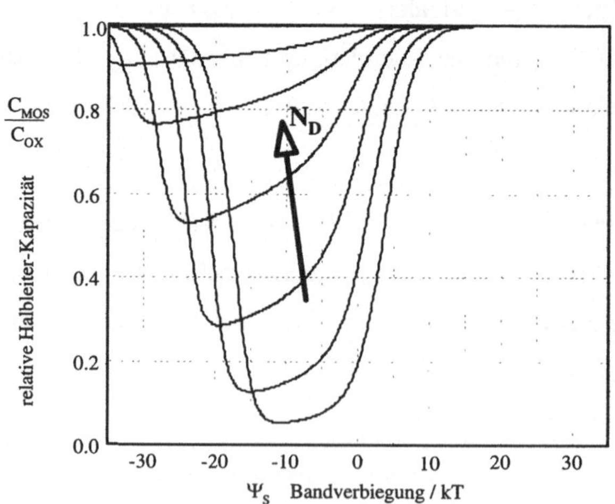

Abb. 6.12 Normierte MOS-Kapazität als Funktion der Bandverbiegung Ψ_S für verschiedene Dotierungen N_D (siehe dazu Abb. 6.5)

Die Gesamtkapazität C'_{ges} wird durch C'_{SC} zu einer stark nichtlinearen Kapazität. C'_{OX} kann neben der Definition Gl. (6.35) auch über die Plattenkondensatorgleichung beschrieben werden

$$C'_{OX} = \varepsilon_I \cdot \varepsilon_0 \cdot \frac{1}{d_I} \tag{6.38}$$

mit der relativen Dielektrizitätskonstante ε_I und der Dicke d_I des Isolators.

Infolgedessen ist C'_{OX} nicht von der Spannung U_G (bzw. von U_{OX} und Ψ_S) abhängig und es gilt

$$C'_{OX} = \frac{dQ_{ges}}{dU_{OX}} = \frac{Q_{ges}}{U_{OX}}. \tag{6.39}$$

Mit Hilfe der Gesamtkapazität C'_{ges}, kann man nun die Modellbeschreibung des MOS-Varaktors abschließen. Am Beispiel von *n*-Silizium-Varaktoren seien die Ergebnisse und Zuordnungen dargestellt für die ideale Beschreibung $C'_{ges}(U_G)$ für $\Phi_{MS} \neq 0$, aber ohne Phasengrenzzustände, ausgehend von Gl. (6.22)

$$U_G = \Psi_S + U_{OX} + \frac{1}{q} \cdot \Phi_{MS}, \tag{6.40}$$

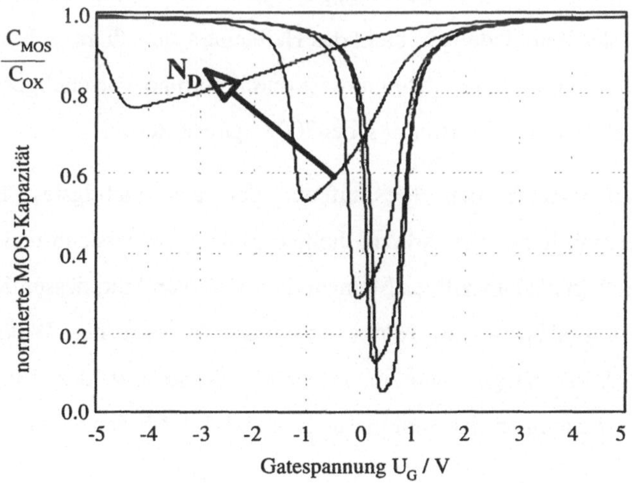

Abb. 6.13 Zuordnung der MOS-Parameter in idealisierter Beschreibung: normierte MOS-Kapazität als Funktion der Gatespannung ($\Phi_{MS} \neq 0$; $OZ = 0$) für n-Silizium / Silizium-Gate (d. h. Gate aus entartetem p-Si; Dotierungen N_D / cm^{-3}: 10^{13}, 10^{14}, 10^{15}, 10^{16}, 10^{17}).

$$dU_G = d\Psi_S + dU_{OX} \; ; \; d\Phi_{MS} \equiv 0 \,, \text{ da } \Phi_{MS} = \text{const} \,,$$

$$Q_{ges} = -Q_{SC} \,,$$

$$dQ_{ges} = -dQ_{SC} \,.$$

Im Fall der Abb. 6.13 wird das System Silicon Gate (*p*-Si entartet) / *n*-Silizium beschrieben. Die Werte für Φ_{MS} wurden Abb. 6.10 entnommen.

6.6 Die reale Halbleiteroberfläche, Messgrößen und Messmethoden

Dieses Kapitel untersucht, inwieweit das Modell des "idealen" MOS-Varaktors zur Beschreibung von Experimenten herangezogen werden kann. Dabei zeigt sich die Notwendigkeit, umladbare Phasengrenzzustände und Oberflächenladung neben der Differenz der Austrittsarbeiten von Gate-Material und Halbleiter-Substrat in die gewonnenen Kapazitätsbeziehungen einzuführen, um Übereinstimmung von Experiment und Modell zu erzielen. Mit Hilfe dieser Ergebnisse kann dann auch das Problem der Schwellenspannung von MOS-Transistoren gelöst werden.

6.6.1 *C*(*U*)-Grundversuch und Auswertung

Als Grundversuch wird die sogenannte "Quasi-statische MOS-*C*(*U*)-Technik" benutzt (z. B. [Kuh70]). Dabei wird der MOS-Verschiebungsstrom als Funktion einer zeitproportionalen Spannung $U_G(t) = U_{G0} \pm \alpha \cdot t$ ("lineare Rampe") gemessen. "Quasi-statisch" weist darauf hin, dass im Bereich der Raumladungsschicht des Halbleiters stets thermisches Gleichgewicht $p \cdot n = n_i^2$ eingehalten wird. Diese Bedingung ist durch geringe Vorschubgeschwindigkeiten der Spannung (z. B. $dU/dt = \alpha \approx 10mV/s$ bei 300K) gewährleistet.

Abb. 6.14 zeigt schematisch den Messaufbau, der als wichtigstes Element einen Operationsverstärker (mit hoher Verstärkung, hohem Eingangswiderstand und geringer Drift) enthält. Am Eingang liegt als kapazitives Element der MOS-Varaktor, dessen Kapazität *C* von der Gatespannung U_G abhängt, im Rückkopplungszweig liegt der Widerstand *R*. Die Ausgangsspannung $U_1(t)$ hängt dann in folgender Weise mit der Eingangsspannung $U_{G0}(t) = U_0 \pm \alpha \cdot t$ zusammen (im Summierungspunkt *S* gilt für den Strom $i = 0$)

$$U_1(t) = -R \cdot C(t) \cdot \frac{dU_G(t)}{dt} = \mp\alpha \cdot R \cdot C(t) \,. \tag{6.41}$$

Gleichzeitige Aufzeichnung der Spannungen $U_1(t)$ auf der *y*-Achse sowie $U_G(t)$ auf *x*-Achse eines *xy*-Schreibers ergibt somit bei Kenntnis von α und *R* die MOS-Kapazität als Funktion der

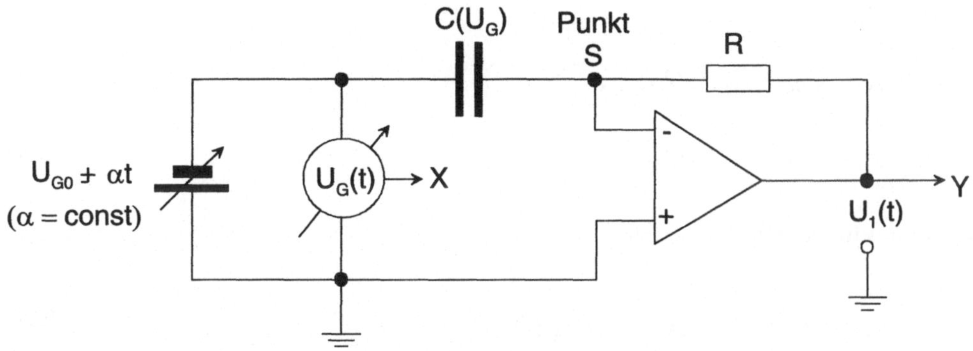

Abb. 6.14 Messaufbau für die quasi-statische MOS-C(U) -Technik; Messobjekt ist der MOS-Varaktor $C(U_G)$. Die Eingangsspannung ist eine "lineare Rampe" $U_G(t) = U_{G0} \pm \alpha \cdot t$ mit $\alpha = const.$

Gatespannung oder kurz "*C*(*U*)-Verläufe". Wegen des "Dreiecks" der Spannung wechselt α das Vorzeichen und mit α das Spannungssignal $U_1(t)$. Die Abb. 6.15 zeigt eine Aufzeichnung einer Originalmessung für beide Spannungsrichtungen.

Die Unterschiede von experimenteller und idealer Kurve in Abb. 6.15 sind die folgenden: Die *C*(*U*)-Kurve ist verflacht und verbreitert gegenüber dem idealen Verlauf und auf der *U*-Achse in negativer Richtung verschoben. **Abflachung** und **Verbreiterung** sind auf die Mitwirkung einer bislang unbeschriebenen Kapazität, die beobachtete **Verschiebung** auf die Mitwirkung einer bislang unbekannten (positiven) Ladung zurückzuführen. Beide Effekte sind unabhängig voneinander und deshalb durch voneinander unabhängige Größen zu beschreiben:

1. durch die Umladungskapazität der energetischen Phasengrenzzustände C'_{SS} (Index *SS* für engl. surface states)

$$C'_{SS} = -\frac{dQ_{SS}}{d\Psi_S} = q \cdot D_{it}, \tag{6.42}$$

wobei $D_{it}(\Psi_S)$ der bandverbiegungsabhängigen Flächen- und Energiedichte der Phasengrenzzustände (engl. interface traps) in eV^{-1} cm^{-2} entspricht.

2. durch die **Dichte der Oxidschichtladung** Q_{OX}, die für alle Bandverbiegungen konstant ist,

$$Q_{OX} = +q \cdot N_{OX} > 0, \tag{6.43}$$

mit der Flächendichte der Oxidschichtladung $N_{OX} \neq f(\Psi_S)$ in cm^2.

Die Bilanzgleichungen für die Beträge der Ladungen und für die Potentiale Gl. (6.22) des MOS-Systems lauten nun

$$-Q_{ges} = Q_{SC} + Q_{SS} + Q_{OX}, \tag{6.44}$$

$$U_G = \Psi_S + U_{OX} + \frac{1}{q} \cdot \Phi_{MS}. \tag{6.45}$$

Es gilt für differentielle Änderungen

$$-dQ_{ges} = dQ_{SC} + dQ_{SS}, \text{ da } dQ_{OX} \equiv 0, \tag{6.46}$$

$$dU_G = d\Psi_S + dU_{OX}, \text{ da } d\Phi_{MS} \equiv 0. \tag{6.47}$$

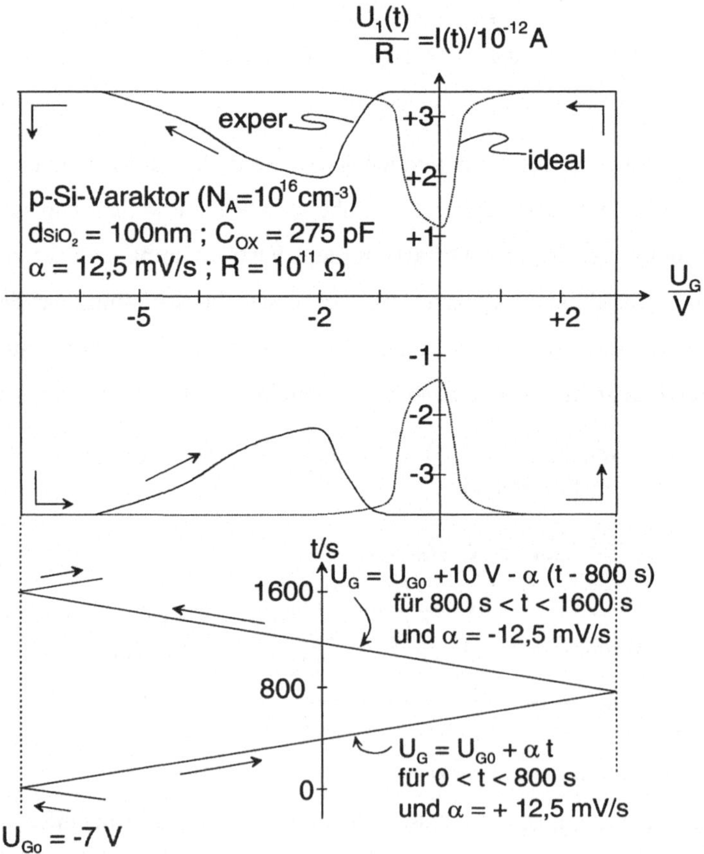

Abb. 6.15 Vergleich von experimentellem und idealem C(U)-Verlauf, darunter die lineare Rampe

Daraus ergibt sich durch Quotienten-Bildung der Ausdruck:

$$\frac{dU_G}{dQ_{ges}} = \frac{dU_{OX}}{dQ_{ges}} - \frac{d\Psi_S}{dQ_{SC} + dQ_{SS}}, \tag{6.48}$$

der zu Kapazitätswerten und dem neuen Ersatzschaltbild führt:

$$\frac{1}{C'_{ges}(U)} = \frac{1}{C'_{OX}} + \frac{1}{C'_{SC}(\Psi_S) + C'_{SS}(\Psi_S)}. \tag{6.49}$$

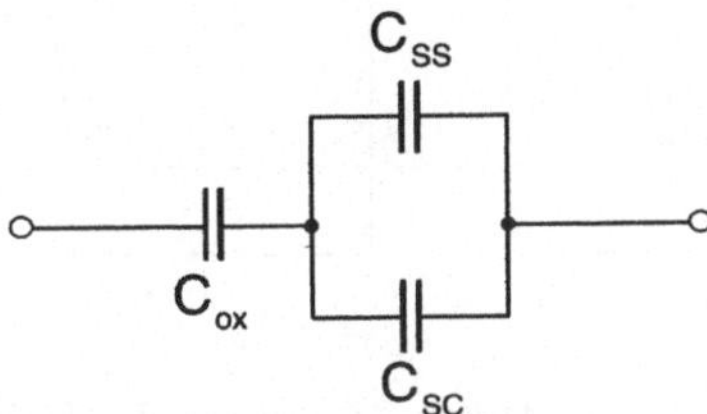

Abb. 6.16 Ersatzschaltbild der MOS-Oberfläche mit umladbaren Phasengrenzzuständen

Die unbekannte Dichte der Phasengrenzzustände $D_{it}(\Psi_S)$ errechnet man aus Gl. (6.42) bei Kenntnis idealer Verläufe $C'_{SC}(\Psi_S)$ sowie des Wertes von C'_{OX}

$$D_{it}(\Psi_S) = \frac{1}{q} \cdot C'_{SS}(\Psi_S) = \frac{1}{q} \cdot \left[\frac{C'_{ges}(U)}{1 - C'_{ges}(U)/C'_{OX}} - C'_{SC}(\Psi_S)\right], \tag{6.50}$$

falls auch der Zusammenhang $\Psi_S(U_G)$ bekannt ist. Auch diesen Ausdruck kann man durch das Experiment gewinnen. Mit

$$C'_{OX} = \frac{dQ_{ges}}{dU_{OX}} = \frac{dQ_{ges}}{dU_G - d\Psi_S} \text{ und } C'_{ges}(U_G) = \frac{dQ_{ges}}{dU_G} \tag{6.51}$$

erhält man

$$d\Psi_S(U_G) = 1 - \frac{C'_{ges}(U_G)}{C'_{OX}} \cdot dU_G \tag{6.52}$$

und durch die Integration (sogenannte **Berglund-Integration**) schließlich

$$\Psi_S(U_G) = \frac{1}{C'_{OX}} \cdot \int_{U_G^{accu}}^{U_G} \{C'_{OX} - C'_{ges}(U_G)\} dU_G + \Psi_S^{accu} \tag{6.53}$$

mit dem Summanden Ψ_S^{accu} und der unteren Integralgrenze U_G^{accu}, die der Bandverbiegung Ψ_S und der Spannung U_G beim Beginn der Akkumulation entsprechen.

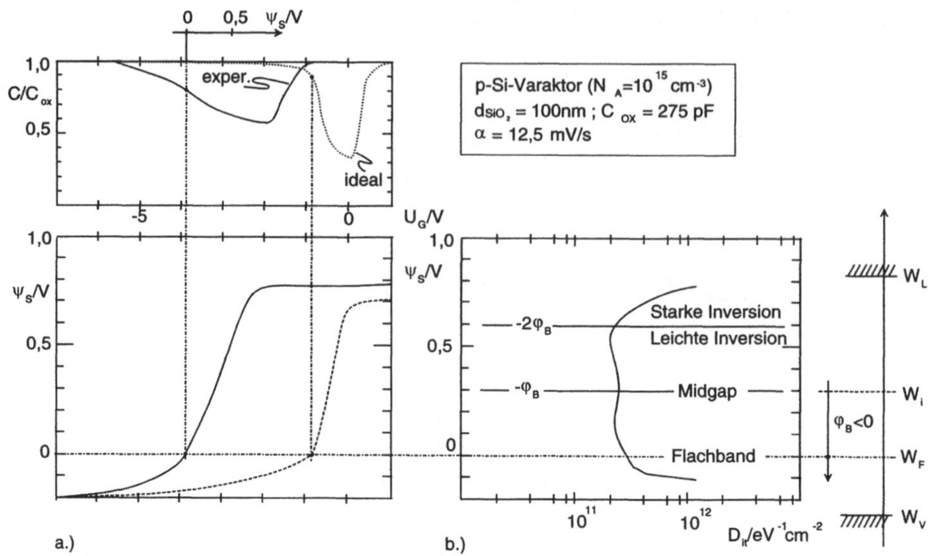

Abb. 6.17 a) oben: $C(U_G)/C_{OX}$ wie Abb. 6.15; unten: $\Psi_S(U_G)$,
b) $D_{it}(\Psi_S)$ mit Zuordnung zur Energielücke der Probe.

Die Gleichungen Gl. (6.50) und Gl. (6.53) ermöglichen die Bestimmung der Dichte der Phasengrenzzustände als Funktion der Bandverbiegung $D_{it}(\Psi_S)$. Die Abb. 6.17a zeigt den gemessenen Verlauf $C_{ges}(U_G)/C_{OX}$ sowie den nach Gl. (6.53) gewonnenen Zusammenhang $\Psi_S(U_G)$, Abb. 6.17b den gemessenen Verlauf $D_{it}(\Psi_S)$ für eine MOS-Struktur bei Zimmertemperatur. Stets weisen die Phasengrenzzustandsverteilungen $D_{it}(\Psi_S)$ von MOS-Strukturen der Standard-Technologie ein Minimum im Bereich der Mitte des verbotenen Bandes des Siliziums auf, an das sich in Richtung der Bandkanten exponentielles Anwachsen anschließt. Die in Abb. 6.17 analysierte MOS-Probe ist nicht repräsentativ für die moderne Technologie: Die vermessenen D_{it}-Werte sind sehr hoch, damit ein deutlicher Effekt in Abb. 6.17a zu beobachten ist.

Die unbekannte Dichte der Oxidschicht-Ladung Q_{OX} hängt definitionsgemäß nicht von der Bandverbiegung Ψ_S (und damit auch nicht von der Gatespannung U_G) ab. Deshalb wählt man die einfach auswertbare Flachbandkapazität $C'_{ges}(\Psi_S = 0)$, um Q_{OX} zu bestimmen. Man vergleicht ideale und reale $C(U)$-Verläufe (Gl. (6.26) und Gl. (6.27)):

$$U_{FB}^{\text{ideal}} = \frac{1}{q} \cdot \Phi_{MS}, \tag{6.54}$$

$$U_{FB}^{\text{real}} = U_G(\Psi_S = 0) = U_{OX} + \frac{1}{q} \cdot \Phi_{MS}, \tag{6.55}$$

$$U_{FB}^{\text{real}} - U_{FB}^{\text{ideal}} = U_{OX}.$$

Wenn $Q_{OX} \neq 0$ gilt, ist der zusätzliche Spannungsabfall an C'_{OX} in U_{OX} enthalten. Als "Plattenkondensator"-Kapazität verknüpft C'_{OX} die Größen Q_{ges} und U_{OX} linear miteinander, deshalb gilt für $\Psi_S = 0$

$$C'_{OX} = \frac{dQ_{ges}}{dU_{OX}} = \frac{Q_{ges}}{U_{OX}} = -\frac{Q_{SS}(\Psi_S = 0) + Q_{OX}}{U_{OX}(\Psi_S = 0)}. \tag{6.56}$$

Somit gilt $U_{OX}(\Psi_S = 0) = -\frac{1}{C'_{OX}} \cdot [Q_{SS}(\Psi_S = 0) + Q_{OX}]$

und schließlich mit und Gl. (6.54) und Gl. (6.55)

$$Q_{OX} = -C'_{OX} \cdot [U_{FB}^{\text{real}} - U_{FB}^{\text{ideal}}] - Q_{SS}(\Psi_S = 0). \tag{6.57}$$

Wenn der Wert (= Betrag und Vorzeichen) von $Q_{SS}(\Psi_S = 0)$ bekannt ist oder experimentell $Q_{SS}(\Psi_S = 0) = 0$ erzwungen werden kann (z. B. durch Tieftemperaturmessung der Flachbandspannung U_{FB}^{real}), ist es möglich, die Dichte der Oxidschichtladung Q_{OX} zu bestimmen. Q_{OX} hat i. a. positives Vorzeichen, und es liegt die Nachweisgrenze bei $(1/q) \cdot Q_{OX} \leq 10^{10} cm^{-2}$.

Aus der Verschiebung der experimentellen gegenüber der theoretischen Kurve im Flachbandpunkt $\Delta U_{fb}(\Psi_S = 0) = 3V$ ermittelt man $(1/q) \cdot Q_{OX} \approx 5 \cdot 10^{11} cm^{-2}$, wenn (mit Gl. (6.42)) aus Abb. 6.17

$$\frac{1}{q} \cdot Q_{SS}(\Psi_S = 0) = \int_{\Psi_S^{\text{accu}}}^{\Psi_S = 0} D_{it}\, d\Psi_S \approx 2 \cdot 10^{11} cm^{-2} \tag{6.58}$$

abgeschätzt wird (Vorzeichen in Gl. (6.58) rechts zunächst unbestimmt, es war z. B. in Gl. (6.44) stets von Ladungsbeträgen die Rede. Es wird so gewählt, dass Q_{OX} und Q_{SS} gleiches Vorzeichen haben). Für die Darstellung des Problems wurde in Abb. 6.17 eine Probe mit hohen Werten von Q_{OX} und Q_{SS} gewählt, um eine anschauliche Darstellung des Bestimmungsweges zu geben. Üblicherweise ist der eine MOS-Technologie charakterisierende Wert $(1/q) \cdot (Q_{SS} + Q_{OX}) \leq 10^{10} cm^{-2}$.

Mit Hilfe der quasi-statischen *C*(*U*)-Messung wird lediglich die Speicherwirkung der umladbaren Phasengrenzzustände im Sinne von Gl. (6.42) erfasst. Für MOS-Transistoren kann damit auch hinreichend genau das Problem der Bestimmung der Schwellenspannung gelöst werden. Für Ladungsverschiebe-Bauelemente (CCD - Charge Coupled Devices) sind zusätzlich ihre dynamischen Verluste von erheblicher Bedeutung, weil sie die untere Grenzfrequenz des Bauelementes bestimmen.

6.7 Abschlussbemerkungen zur Halbleiteroberfläche und zum MOS-Varaktor

Es sind im Verlaufe dieses Abschnittes sämtliche Größen definiert worden, die zur genauen Beschreibung der elektrischen Eigenschaften von Halbleiteroberflächen unter Wirkung des Feldeffektes gebraucht werden. Wir haben die Beschreibung (vgl. "Strategie zur Berechnung von MOS-Varaktor-Kenngrößen" auf S. 142) benutzt, um die Spannungs- und Ladungsbilanzen von MOS-Varaktoren aufzustellen und sie über differentielle Kapazitäten für Messungen zugänglich zu machen. Bei der Überprüfung gewinnt man die parasitären Oberflächengrößen, die die Güte einer Technologie kennzeichnen. Insofern ist der $C(U)$-Versuch die technologische Ausgangsprüfung jeder Halbleitertechnologie im Sinne der Überlegungen zur Reinigung von Siliziumoberflächen (s. Abschnitt 1.5 auf S. 14). Die Reinheit der Si-Oberfläche wird so zur quantitativen Erfassung der Reinheit der Technologie, d. h. der gesamten Laborumgebung.

Als Grundstruktur hat der MOS-Varaktor zum einem als Kernbereich jedes MOS-Transistors Bedeutung, zum anderen gibt es aber auch eine ganze Reihe unabhängiger Anwendungen (als Speicherkondensator, als MIS-Solarzelle u. a.).

7 Der reale MOS-Transistor

Innerhalb von integrierten Schaltkreisen ist der MOS-Transistor[1] das häufigste Basiselement. Aufbau und Herstellung von MOS-Transistoren wurden bereits in Abschnitt 1 beschrieben. Abb. 7.1 zeigt noch einmal die Struktur eines *n*-MOSFET und ein dazugehöriges Layout.

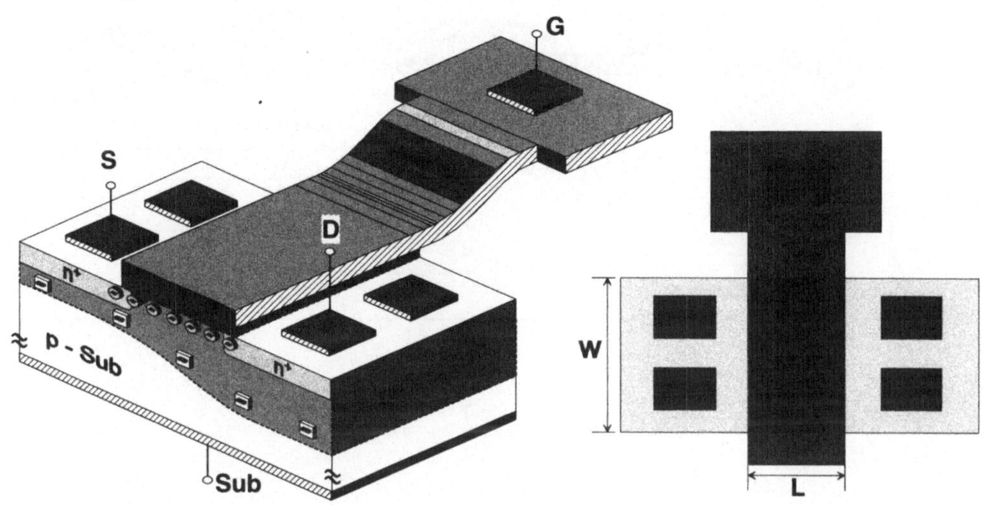

Abb. 7.1 n-MOSFET-Struktur und Layout

Als Bauelement der Siliziumplanartechnologie kommt er meist in komplementärer Form als *p*-MOSFET und *n*-MOSFET innerhalb von CMOS-Logik-Schaltkreisen[2] vor. Abb. 7.2a zeigt einen CMOS-Inverter im Querschnitt. Unterschiedliche Schaltungssymbole für *p*- und *n*-MOSFETs sind gebräuchlich und in Abb. 7.2b verdeutlicht.

Bevor wir uns mit den Details der Kennlinie beschäftigen, sei anhand von Abb. 7.3 die Grundfunktion des MOS-Transistors in seinen beiden komplementären Varianten beschrieben.

Die Spannung U_{DS} zwischen Drain- und Source-Kontakt fällt über drei unterschiedlich dotierten Halbleiterbereichen mit zwei *pn*-Übergängen ab: dem hochdotiertem Source-Gebiet, dem niedrig dotiertem Substrat und dem hochdotiertem Drain-Gebiet. Während der Drain-Substrat-Übergang in Sperrung versetzt wird, liegen Source und Substrat i. Allg. auf gleichem Potential. Mit einer Gatespannung U_{GS} zwischen Gate-Kontakt und Substrat kann der Leitungstyp der Substrat-Oberfläche "invertiert" werden, d. h. der entsprechende Bandverbiegungswert entspricht mindestens dem Einsatz der starken Inversion (vgl.

1. MOSFET für engl. metal oxide semiconductor field effect transistor
2. CMOS für engl. complementary MOS

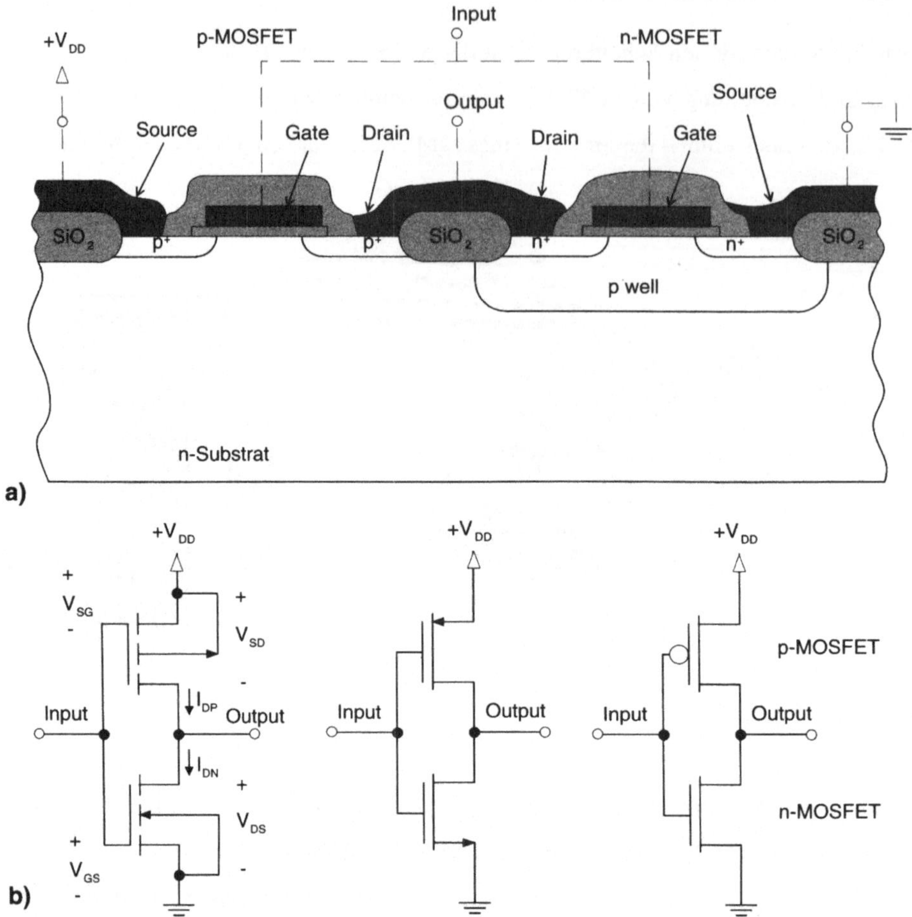

Abb. 7.2 CMOS-Transistoren in Inverterschaltung: a) Querschnitt [Hod88], b) verschiedene Schaltungssymbole.

Abb. 6.4f). Dies ist ab einer Gatespannung $U_{GS}(\psi_S = -2\varphi_B) = U_{TH}$ der Fall, wie später in Gl. (7.15) formuliert wird. Es entsteht damit an der Halbleiteroberfläche unter dem Gate ein Inversionskanal, zu dessen Bildung injizierte Ladungsträger aus dem Source-Gebiet beitragen. Unter der Wirkung der Drain-Source-Spannung U_{DS} fließen Ladungsträger im Inversionskanal vom Source-Gebiet zum Draingebiet. Nach Maßgabe der Spannung U_{GS} ändert sich die Leitfähigkeit des Kanals zwischen Drain und Source. So steuert U_{GS} über die kapazitive Ankopplung der Gate-Elektrode den Stromfluss im Kanal.

Es ist anzumerken, dass selbst bei sehr kleinen Gatespannungen $U_{GS} < U_{TH}$ ein Strom I_D, der sogenannte Subthreshold-Strom, zu fließen vermag, der jedoch so klein ist, dass er in der Auflösung von Abb. 7.4 nicht mehr zu erkennen ist. Die Symbole des MOSFETs in Abb. 7.3

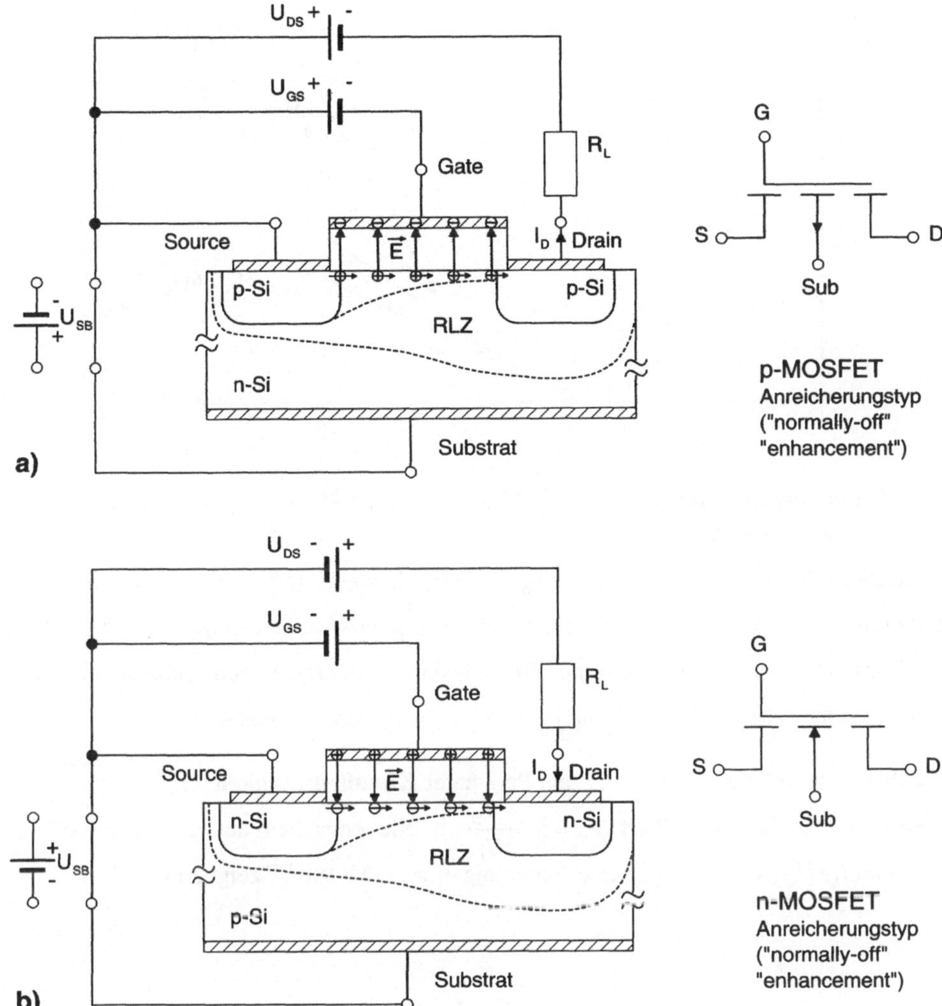

Abb. 7.3 MOSFET vom Anreicherungstyp (selbstsperrend) und deren Beschaltung: a) p-Kanal-MOSFET, b) n-Kanal-MOSFET.

zeigen den zunächst nicht leitenden Kanal gestrichelt zwischen den Kontakten *S* und *D*, der Pfeil am Substrat-Anschluss *S* zeigt die positive Stromrichtung (d. h. beim *p*-MOSFET vom invertierten Kanal zum neutralen Substrat). Üblicherweise ist beim Inverter der Source-Kontakt die System-Masse für den *n*-MOSFET bzw. die obere Betriebsspannung für den *p*-MOSFET. Eine zusätzliche Spannung U_{SB} greift in der Influenz des Gates hinsichtlich der Kanaltiefe ein und vermag diese zusätzlich zu beeinflussen (vgl. auch Abb. 7.11).

In Übersichtsform zeigt Abb. 7.4 die Übertragungskennlinien, die auch als **Eingangskennlinien** $I_D(U_{GS})$ mit $U_{DS} = const$ bezeichnet werden, und Abb. 7.5 skizziert die

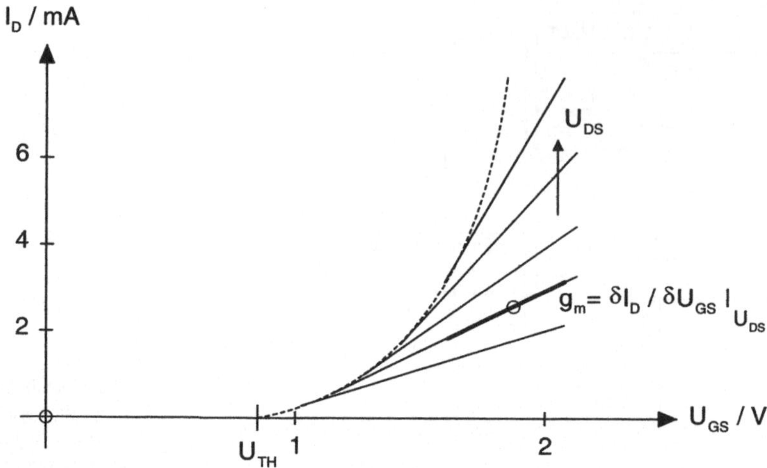

Abb. 7.4 Eingangskennlinien $I_D(U_{GS})$ mit U_{DS} = const (n-MOSFET-Anreicherungstyp in Source-Schaltung)

Ausgangskennlinien $I_D(U_{DS})$ mit $U_{GS} = const$, letztere mit der später eingeführten Unterteilung in die Bereiche der Sättigung und des parabolischen Betriebes. Abb. 7.6 zeigt jeweils als Übersicht eine einzelne Eingangskurve $I_D(U_{GS})$ von selbstleitenden und selbstsperrenden *n*-MOS- ($I_D > 0$) und *p*-MOS- ($I_D < 0$) -Bauelementen.

Schließlich verdeutlicht die Abb. 7.5 den Parameter **Kanalleitfähigkeit** $g_{DS} \equiv \left(\frac{\partial I_D}{\partial U_{DS}}\right)$ und die Abb. 7.4 die **Kanalsteilheit** $g_m \equiv \left(\frac{\partial I_D}{\partial U_{GS}}\right)$. Sie entstehen aus einem vollständigen Differential $I_D(U_{GS}; U_{DS})$. Die Source-Schaltung eines *n*-MOSFET zeigt Abb. 7.7.

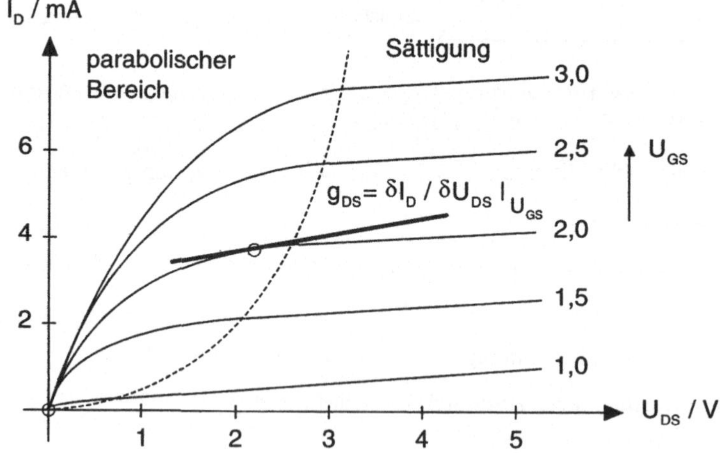

Abb. 7.5 Ausgangskennlinien $I_D(U_{DS})$ mit U_{GS} = const (n-MOSFET-Anreicherungstyp in Source-Schaltung)

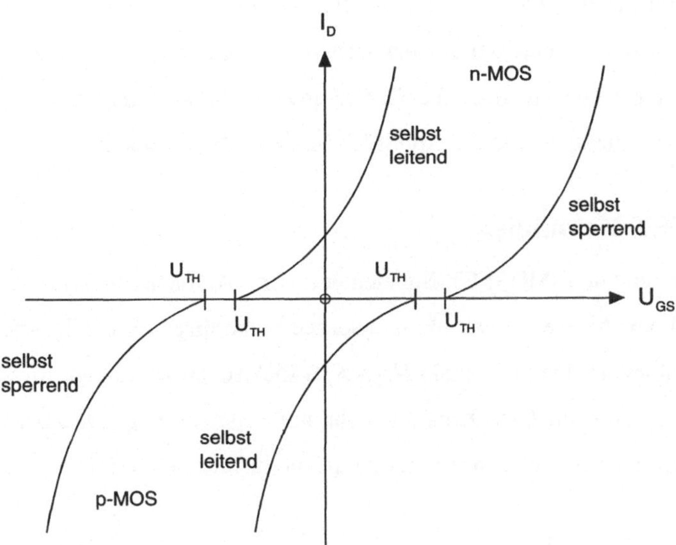

Abb. 7.6 MOSFET-Typen:
"selbstleitend" oder "Verarmungstyp" (engl. depletion type) oder
"selbstsperrend" oder "Anreicherungstyp" (engl. enhancement type).

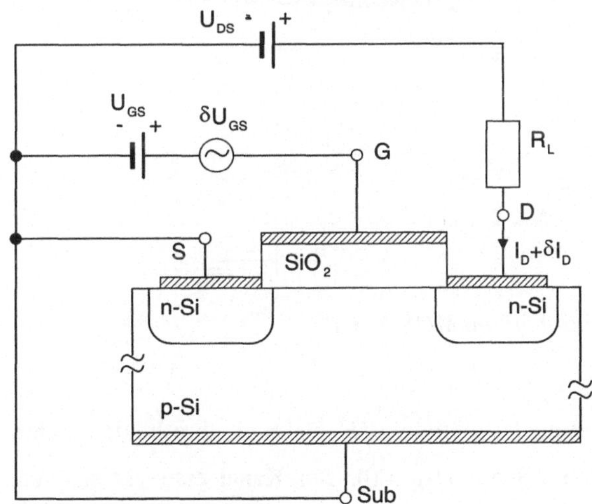

Abb. 7.7 Source-Schaltung des n-MOSFET

Im Folgenden wird das Parameter-Modell SPICE / Level 1 zur Beschreibung von CMOS-Gattern entwickelt[1]. Es behandelt den Gleichspannungsbetrieb der Bauelemente mit Hilfe weniger (i. Allg. fünf) Betriebsparameter auf der Basis von technologischen und

1. SPICE (Simulation Program with Integrated Circuit Emphasis): Programm zur Simulation von integrierten elektronischen Schaltungen, das Anfang der siebziger Jahre an der Universität Berkeley entwickelt wurde. Heute sind kommerzielle Weiterentwicklungen erhältlich [SPI03].

geometrischen ("Layout"-) Parametern. Das SPICE / Level 1-Modell stammt aus den siebziger Jahren [Mey71/p. 42-63] und wurde inzwischen vielfach erweitert. Zum Abschluss dieses Kapitels wird eine Übersicht über die CMOS-Inverter-Parameter gegeben. Zuvor wird die Strom-Spannungs-Charakteristik der MOSFETs analytisch entwickelt.

7.1 MOSFET-Kennlinien

Wir gehen von einem *n*-MOSFET-Bauelement vom Anreicherungstyp aus, bei dem der Source-Kontakt der (Masse-) Fußpunkt ist (Source-Schaltung / Abb. 7.7), von dem aus durch eine positive Polung am Drain-Kontakt ($U_{DS} > 0$) Elektronen zum Drain fließen können, falls durch positive Polung am Gate-Kontakt nicht nur ortsfeste negativ-ionisierte Akzeptoren, sondern auch bewegliche Elektronen unter dem Gate influenziert werden ($U_{GS} > U_{TH} > 0$).

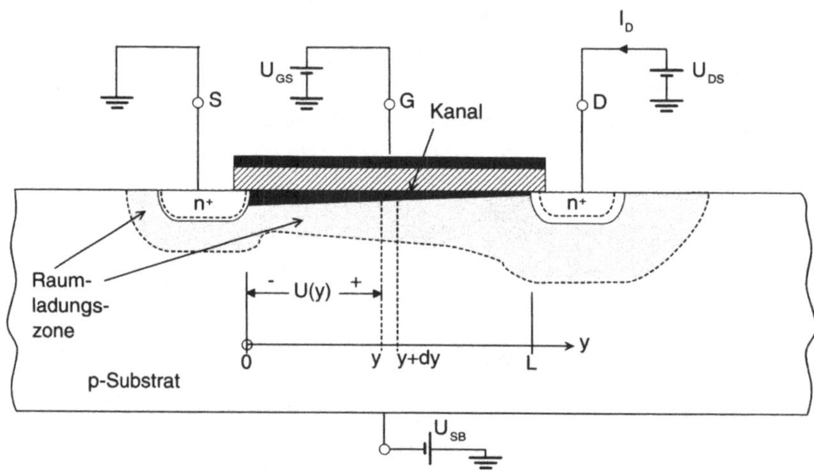

Abb. 7.8 Spannungsabfall im MOS-Kanal

Die **Schwellenspannung U_{TH}** (Index *TH* für engl. threshold) beschreibt den Einsatz des Drainstromes I_D (Abb. 7.8 mit $U_{SB} = 0$). Der Kanal erstreckt sich vom leitenden Source-Substrat n^+p-Übergang bis zum gesperrten Substrat-Drain pn^+-Übergang. In guter Näherung bewegen sich die Elektronen bei Inversion des Substrates im Kanalbereich als Feldstrom parallel zur SiO_2 / Si-Grenzfläche, vom Nullpunkt der *y*-Koordinate bis zum Werte $y = L$. Die Inversionsladung Q_{mob} mobiler Ladungen (hier: Elektronen) berücksichtigt, dass von der Influenzwirkung von U_{GS} der Anteil für ortsfeste ionisierte Störstellen, nämlich die Schwellenspannung U_{TH}, abzuziehen ist. Mit der flächenbezogenen Kapazität

$C'_{OX} = \frac{\varepsilon_{OX} \cdot \varepsilon_0}{d_{OX}}$ aus Gl. (6.38) gilt für die Gesamtwirkung der Influenz bis zum Punkt y

$$Q_{mob}(y) = C'_{OX} \cdot [(U_{GS} - U_{TH}) - U(y)]. \tag{7.1}$$

Der Drainstrom $I_D = A \cdot j_A$ kann an jedem Punkt y mit $(0 \le y \le L)$ beschrieben werden

$$I_D = A \cdot j_A = D \cdot W \cdot q \cdot \mu_n \cdot n(y) \cdot \left(\frac{dU}{dy}\right) \tag{7.2}$$

mit dem Kanalquerschnitt A, der Kanalweite W, der Kanaltiefe D und der Dichte influenzierter Elektronen $n(y)$. Die beiden letztgenannten Größen bestimmen die Flächendichte Q_{mob} der beweglichen Oberflächenraumladung

$$Q_{mob}(y) = q \cdot D \cdot n(y). \tag{7.3}$$

Der Spannungsabfall dU über einem Kanalstück dy zwischen y und $y + dy$ ist demnach

$$dU = I_D \cdot dR = \frac{I_D \cdot dy}{W \cdot \mu_n \cdot Q_{mob}(y)}. \tag{7.4}$$

Nun wird der Ausdruck aus Gl. (7.1) substituiert

$$I_D \cdot dy = W \cdot \mu_n \cdot C'_{OX} \cdot [(U_{GS} - U_{TH}) - U(y)]dU \tag{7.5}$$

und integriert längs des Kanals für $U(y = 0) = 0 < U(y) < U(y = L) = U_{DS}$

$$I_D \cdot \int_0^L dy = W \cdot \mu_n \cdot C'_{OX} \cdot \int_0^{U_{DS}} ((U_{GS} - U_{TH}) - U(y))dU. \tag{7.6}$$

Man erhält für den Drainstrom I_D

$$I_D = \frac{W}{L} \cdot \mu_n \cdot C'_{OX} \cdot \left[(U_{GS} - U_{TH}) \cdot U_{DS} - \frac{1}{2} \cdot U_{DS}^2\right]. \tag{7.7}$$

Mit der Abkürzung des **Steilheitsparameters *k***

$$k = \frac{W}{L} \cdot \mu_n \cdot C'_{OX} = \frac{W \cdot \mu_n \cdot \varepsilon_0 \cdot \varepsilon_{SiO_2}}{L \cdot d_{OX}}, \tag{7.8}$$

wobei Oxiddicke d_{OX} und Dielektrizitätskonstante des Oxides ε_{SiO_2} gelten, ergibt sich der Ausdruck

$$I_D = k \cdot \left[(U_{GS} - U_{TH}) \cdot U_{DS} - \frac{1}{2} \cdot U_{DS}^2 \right] , \tag{7.9}$$

der den **parabolischen Betriebsbereich** beschreibt für $U_{DS} \leq (U_{GS} - U_{TH})$, bei dem ein kontinuierlicher Inversionskanal zwischen Source und Drain existiert.

Wird U_{DS} über (U_{GS} - U_{TH}) hinaus vergrößert, dann reißt der Inversionskanal nahe dem Drain ab, von wo aus sich dann der verbreiterte RLZ-Bereich des gesperrten Substrat-Drain-Überganges erstreckt: Der Kanal ist abgeschnürt, "pinched-off", und der Strom sollte bei weiterer U_{DS}-Erhöhung konstant bleiben. So erhält man mit $(U_{GS} - U_{TH}) = U_{DS}$ den Ausdruck

$$I_D = \frac{1}{2} \cdot k \cdot (U_{GS} - U_{TH})^2 \tag{7.10}$$

im Sättigungsbereich für $U_{DS} \geq (U_{GS} - U_{TH})$.

Die weitere I_D-Erhöhung bei wachsendem U_{DS} wird durch die Kanallängenverkürzung infolge Verbreiterung des RLZ-Bereiches Substrat-Drain verursacht. Man berücksichtigt dies empirisch durch den **Parameter der Kanallängenmodulation** λ im **Sättigungsbereich**

$$I_D = \frac{1}{2} \cdot k \cdot (U_{GS} - U_{TH})^2 \cdot (1 + \lambda \cdot U_{DS}) \tag{7.11}$$

bis zum Einsatz des Durchbruches für $U_{DS} \geq U_{Br}$, also $(U_{GS} - U_{TH}) < U_{DS} \leq U_{Br}$.

Wir haben bisher drei Bauelementparameter eingeführt: U_{TH}, k und λ. Bislang lässt sich nur der Parameter k der Bauelementsteilheit entsprechend Gl. (7.8) berechnen. Es ergibt sich für z. B. $d_{OX} = 100nm$ bei n-MOSFETs $k = (20\mu A/V^2) \cdot (W/L)$ und bei p-MOSFETs $k = (8\mu A/V^2) \cdot (W/L)$ wegen der unterschiedlichen Beweglichkeiten. Der Parameter λ der Kanallängenmodulation hat typische Werte von $(0{,}01...0{,}1)V^{-1}$. Dem Parameter U_{TH} der Schwellenspannung ist der nächste Abschnitt gewidmet. Abschließend zeigt Abb. 7.9 Ausgangskennlinien, schematisiert.

Gemäß Abb. 7.4 ist die **Bauelementsteilheit** definiert als

$$g_m = \left(\frac{\partial I_D}{\partial U_{GS}} \right) \text{ mit } U_{DS} = const \tag{7.12}$$

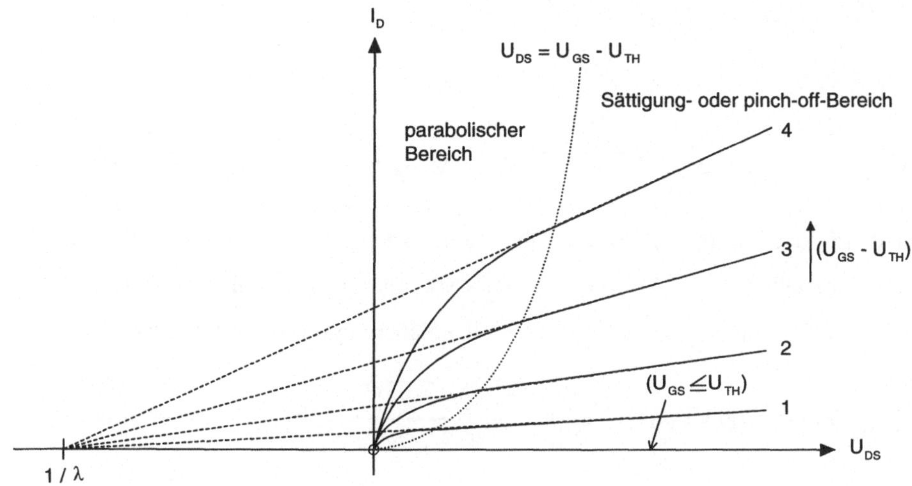

Abb. 7.9 n-MOSFET-Ausgangskennlinie $I(U_{DS})$ mit $U_{GS} - U_T = const$ Darstellung für den Parameter λ der Kanallängenmodulation eines Bauelements vom Anreicherungstyp

und entsprechend Abb. 7.5 gilt für die **Bauelementleitfähigkeit** (Kanalleitfähigkeit)

$$g_{DS} = \left(\frac{\partial I_D}{\partial U_{DS}}\right) \text{ mit } U_{GS} = const. \tag{7.13}$$

7.2 Die Schwellenspannung

Mithilfe der Gatespannung U_{GS} lässt sich im Kanal des MOSFETs eine Inversionsladung influenzieren. Die Gatespannung U_{GS} erreicht die sogenannte Schwellenspannung U_{TH}, wenn die Minoritätsträgerdichte der entstehenden Inversionsladung zur vorherrschenden Ladung wird, d. h. die Dichte der Majoritätsträger bzw. der Substratdotierung erzielt. Dieser Punkt entspricht dem Einsatz der starken Inversion (s. a. Abb. 6.4f) und ist durch eine Bandverbiegung $\Psi_S = -2 \cdot \varphi_B$ gekennzeichnet. Gemäß dieser Definition gilt also

$$U_{TH} = U_{GS}(\psi_S = -2 \cdot \varphi_B). \tag{7.14}$$

Mit Gl. (6.22) folgt

$$U_{TH} = -2 \cdot \varphi_B + U_{OX}(-2 \cdot \varphi_B) + \frac{1}{q} \cdot \Phi_{MS}. \tag{7.15}$$

Wegen $U_{OX}(-2 \cdot \varphi_B) = -\frac{1}{C'_{OX}} \cdot (Q'_{SC}(-2 \cdot \varphi_B) + Q'_{OX} + Q'_{SS}(-2 \cdot \varphi_B))$

entsprechend

$$C'_{OX} = \frac{Q'_{ges}}{U_{OX}} = -\frac{1}{U_{OX}} \cdot (Q'_{SC} + Q'_{OX} + Q'_{SS}) \tag{7.16}$$

gilt

$$U_{TH} = -2 \cdot \varphi_B - \frac{1}{C'_{OX}} \cdot (Q'_{SC}(-2 \cdot \varphi_B) + Q'_{OX} + Q'_{SS}(-2 \cdot \varphi_B)) + \frac{1}{q} \cdot \Phi_{MS}. \tag{7.17}$$

Mit Gl. (6.15) und Gl. (6.20) für die Oberflächenladung Q'_{SC} ergibt sich für den Anteil ortsfester Störstellen im *p*-Si-Substrat $(\varphi_B < 0)$ als negativ geladene Akzeptoren der Dichte $N_A^- \approx N_A$ mit $\Psi_S = -2 \cdot \varphi_B > 0$ mit der Näherung für Verarmung der Störstellen

$$Q'_{SC}(\Psi_S) \approx -sign(\Psi_S) \cdot \frac{\sqrt{2} \cdot \varepsilon_{Si} \cdot \varepsilon_0}{\beta} \sqrt{\frac{q \cdot N_A \cdot \beta}{\varepsilon_{Si} \cdot \varepsilon_0}} \cdot \{\beta \Psi_S\}^{1/2}$$ der Ausdruck

$$Q'_{TH} = Q'_{SC}(-2\varphi_B) = sign(\varphi_B) \cdot \sqrt{2 \cdot q \cdot N_A \cdot \varepsilon_0 \cdot \varepsilon_{Si} \cdot |-2 \cdot \varphi_B|}. \tag{7.18}$$

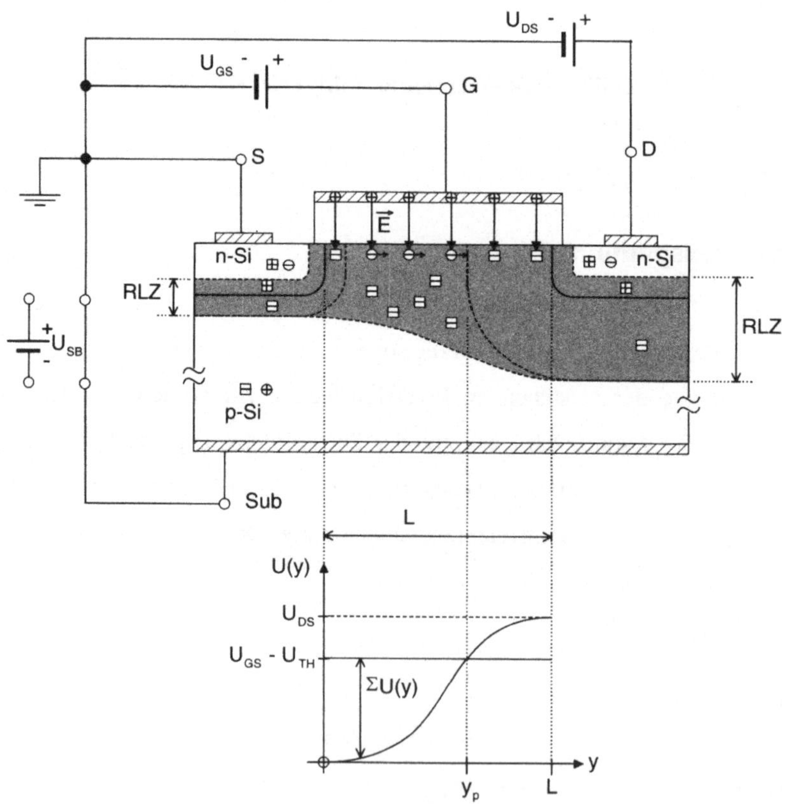

Abb. 7.10 n-MOSFET mit Raumladungszonen darunter: Potentialverlauf im MOS-Kanal mit dem Pinch-Off-Punkt y_p, $\Sigma U(y) = (U_{GS} - U_{TH}) - U(y)$

Daraus ergibt sich für die Schwellenspannung U_{THn} des n-MOSFET schließlich, wobei im Folgenden stets gilt $Q'_{SS} = Q'_{SS}(-2\varphi_B)$ und $\varphi_B(p-Substrat) < 0$,

$$U_{THn} = -2\varphi_B - \frac{1}{C'_{OX}} \cdot sign(\varphi_B) \cdot \sqrt{2 \cdot q \cdot N_A \cdot \varepsilon_0 \cdot \varepsilon_{Si} \cdot |-2 \cdot \varphi_B|} -$$

$$- \frac{1}{C'_{OX}} \cdot (Q'_{OX} + Q'_{SS}) + \frac{1}{q}\Phi_{MS}$$

$$= -2\varphi_B - \gamma \cdot sign(\varphi_B) \cdot \sqrt{|-2 \cdot \varphi_B|} - \frac{1}{C'_{OX}} \cdot (Q'_{OX} + Q'_{SS}) + \frac{1}{q} \cdot \Phi_{MS} . \qquad (7.19)$$

Hier wurde der sogenannte **Substratsteuerfaktor** γ verwendet

$$\gamma = \frac{1}{C'_{OX}} \cdot \sqrt{2 \cdot q \cdot |N_A - N_D| \cdot \varepsilon_0 \cdot \varepsilon_{Si}} = \frac{d_{OX}}{\varepsilon_0 \cdot \varepsilon_{SiO_2}} \cdot \sqrt{2 \cdot q \cdot |N_A - N_D| \cdot \varepsilon_0 \cdot \varepsilon_{Si}} . \qquad (7.20)$$

Der Term $|N_A - N_D|$ statt N_A in Gl. (7.20) berücksichtigt die Kompensation von Störstellen entgegengesetzten Typs. Für ein p-Substrat gilt jedoch bei eindeutiger Dotierung, dass N_D wegen $N_A >> N_D$ vernachlässigbar ist, d. h. es gilt dann wieder $|N_A - N_D| = N_A$.

Es lässt sich nun allgemein formulieren

$$U_{TH} = -2 \cdot \varphi_B - sign(\varphi_B) \cdot \gamma \cdot \sqrt{|-2 \cdot \varphi_B|} - \frac{1}{C'_{OX}} \cdot (Q'_{OX} + Q'_{SS}) + \frac{1}{q} \cdot \Phi_{MS} . \qquad (7.21)$$

Beispiel: Silicon-Gate-Technologie; $N_A(n\text{-}MOSFET) = 10^{15} cm^{-3}$

$d_{OX} = 70nm$; $Q'_{OX} + Q'_{SS} \approx 3 \cdot 10^{-9} As \cdot cm^{-2} \approx 2 \cdot 10^{10}$ Elementarladungen$/cm^2$;

mit $\varphi_B = -0,29V$ und $\frac{1}{q} \cdot \Phi_{MS} = -0,8V$ (s. Abb. 6.10) sowie

$\gamma = 0,4\sqrt{V}$ ergibt sich $U_{THn} \approx 0,15V$.

Wenn wir, wie in Abb. 7.8 eingezeichnet, noch eine weitere Spannung U_{SB} zwischen Source und Substrat anlegen und damit die Tiefe des Kanales beeinflussen, ändert sich der Ausdruck U_{TH}. Wir verrechnen lediglich die U_{TH}-Änderung, indem wir ansetzen

$$U_{TH,SB} = U_{TH} + sign(\varphi_B) \cdot \gamma \cdot \{\sqrt{|-2 \cdot \varphi_B| + |U_{SB}|} - \sqrt{|-2 \cdot \varphi_B|}\} . \qquad (7.22)$$

Zur Interpretation dieser U_{TH}-Änderung betrachten wir beispielsweise den n-MOSFET in Abb. 7.10: eine Spannung U_{SB} verringert das Potential am Rückseitensubstratkontakt. Über diesen ohmschen Kontakt werden dadurch Majoritätsträger aus dem Substrat, also hier Löcher, abgesogen, die an der Kanalunterseite ionisierte Akzeptoren zurücklassen. Damit entsteht eine vertiefte Oberflächen-RLZ unter dem Gate. In dem Maße, wie der Anteil der ortsfesten Ladungen im Kanalgebiet wächst, muss jedoch auch der Anteil der mobilen Ladungen in der Inversionsschicht des Kanals abnehmen, denn die Ladung auf dem Gate ist konstant geblieben. Damit wird eine höhere Gatespannung U_{GS} benötigt, um die gleiche Ladung in Form von mobilen Inversionsladungen zu influenzieren: die Threshold-Spannung U_{TH} steigt mit wachsender Spannung U_{SB}.

7.3 Subthreshold-Betrieb von MOSFETs

Die Definition der Schwellenspannung (Gl. (7.15) u. f.) erscheint willkürlich, weil auch bereits für geringere Gatespannungen der MOSFET Strom führt, jedoch weitaus geringerer Stärke. Die Abb. 7.11 zeigt im halblogarithmischen Maßstab Kennlinien $I(U_{GS})$ für drei Werte U_{SB} eines *n*-MOSFETs. Unterhalb der Schwellenspannung U_{THn} weist der Strom eine exponentielle Charakteristik auf, die schließlich in den konstanten Wert I_{D0} des Sättigungssperrstromes des gesperrten Substrat-Drain-pn^+-Überganges übergeht. Der Einfluss $I_{D0} = f(U_{SB})$ ist deutlich erkennbar und zeigt die durch U_{SB}-Wirksamkeit verbreiterte RLZ und deren Generation an.

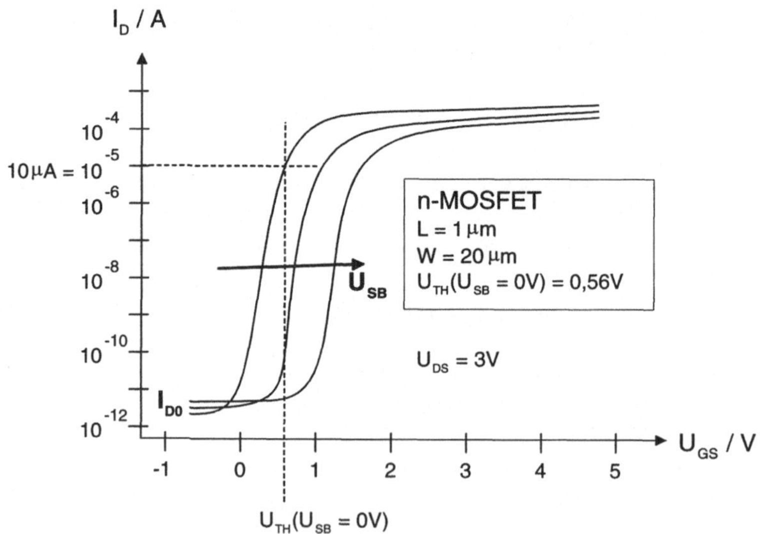

Abb. 7.11 MOSFET-Eingangskennlinie $I_D(U_{GS})$ mit U_{DS} = const und U_{SB} = 0; 1,5; 3,0V in halblogarithmischer Darstellung

Die exponentielle Subthreshold-Kennlinie wird durch Diffusionsstrom beschrieben

$$I_D = -A \cdot q \cdot D_n \cdot \left(\frac{dn}{dy}\right) \approx A \cdot q \cdot D_n \cdot \frac{n(y=0) - n(y=L)}{L}. \tag{7.23}$$

Mit den Elektronendichten im Bereich der schwachen Inversion: $-\varphi_B > \Psi_S > -2 \cdot \varphi_B$

$$n(y=0) = n_i \cdot \exp(\beta \cdot (\psi_S + U_{SB})), \tag{7.24}$$

$$n(y=L) = n_i \cdot \exp(\beta \cdot (\psi_S + U_{SB} - U_{DS}))$$

ergibt sich

$$I_D \approx A \cdot q \cdot \frac{D_n \cdot n_i}{L} \cdot [\exp(\beta \cdot U_{SB}) - \exp(\beta \cdot (U_{SB} - U_{DS}))] \cdot \exp(\beta \cdot \psi_S). \tag{7.25}$$

Man findet unter der Annahme $\psi_s \approx U_{GS} - U_{TH} < 0$ für den Subthreshold-Betrieb des *n*-MOSFET-Bauelements vom Anreicherungstyp näherungsweise

$$I_D \approx Aq\frac{D_n \cdot n_i}{L}[\exp(\beta \cdot U_{SB}) - \exp(\beta(U_{SB} - U_{DS}))] \cdot \exp(\beta(U_{GS} - U_{TH})) \tag{7.26}$$

bzw. $I_D \sim \exp(\beta \cdot (U_{GS} - U_{TH}))$ für $(U_{GS} - U_{TH}) < 0$.

Da der Drainstrom im Subthreshold-Bereich entsprechend Abb. 7.11 und Gl. (7.26) erheblich kleiner ist als oberhalb der Schwellenspannung U_{TH}, sind alle Umladungsprozesse von Lastkapazitäten verlangsamt: die Schaltgeschwindigkeit von Subthreshold-CMOS-Logik sinkt, wie man anhand des Ersatzschaltbildes in Abschnitt 7.5 leicht einsehen kann.

7.4 Kennlinien von miniaturisierten MOSFETs

Die Maße des Einzel-MOSFETs haben sich im Laufe der Entwicklung erheblich verringert, um auf geringfügig vergrößerter Chipfläche um Größenordnungen erhöhte Bauelementzahlen unterzubringen. Die Miniaturisierung hat zu Bauelementabmessungen geführt, bei denen die wichtige Kanallänge L bis auf "Submikron"-Werte $L \le 0{,}1\ \mu m$ geschrumpft ist. Alle anderen Bauelementmaße wie die Kanalweite W, die Junction-Tiefe x_j der Source- und Drain-Inseln, aber auch die Dicke d_{OX} des Gate-Oxides sind dann notwendigerweise ebenfalls verringert, um die Kennlinien $I_D(U_{DS}\,;\,U_{GS})$ weiter zu gewährleisten. Allerdings treten bei Submikron-MOSFET-Bauelementen neuartige Effekte auf, die beim Betrieb beachtet werden müssen.

Allgemein unterscheidet man zwischen Lang- und Kurzkanalmodellen zur Beschreibung zur Beschreibung von $I_D(U_{DS}; U_{GS})$. Die wichtigen Abweichungen vom bisher eingeführten Langkanalverhalten sind die Abhängigkeit der Schwellenspannung U_{TH} von Kanallänge L und Kanalweite W, die U_{TH}-Beeinflussung durch sogenannte "heiße Ladungsträger", schließlich der Durchbruch ("punchthrough") der Kennlinien $I_D(U_{DS})$ bei Berührung der Source / Substrat- und Substrat / Drain-RLZ-Bereiche. Wir beschränken uns hier auf die Behandlung des Kurzkanalverhaltens der Schwellenspannung und der heißen Ladungsträger.

7.4.1 Kurzkanalverhalten der Schwellenspannung

Bevor sich durch Influenz mittels Gatespannung der MOSFET-Inversionskanal beweglicher Ladungsträger bildet, müssen ortsfeste Störstellen im Kanalbereich (innerhalb von Verarmung und schwacher Inversion) abgesättigt werden. Bei langem Kanal kann der (ja jeweils nur einmal verrechenbare) Anteil der beiden Source / Substrat- und Drain / Substrat-RLZ vernachlässigt werden, bei kurzem Kanal muss genau veranschlagt werden, wie sich Gate, Source und Drain die RLZ-Nutzung "teilen" (insofern spricht man auch vom "charge sharing model").

Eine einfache Abschätzung für die Schwellenspannung U_{THSK} des "Kurzkanal"-MOSFETs erhält man folgendermaßen. Mit der Annahme, dass innerhalb der Überschneidung der beiden Dioden-RLZ mit der Kanal-RLZ (in Abb. 7.12 hervorgehoben) anteilige (d. h. 50 %) Nutzung der negativen Akzeptoren-Ladungen $-q \cdot N_A^-$ geschieht, lässt sich (nach Pythagoras) ein Zusammenhang zwischen der ursprünglichen Kanallänge L_0 und dem verkürzten Wert L_1 herstellen (in Abb. 7.12b als Dreieck ABC bezeichnet)

$$(r_j + w_{pn})^2 = \left(\frac{1}{2} \cdot (L_0 - L_1) + r_j\right)^2 + W_{MOS}^2 . \tag{7.27}$$

Mit der Annahme für die anfängliche Kanaltiefe $W_{MOS} \approx w_{pn} \approx w_{RLZ}$ und $L_m = \frac{1}{2} \cdot (L_0 + L_1)$ (vgl. Abb. 7.12b) folgt

$$L_m = L_0 - r_j \cdot \left[\sqrt{1 + \frac{2 \cdot w_{RLZ}}{r_j}} - 1\right]$$

$$= L_0 - r_j \cdot \left[\sqrt{\left(1 + \frac{2}{r_j} \cdot \sqrt{\frac{2 \cdot \varepsilon_0 \cdot \varepsilon_{Si}}{q} \cdot \left(\frac{1}{N_{Sub}} + \frac{1}{N_{S,D}}\right) \cdot U_D}\right)} - 1\right] . \tag{7.28}$$

Das Ergebnis zeigt klar, dass die effektive Kanallänge L_m sinkt, wenn RLZ-Weite w_{RLZ} und

Junction-Tiefe r_j beim Kurzkanal-MOSFET vergleichbar sind.

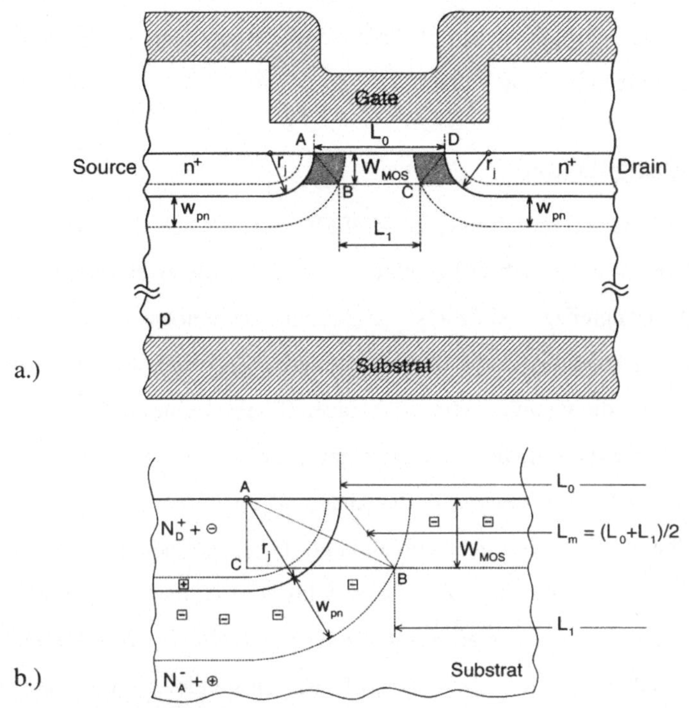

Abb. 7.12 Submikron-MOSFET:
a) geometrische Zuordnung von RLZ-Anteilen ($U_{GS} > 0$; $U_{DS} = 0$),
b) Detail.

Für den Ausdruck der Schwellenspannung U_{TH} in Gl. (7.15) / Gl. (7.21) ändert sich damit der Anteil $Q'_{SC}(-2\varphi_B)$, der entsprechend der "anteiligen" Ladungsnutzung durch Kanalverkürzung sinkt (im Sinne eines Trapezes *ABCD* in Abb. 7.12a). So findet man zunächst mit Gl. (7.28)

$$Q'_{SCKK} = Q'_{SCLK} \cdot \frac{L_m}{L_0} = Q'_{SCLK} \cdot \left[1 - \frac{r_j}{L_0} \cdot \left(\sqrt{1 + \frac{2 \cdot w_{RLZ}}{r_j}} - 1\right)\right] \qquad (7.29)$$

(Indices *SCKK* und *SCLK* bedeuten "semiconductor Kurzkanal" und "semiconductor Langkanal") und schließlich unter Verwendung von Gl. (6.22)

$$U_{THKK} = U_{THLK} - \frac{1}{C'_{OX}} \cdot [Q'_{SCKK}(-2\varphi_B) - Q'_{SCLK}(-2\varphi_B)] \qquad (7.30)$$

$$= U_{THLK} + \frac{sign(\varphi_B)}{C'_{OX}} \cdot |Q'_{SCLK}| \cdot \frac{r_j}{L_0} \cdot \left(\sqrt{1 + 2 \cdot \frac{w_{RLZ}}{r_j}} - 1\right).$$

Man erkennt, dass durch die Parameter r_j, w_{RLZ} und L_0 beim Submikron-MOSFET die Schwellenspannung U_{TH} erheblich verändert werden kann: im Vorzeichensinne der Gl. (7.30) dem Betrage nach stets verringert wird mit abnehmender Kanallänge L_0. Für $w_{RLZ} << L_0$ geht der MOSFET ins Langkanalverhalten über.

7.4.2 Heiße Ladungsträger

Bei Betrachtung der Potentialverhältnisse im MOSFET-Kanal (Abb. 7.10 unten) erkennt man, dass beim Überschreiten des Pinch-Off-Punktes die Ladungsträger einen Vorzeichenwechsel der auf der Phasengrenze Si / SiO_2 senkrecht stehenden Feldstärkekomponente (Transversalfeldstärke) erfahren ($U(y)$ überkreuzt den U_{GS}-Wert). Innerhalb der Substrat / Drain-RLZ können nun die wenigen Minoritätsträger (Löcher) eines n-MOSFET (Abb. 7.10) so viel Energie aufnehmen ("heiße Ladungsträger"), dass sie den Potentialwall Si / SiO_2 ($\chi_{S0} = 3{,}25 eV$, Abb. 6.9) überwinden, in das Gateoxid injiziert werden und dort Anlass zu zusätzlicher umladbarer (Q_{SS}) und nicht-umladbarer (Q_{OX}) Aufladung geben. Je kürzer der Kanal ist, umso höher wird die Transversalfeldstärke (abhängig vom Arbeitspunkt $I_D(U_{GS}; U_{DS})$) werden und umso stärker ist die betriebsbedingte U_{TH}-Veränderung durch injizierte "heiße Ladungsträger". Der Begriff ist entstanden, weil die Energie der Ladungsträger innerhalb der Substrat / Drain-RLZ erheblich über dem thermischen Mittelwert kT liegen kann. Heute ist die sich zeitlich summierende Degradation durch heiße Ladungsträger mittels schaltungstechnischer und technologischer Maßnahmen auch bei miniaturisierten Bauelementen beherrscht.

7.5 Kapazitäten und Ersatzschaltbild des MOSFETs

Der MOSFET arbeitet mit Majoritätsladungsträgern aus den Source- und Drain-Gebieten, d. h. in seinem Falle mit den Ladungsträgern im invertierten Kanal der Bauelementoberfläche, für die gilt

$$n\text{-MOSFET: } n_{Kanal}(y) > p_{Kanal}(y), \tag{7.31}$$

$$\text{wobei } n_{Kanal} >> n_{p0} = \frac{n_i^2}{N_{sub}} \text{ bzw. } p_{Kanal} << N_{sub}(= N_A) \text{ für } 0 \le y \le L.$$

$$p\text{-MOSFET: } p_{Kanal}(y) > n_{Kanal}(y), \tag{7.32}$$

$$\text{wobei } p_{Kanal} >> p_{n0} = \frac{n_i^2}{N_{sub}} \text{ bzw. } n_{Kanal} << N_{sub}(= N_D) \text{ für } 0 \le y \le L.$$

Entsprechend wird die MOSFET-Schaltgeschwindigkeit nur durch die Zeitkonstanten bestimmt, die sich durch die Umladung von Kapazitäten zwischen den Bauelementbereichen und zu Bauelementanschlüssen ergibt.

Damit ergibt sich für die Zeit, die die Ladungsträger benötigen, um das Kanalgebiet zu durchqueren, die sogenannte **Transitzeit** τ, als Abschätzung mit der Trägergeschwindigkeit v, der Kanallänge L, der Beweglichkeit der Ladungsträger im Kanal μ und der Feldstärke E

$$\tau = \frac{L}{v} = \frac{L}{\mu \cdot E} = \frac{L^2}{\mu \cdot U_{DS}}. \tag{7.33}$$

Eine Verbesserung der Bestimmung der Transitzeit τ nach Gl. (7.33) ergibt sich durch die Berechnung der RC-Konstanten des Kanalbereiches. Der Widerstand R_{DS} im Kanal ergibt sich z. B. im parabolischen Bereich

$$R_{DS} = \frac{U_{DS}}{I_D} = \frac{1}{k \cdot \left(U_{GS} - U_{TH} - \frac{1}{2} \cdot U_{DS}\right)}$$

$$= \frac{L}{W \cdot \mu \cdot C'_{OX} \cdot \left(U_{GS} - U_{TH} - \frac{1}{2} \cdot U_{DS}\right)}. \tag{7.34}$$

Deshalb gilt für die RC-Konstante, wenn am Ausgang ein gleicher Kapazitätswert $C_{Last} = W \cdot L \cdot C'_{OX}$ anliegt (z. B. eines gleichartigen MOSFETs),

$$R_{DS} \cdot C_{Last} = R_{DS} \cdot W \cdot L \cdot C'_{OX} = \frac{L^2}{\mu \cdot \left(U_{GS} - U_{TH} - \frac{1}{2} \cdot U_{DS}\right)}. \tag{7.35}$$

Für $L = 10 \mu m$, $\mu \approx 500 cm^2/(V \cdot s)$ und Spannungswerte von einigen Volt erhält man für τ und $R_{DS} \cdot W \cdot L \cdot C'_{OX}$ gleichermaßen Werte im ns-Bereich.

Das **Kapazitäts-Ersatzschaltbild** (Abb. 7.13) besteht zum einen aus den Dioden-Kapazitäten C_{SB} und C_{DB}, die entsprechend Abschnitt 3.2.2 auf S. 101 berechnet werden. Zwischen dem Gate-Kontakt G und den Anschlüssen S, D und B existieren zum anderen MOS-Kapazitäten C_{GS}, C_{GD} und C_{GB}, die als Summe die Gate-Kapazität C_G ergeben

$$C_{GS} + C_{GD} + C_{GB} = C_G = W \cdot L \cdot C'_{OX} = W \cdot L \cdot \frac{\varepsilon_0 \cdot \varepsilon_{SiO_2}}{d_{OX}}. \tag{7.36}$$

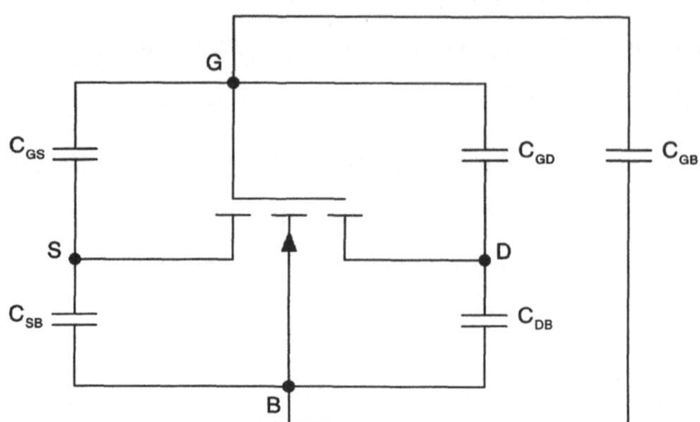

Abb. 7.13 Kapazitäten des MOSFET:
MOS-Kapazitäten $C_{GS} + C_{GD} + C_{GB} = C_G$; pn-Kapazitäten C_{SB}; C_{DB}.

Die Aufteilung nach Gl. (7.36) ist schwierig und hängt davon ab, ob der MOSFET sich im parabolischen oder im Sättigungsbereich (Gl. (7.9) bzw. Gl. (7.11)) befindet. Bei C_{GS} und C_{GD} handelt es sich um Überlappkapazitäten, C_{GB} ist die eigentliche MOS-Kapazität. Als Beispiel errechnen wir die Werte für C_G und C_{SB} bzw. C_{DB} eines Silicon-Gate-MOSFET, bei dem wir näherungsweise C_{GS} und C_{GD} vernachlässigen. Für den Kanalbereich soll gelten $L = 5\mu m$ und $W = 20\mu m$ sowie $d_{OX} = 70nm$. Source und Drain nehmen die Fläche von jeweils $6\mu m \times 24\mu m$ ein und weisen eine Dotierung von $10^{20} cm^{-3}$ gegenüber dem Substrat ("body" oder auch "bulk") mit $5 \cdot 10^{14} cm^{-3}$ auf.

Zunächst ergibt sich nach Gl. (7.36) $C_G \approx C_{GB} = W \cdot L \cdot \frac{\varepsilon_0 \cdot \varepsilon_{SiO_2}}{d_{OX}}$, und wir errechnen $C_G = 5 \cdot 20 \cdot 10^{-12} m^2 \cdot \frac{3{,}9 \cdot 8{,}8 \cdot 10^{-12} As}{70 \cdot 10^{-9} m \cdot V \cdot m} \approx 49fF$.

Für $U_{SB} = U_{DB} = 0$ lässt sich weiterhin nach Gl. (3.14) ansetzen $C_{SB} = C_{DB} = A \cdot \frac{\varepsilon_0 \cdot \varepsilon_{Si}}{w_{RLZ}(U=0)}$ mit Gl. (3.15) $w_{RLZ} \approx \sqrt{\frac{2 \cdot \varepsilon_0 \cdot \varepsilon_{Si}}{q} \cdot \frac{U_D}{N_{sub}}}$, wobei $U_D = U_T \cdot \ln\left(\frac{N_A \cdot N_D}{n_i^2}\right)$ ist.

Zunächst errechnet man $U_D = 0{,}88V$, dann $w_{RLZ} \approx 0{,}44\mu m$ und schließlich erhält man $C_{SB} = C_{DB} = 34fF$. Um die Größen als SPICE-Parameter angeben zu können, errechnen wir $C'_{SB} = \frac{1}{A} \cdot C_{SB}$ bzw. $C'_{DB} = \frac{1}{A} \cdot C_{DB} = 2{,}36 \cdot 10^{-4} \frac{F}{m^2}$ sowie $C_G^* = \frac{C_G}{L} = 9{,}8 \frac{nF}{m}$.

7.6 SPICE-Parameter / Level 1

Die Tab. 7.1 gibt die SPICE MOSFET-Parameter / Level 1 an. Neben Symbolen (wie in Gleichungen benutzt), der englischen Bezeichnung und Erklärung mit Einheiten werden "default"-Werte und "example"-Werte angegeben: einmal Ersatzwerte des SPICE-Programms, falls keine Werte bekannt sind, und zum anderen typische Werte aus Anwendungen.

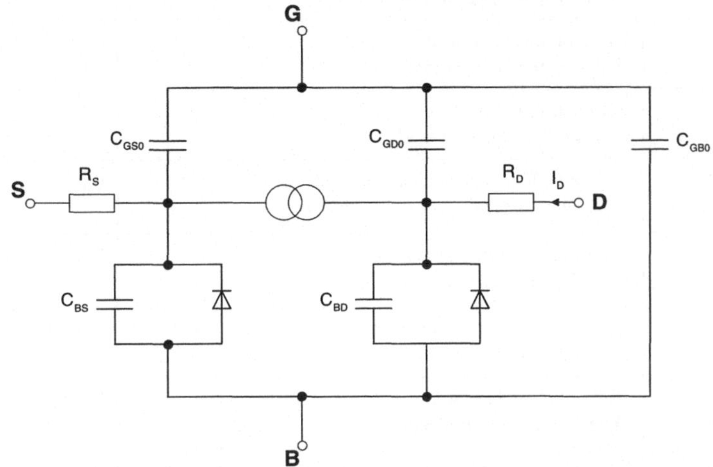

Abb. 7.14 SPICE-MOSFET-Modell Level 1 (schematisiert) für n-MOS-Bauelemente (man beachte die Dioden-Symbole)

Alle Bezeichnungen sind bekannt bis auf den Parameter m in Tab. 7.1, der der Wurzel in Gl. (3.15) entspricht (also dort $m = 1 / 2$) mit der Verallgemeinerung

$$m(SPICE) = \frac{1}{n+2} \quad , \tag{7.37}$$

wobei dem Dotierungsverlauf entsprechend der Parameter n Werte zwischen $0 \leq n \leq 2$ annimmt.

Viele SPICE-Parameter werden nicht nur errechnet, sondern vor allem auch gemessen.

Symbol	Name	Parameter	Units	Defaults	Example
	LEVEL	Model index *(Modell Version)*		1	
V_{TO}	VT0	Zero-bias threshold voltage *(Schwellenspannung für U_{DS}=0V)*	V	0.0	1.0
k	KP	Transconductance parameter *(Steilheitsparameter)*	A / V²	2.0E-5	3.1E-5

Symbol	Name	Parameter	Units	Defaults	Example
γ	GAMMA	Bulk threshold parameter *(Substratsteuerfaktor)*	$V^{1/2}$	0.0	0.37
$2\|\phi_F\|$	PHI	Surface potential *(Oberflächenpotential)*	V	0.6	0.65
λ	LAMBDA	Channel-length modulation *(Kanallängenmodulation)*	V^{-1}	0.0	0.02
r_d	RD	Drain ohmic resistance *(Drain-Serienwiderstand)*	Ω	0.0	1.0
r_s	RS	Source ohmic resistance *(Source-Serienwiderstand)*	Ω	0.0	1.0
C_{DB}	CBD	Zero-bias B-D junction capacitance *(B-D-Diodenkapazität bei U_{BD}=0V)*	F	0.0	2.0E-14
C_{SB}	CBS	Zero-bias B-S junction capacitance *(S-D-Diodenkapazität bei U_{SD}=0V)*	F	0.0	2.0E-14
	IS	Bulk junction saturation current *(B-D-Sättigungssperrstrom)*	A	1.0E-14	1.0E-15
Φ_0	PB	Bulk junction potential *(S/D-Substrat-Diffusionsspannung)*	V	0.8	0.87
	CGSO	Gate-source overlap capacitance per meter channel width *(G-S-Überlappkapazität pro m Kanalweite)*	F / m	0.0	4.0E-11
	CGDO	Gate-drain overlap capacitance per meter channel width *(G-D-Überlappkapazität pro m Kanalweite)*	F / m	0.0	4.0E-11
	CGBO	Gate-bulk overlap capacitance per meter channel length *(G-B-Kapazität pro m Kanalweite)*	F / m	0.0	2.0E-10
	RSH	Drain and source diffusion sheet resistance *(D/S-Schichtwiderstand)*	Ω/ square	0.0	10.0
C_{f0}	CJ	Zero-bias bulk junction bottom capacitance per square meter of junction area *(S/D-S-Wannenbodenkapazität pro Fläche bei U=0V)*	F / m²	0.0	2.0E-4
m	MJ	Bulk junction bottom grading coefficient *(S/D-Substrat-Exponent des Wannenboden-dotierungsprofils)*		0.5	0.5
	CSJW	Zero-bias bulk junction sidewall capacitance per meter of junction perimeter *(S/D-Substrat-Wannenseitenkapazität bei U=0V pro Durchmesser)*	F / m	0.0	1.0E-9
m	MJSW	Bulk junction sidewall grading coefficient *(S/D-Substrat-Exponent des Wannenseiten-Dotierungsprofils)*		0.33	

Symbol	Name	Parameter	Units	Defaults	Example
	JS	Bulk junction saturation current per square meter of junction area *(S-D-Sättigungssperrstromdichte)*	A / m²		1.0E-8
t_{ox}	TOX	Oxide thickness *(Oxiddicke)*	m	1.0E-7	1.0E-7
N_A or N_D	NSUB	Substrate doping *(Substratdotierung)*	cm^{-3}	0.0	4.0E15
Q_{SS}/q	NSS	Surface state density *(Dichte der Oberflächenzustände)*	cm^{-2}	0.0	1.0E10
	NFS	Fast surface state density *(Dichte der schnellen Oberflächenzustände)*	cm^{-2}	0.0	1.0E10
	TPG	Type of gate material: *(Gate-Material)* +1 opposite to substrate *(komplementär zu Substrat)* -1 same as substrate *(wie Substrat)* 0 Al gate *(Al-Gate)*		1.0	
x_j	XJ	Metallurgical junction depth *(Metallurgische Tiefe der pn-Übergänge)*	m	0.0	1.0E-6
L_D	LD	Lateral diffusion *(seitliche Unterdiffusion)*	m	0.0	0.8E-6
μ	UO	Surface mobility *(Oberflächenbeweglichkeit)*	cm² / Vs	600	700

Tab. 7.1 SPICE-MOSFET-Parameter / Level 1 (nach [Hod88/p.42])

7.7 Gleichspannungsübertragungseigenschaften des CMOS-Inverters

Nachdem die Details der elektrischen Beschreibung von einzelnen MOS-Transistoren behandelt worden sind, wird im Folgenden auf die Simulation des Gleichsspannungsübertragungsverhaltens (oder "DC"-Verhalten für engl. direct current) von CMOS-Invertern eingegangen. Der CMOS-Inverter steht dabei für die einfachste Kombination aller innerhalb der CMOS-Technologie verwendeten Einzelbauelemente für einen integrierten Schaltkreis oder IC. Es handelt sich dabei um jeweils einen normally-off-*n*-MOSFET und einen normally-off-*p*-MOSFET (s. Abb. 7.3), die beim Inverter serienverschaltet sind.

Übertragungsverhalten eines CMOS-Inverters

Jeder Inverter verwandelt eine "hohe" Eingangsspannung U_E in eine "geringe" Ausgangsspannung U_A und umgekehrt. Für "hoch" bzw. "gering" stehen die logischen Größen "1" bzw. "0" und elektrotechnisch die Spannungen $U = U_{DD}$ bzw. $U = 0$.

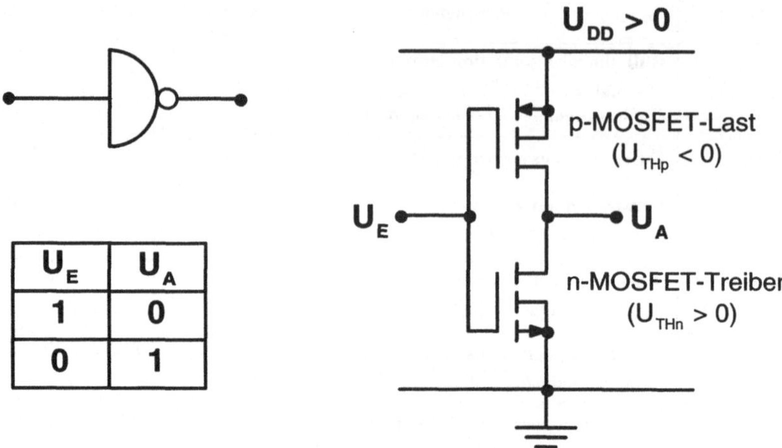

U_E	U_A
1	0
0	1

Abb. 7.15 CMOS-Inverter mit Schaltsymbol und Wahrheitstabelle

Entsprechend der Abb. 7.2a gehen wir beim Aufbau von einem n-Substrat aus mit nachfolgend erzeugtem p-well-Bereich, jeweils für den Ort eines aktiven Bauelementes. Nach der Abb. 7.2b ist dabei der n-MOSFET der sogenannte **Treiber-Transistor** und der p-MOSFET der sogenannte **Last-Transistor**. Beide Gate-Anschlüsse bilden den Inverter-Eingang mit der Spannung U_E, beide Drain-Anschlüsse den Inverter-Ausgang mit der Spannung U_A. Der Source-Kontakt des n-MOSFETs liegt auf Massepotential, derjenige des p-MOSFETs auf der Versorgungsspannung U_{DD} (> 0) (vgl. Abb. 7.15).

Diese Übertragungseigenschaften lassen sich folgendermaßen verstehen.

1. **Logische Endlage 1:** $U_A(U_E = 0) = U_{DD}$
   Das Eingangspotential U_E am n-MOSFET-Gate liegt auf dem Massepotential seines Source-Kontaktes: **er sperrt**. Das Eingangspotential $U_{GS} = -(U_{DD} - U_E)$ am normally-off-p-MOSFET hat dann seinen höchsten Wert $-U_{DD}$ angenommen: **er leitet**. Im Verhältnis der Kanalwiderstände $R_n >> R_p$ teilt sich die Betriebsspannung auf: Das gemeinsame Drain-Potential liegt entsprechend "hoch": $U_A = U_{DD}$. Es fließt der n-MOSFET-Reststrom.

2. **Schalten:** $U_A(U_E > 0) < U_{DD}$
   Das Eingangspotential U_E am n-MOSFET erhöht sich über die Schwellenspannung U_{THn} hinaus: der n-MOSFET öffnet (im Sättigungsbereich $U_A > U_E - U_{THn}$) und sein Kanalwiderstand verringert sich: U_A sinkt. Das Eingangspotential am p-MOSFET-Gate $U_{GS} = -(U_{DD} - U_E)$ verringert sich dem Betrage nach: der p-MOSFET schließt (im Triodenbereich mit $U_{DD} - U_A < U_{DD} - (U_E + U_{THp})$, wobei $U_{THp} < 0$. Es fließt der vom Treiber-MOSFET begrenzte Strom I_D

$$I_D = \frac{I_n \cdot I_p}{I_n + (I_n - I_p) \cdot U_A / U_{DD}} \tag{7.38}$$

entsprechend den seriengeschalteten Kanalwiderständen

$$R_n = \frac{U_A}{I_n} \text{ und } R_p = \frac{U_{DD} - U_A}{I_p} \tag{7.39}$$

und der Strom I_D bildet ein ausgeprägtes Maximum in der Umgebung von $U_E \approx 0{,}5\ U_{DD}$, wenn beide Transistoren vergleichbar leiten. Wenn das Eingangspotential U_E am *n*-MOSFET-Gate über den Wert $U_E > 0{,}5\ U_{DD}$ steigt, öffnet dieser weiter (nun im Triodenbereich $U_A < U_E - U_{THn}$). Das Eingangspotential $-(U_{DD} - U_E)$ am *p*-MOSFET-Gate wird stark verringert (nun im Sättigungsbereich mit $U_{DD} - U_A > U_{DD} - (U_E + U_{THp})$, wobei wieder $U_{THp} < 0$). Wieder fließt der Schaltstrom I_D, jedoch zunehmend durch den Last-MOSFET begrenzt, bis vom Punkt seiner Schwellenspannung ab $U_{DD} - U_E < U_{DD} + U_{THp}$ der *p*-MOSFET-Sättigungsstrom verbleibt.

3. **Logische Endlage 2**: $U_A(U_E = U_{DD}) = 0$
   Das Eingangspotential U_E am normally-off-*n*-MOSFET-Gate liegt auf der Versorgungsspannung U_{DD}: **er leitet**. Das Eingangspotential $-(U_{DD} - U_E)$ am normall-off-*p*-MOSFET hat seinen geringsten Wert (= 0) angenommen: **er sperrt**. Nun teilt sich die Betriebsspannung im Verhältnis $R_n << R_p$ auf. Das gemeinsame Drain-Potential liegt entsprechend "niedrig": $U_A \approx 0$. Es fließt der *p*-MOSFET-Reststrom.

Die Abb. 7.16 zeigt die Ergebnisse von Simulationsrechnungen. Die Funktion $U_A(U_E)$ der **Spannungsübertragung** ist bei diesen Rechnungen quadratisch approximiert, die Ströme werden damit bereichsweise entsprechend den o. a. Bemerkungen in 1. - 3. errechnet. Die Sperrströme der beiden MOSFETs werden als Generationsströme (vgl. Gl. (4.30)) bestimmt.

Für die Dotierungen gilt:
Substrat: $N_D = 10^{16}\ \text{cm}^{-3}$, *p*-well: $N_A = 5 \cdot 10^{16}\ \text{cm}^{-3}$, $N_D(n\text{-MOS}) = N_A(p\text{-MOS}) = 10^{17}\text{cm}^{-3}$; für die Geometrie: *n*-MOS: $(W/L) = 48$; *p*-MOS: $(W/L) = 120$; die Source- und Drain-Bereiche haben eine Fläche von $6 \cdot 10^{-6}\ \text{cm}^2$; für die Schwellenspannungen gilt: $U_{THn} = 0{,}3\text{V}$; $U_{THp} = -0{,}3\text{V}$, und schließlich beträgt der Parameter $\lambda(n\text{-MOS}) = \lambda(p\text{-MOS}) = 0{,}01$.

Neben den linearen Darstellungen $U_A(U_E)$ und $I_D(U_E)$ für $U_{DD} = 5\text{V}$ ist ebenfalls eine logarithmische Darstellung $log(I_D(U_E))$ angegeben, um die MOSFET-Sperrströme sichtbar zu machen.

Der Strom I_D steigt auf Werte im mA-Bereich lediglich innerhalb des Bereiches "Schalten", in den beiden "logischen Endlagen" dagegen nimmt er den Sättigungssperrstrom der jeweiligen MOSFETs an. Darin ist die CMOS-Eigenschaft begründet, im DC-Betrieb keine nennenswerte Verlustleistung aufzuweisen.

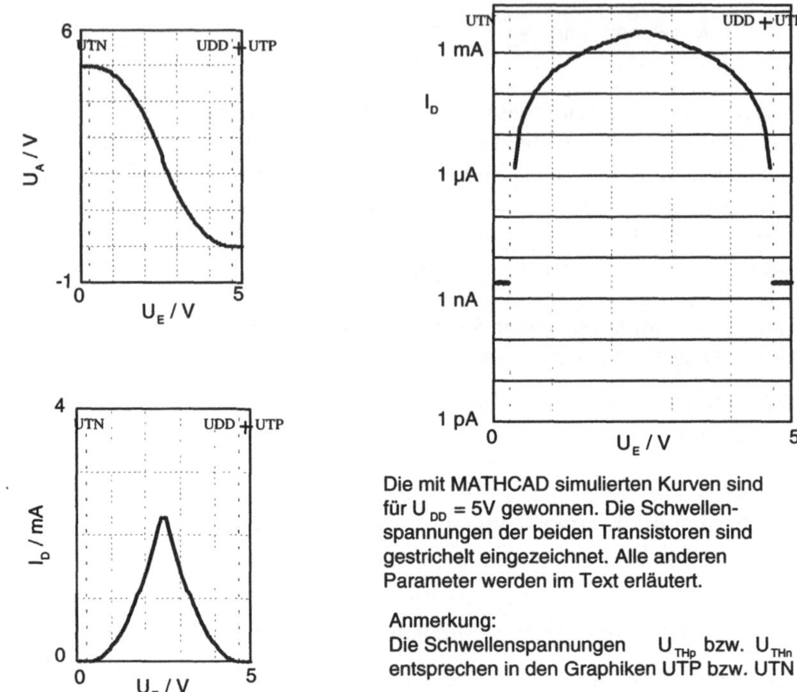

Abb. 7.16 CMOS-Inverter-Übertragungsfunktionen

7.8 Schaltverhalten des CMOS-Inverters

Die wichtigsten Eigenschaften eines CMOS-Schaltkreises sind neben seinem Gleichspannungsverhalten die Schalteigenschaften. Dabei berechnet man die Zeiten, die das Bauelement zum An- und Abschalten benötigt, wenn ihm eine sich selbst entsprechende (kapazitive) Last nachgeschaltet ist. Für die Vergleiche mit einer Messung nimmt man das Zeitintervall für das Anschalten zwischen 10% und 90% der Ausgangsspannung und bezeichnet dies als **Anstiegszeit** (engl. rise-time), oder für das Abschalten zwischen 90% und 10% der Ausgangsspannung und bezeichnet dies als **Abfallzeit** (engl. fall-time).

Für unsere Rechnung nehmen wir entsprechend an, dass am CMOS-Inverter-Ausgang eine rein kapazitive Last C_L liegt, die i. Allg. der Eingangskapazität C_{MOS} entspricht [Bur64]. Jedoch werden wir weiter mit dem Ausdruck C_L rechnen, damit auch Mehrfache von C_L angesetzt werden können. Wir ordnen den beiden Transistor-Kanälen keine weiteren Kapazitätsbeiträge zu. Ansonsten arbeiten wir mit den bislang erarbeiteten Ausdrücken für

MOS-Transistoren.

Alle zeitabhängigen ("transienten") Größen werden mit kleinen Buchstaben bezeichnet. Es gilt für den transienten Strom durch den Lasttransistor $i_P = i_N + i_C$ sowie für den transienten Verschiebungsstrom durch die Lastkapazität $i_C = i_P = i_N = C_L \cdot (du_{aus}/dt)$. Die Zeit t errechnet man mit $dt = (C_L/(i_P - i_N)) \cdot du_{aus}$.

7.8.1 Abschaltverhalten der Ausgangsspannung

Am Eingang liegt ein Rechteckpuls $u_{ein}(t)$, der zum Zeitpunkt $t = 0$ von 0 auf U_{DD} springt. Wir errechnen die Pulsantwort $u_{aus}(t)$ am Ausgang, die entsprechend von U_{DD} auf 0 fällt.

An der Last liegt zunächst $u_{aus} = U_{DD}$. Beim Sprung von u_{ein} öffnet der Treibertransistor (n-MOSFET) und die Ausgangsspannung bricht zusammen. Die Ladung der Last C_L entlädt sich über den Treibertransistor, während der Lasttransistor (p-MOSFET) stromlos bleibt. Bei der Rechnung werden zwei aufeinanderfolgende Zeitabschnitte betrachtet, je nachdem ob wir mit dem Treibertransistor im **Sättigungsbereich** oder im **parabolischen Bereich** sind. Schließlich berechnen wir die **Abfallzeit** des CMOS-Inverters.

1. Zeitabschnitt: $0 \le t \le t_{0N}$: ***n*-MOS-Sättigung**

$$i_N = \frac{1}{2} \cdot k_N \cdot (u_{ein} - U_{THn})^2 ; \quad U_{THn} > 0 , \tag{7.40}$$

$$u_{ein}(t \ge 0) = U_{DD} ,$$

$$C_L \cdot \left(\frac{du_{aus}}{dt}\right) = -\frac{1}{2} \cdot k_N \cdot (u_{ein} - U_{THn})^2 \tag{7.41}$$

$$\int_{U_{DD}}^{u_{aus}(t)} \mathrm{d}u_{aus} = -\left(\frac{k_N}{2 \cdot C_L}\right) \cdot \int_0^t (U_{DD} - U_{THn})^2 dt .$$

Nach Ausführung der Integration ergibt sich

$$u_{aus}(t) = U_{DD} - \frac{k_N}{2 \cdot C_L} \cdot (U_{DD} - U_{THn})^2 \cdot t . \tag{7.42}$$

2. Zeitabschnitt: $t_{0N} \le t \le \infty$: ***n*-MOS im parabolischen Bereich**

$$i_N = \frac{1}{2} \cdot k_N \cdot [2 \cdot (u_{ein} - U_{THn}) \cdot u_{aus} - u_{aus}^2] ,$$

$$u_{ein}(t \ge t_{0N}) = U_{DD} ,$$

$$C_L \cdot \left(\frac{du_{aus}}{dt}\right) = \frac{1}{2} \cdot k_N \cdot [2 \cdot (U_{DD} - U_{THn}) \cdot u_{aus} - u_{aus}^2] \tag{7.43}$$

$$\int_{U_{DD}-U_{THn}}^{u_{aus}(t)} \frac{du_{aus}}{2 \cdot (U_{DD} - U_{THn}) \cdot u_{aus} - u_{aus}^2} = \frac{k_N}{2 \cdot C_L} \cdot \int_{t_{ON}}^{t} dt .$$

Nach Ausführung der Integration finden wir

$$u_{aus}(t) = (U_{DD} - U_{THn}) \cdot \left[1 - \tanh\left\{\frac{k_N}{2 \cdot C_L} \cdot (U_{DD} - U_{THn}) \cdot (t - t_{ON})\right\}\right]. \tag{7.44}$$

Mit den unten definierten Konstanten t_{ON}, τ_N sowie α_N lauten die transienten **Ausgangsspannungen beim Einschalten**

1. für die **NMOS-Sättigung** $0 \le t \le t_{0N}$

$$u_{aus}(t) = U_{DD} \cdot \left[1 - (1 - \alpha_N)^2 \cdot \frac{t}{\tau_N}\right], \tag{7.45}$$

2. für den **parabolischen *n*-MOS-Bereich** $t_{0N} \le t \le \infty$,

$$u_{aus}(t) = U_{DD} \cdot (1 - \alpha_N) \cdot \left\{1 - \tanh\left[(1 - \alpha_N) \cdot \left(\frac{t - t_{0N}}{\tau_N}\right)\right]\right\}, \tag{7.46}$$

wobei folgende Abkürzungen verwendet werden

$$t_{0N} \equiv t(U_{DD} - U_{THn}) - t(U_{DD}) = \frac{2 \cdot C_L}{k_N} \cdot \frac{|U_{THn}|}{(U_{DD} - U_{THn})^2},$$

$$\tau_N = \frac{2 \cdot C_L}{k_N} \cdot \frac{1}{U_{DD}} \text{ und}$$

$$\alpha_N = \frac{|U_{THn}|}{U_{DD}} \text{, also auch } t_{0N} = \tau_N \cdot \frac{\alpha_N}{(1 - \alpha_N)^2}.$$

Für die technisch wichtige **Abfallzeit T_F** ("fall time") errechnet man elementar

$$T_F \equiv t(u_{aus} = 0{,}1 \cdot U_{DD}) - t(u_{aus} = 0{,}9 \cdot U_{DD}) \tag{7.47}$$

$$= \tau_N \cdot \left\{\frac{\alpha_N - 0{,}1}{(1 - \alpha_N)^2} + \frac{arth(1 - 0{,}1/(1 - \alpha_N))}{1 - \alpha_N}\right\}.$$

Die Abfallzeit wird von den Eigenschaften des Treibertransistors beherrscht.

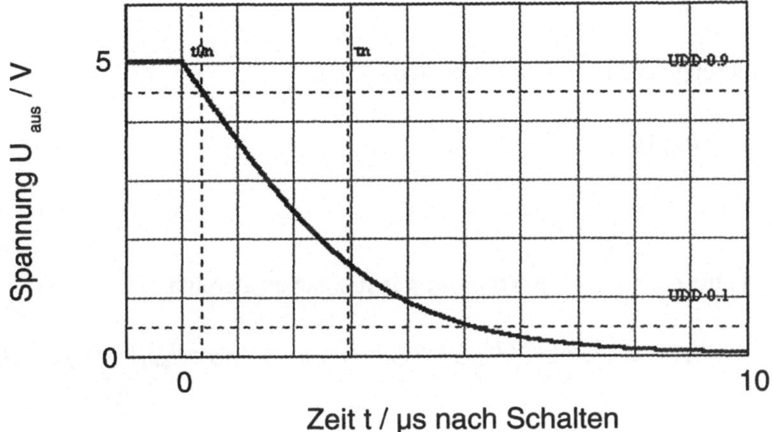

Abb. 7.17 Abschaltverhalten der Ausgangsspannung eines CMOS-Inverters (d_{OX} = 10 nm; U_{DD} = 5 V; U_{THn} = 0,5 V; U_{THp} = -0,5 V; W_N = 50 µm; W_P = 150 µm; $L_N = L_P$ = 1 µm)

7.8.2 Einschaltverhalten der Ausgangsspannung

Am Eingang liegt ein Rechteckpuls $u_{ein}(t)$, der zum Zeitpunkt $t = 0$ von U_{DD} auf 0 sinkt. Wir errechnen die Pulsantwort $u_{aus}(t)$ am Ausgang, die nun entsprechend von 0 auf U_{DD} steigt. An der Last liegt zunächst keine Spannung. Beim Sprung von u_{ein} öffnet der Lasttransistor und die Ausgangsspannung baut sich auf. Die Last lädt sich über den Lasttransistor bis auf den Wert U_{DD} auf, während nun der Treibertransistor stromlos bleibt. Wieder werden zwei aufeinanderfolgende Zeitabschnitte betrachtet, je nachdem ob wir mit dem Lasttransistor im **Sättigungsbereich** oder im **parabolischen Bereich** sind. Schließlich berechnen wir die **Anstiegszeit** des CMOS-Inverters.

1. Zeitabschnitt: $0 \leq t \leq t_{0P}$: ***p*-MOS-Sättigung**

$$i_P = \frac{1}{2} \cdot k_P \cdot (U_{DD} - u_{ein} + U_{THp})^2 ; \quad U_{THp} < 0 , \tag{7.48}$$

$$u_{ein}(t > 0) = 0 ,$$

$$C_L \cdot \left(\frac{du_{aus}}{dt}\right) = \frac{1}{2} \cdot k_P \cdot (U_{DD} + U_{THp})^2 \tag{7.49}$$

$$\int_0^{u(t)} \mathrm{d}u_{aus} = \frac{k_P}{2 \cdot C_L} \cdot \int_0^t (U_{DD} + U_{THp})^2 dt .$$

Nach Ausführung der Integration ergibt sich

$$u_{aus}(t) = \frac{k_P}{2 \cdot C_L} \cdot (U_{DD} + U_{THp})^2 \cdot t . \tag{7.50}$$

2. Zeitabschnitt: $t_{0P} \leq t \leq \infty$: ***p*-MOS im parabolischen Bereich**

$$i_P = \frac{1}{2} \cdot k_P \cdot [2 \cdot (U_{DD} - u_{ein} + U_{THp}) \cdot (U_{DD} - u_{aus}) - (U_{DD} - u_{aus})^2] ,$$

$$u_{ein}(t \geq t_{0P}) = 0 ,$$

$$C_L \cdot \left(\frac{du_{aus}}{dt}\right) = \frac{1}{2} \cdot k_P \cdot$$

$$\cdot [2 \cdot (U_{DD} - u_{ein} + U_{THp}) \cdot (U_{DD} - u_{aus}) - (U_{DD} - u_{aus})^2] \tag{7.51}$$

$$\int_{U_{DD} - u_{aus}}^{U_{DD} - u(t)} \frac{\mathrm{d}(U_{DD} - u_{aus})}{2 \cdot (U_{DD} + U_{THp}) \cdot (U_{DD} - u_{aus}) - (U_{DD} - u_{aus})^2} = \frac{k_P}{2 \cdot C_L} \cdot \int_{t_{0P}}^t \mathrm{dt}$$

Nach Ausführung der Integration finden wir

$$u_{aus}(t) = U_{DD} - (U_{DD} + U_{THp}) \cdot \left[1 - \tanh\left\{\frac{k_P}{2 \cdot C_L} \cdot (U_{DD} + U_{THp}) \cdot (t - t_{0P})\right\}\right] . \tag{7.52}$$

Mit den unten definierten Konstanten t_{0P}, τ_P sowie α_P lauten die transienten **Ausgangsspannungen beim Einschalten**

1. für die ***p*-MOS-Sättigung** $0 \leq t \leq t_{0P}$

$$u_{aus}(t) = U_{DD} \cdot \left[(1 - \alpha_P)^2 \cdot \frac{t}{\tau_P}\right] , \tag{7.53}$$

2. für den **parabolischen *p*-MOS-Bereich** $t_{0P} \leq t \leq \infty$

$$u_{aus}(t) = U_{DD} \cdot \left[1 - (1 - \alpha_P) \cdot \left\{1 - \tanh\left[(1 - \alpha_P) \cdot \left(\frac{t - t_{0P}}{\tau_P}\right)\right]\right\}\right] , \tag{7.54}$$

wobei folgende Abkürzungen verwendet werden

$$t_{0P} = \frac{2 \cdot C_L}{k_P} \cdot \frac{|U_{THp}|}{(U_{DD} + U_{THp})^2},$$

$$\tau_P = \frac{2 \cdot C_L}{k_P} \cdot \frac{1}{U_{DD}} \text{ und}$$

$$\alpha_P = \frac{|U_{THp}|}{U_{DD}}, \text{ also auch } t_{0P} = \tau_P \cdot \frac{\alpha_P}{(1-\alpha_P)^2}.$$

Für die technisch wichtige **Anstiegszeit T_R** ("rise time") errechnet man elementar

$$T_R \equiv t(u_{aus} = 0{,}9 \cdot U_{DD}) - t(u_{aus} = 0{,}1 \cdot U_{DD}) \tag{7.55}$$

$$= \tau_P \cdot \left\{ \frac{\alpha_P - 0{,}1}{(1-\alpha_P)^2} + \frac{arth(1 - 0{,}1/(1-\alpha_P))}{1-\alpha_P} \right\}.$$

Die Anstiegszeit wird von den Eigenschaften des Lasttransistors beherrscht.

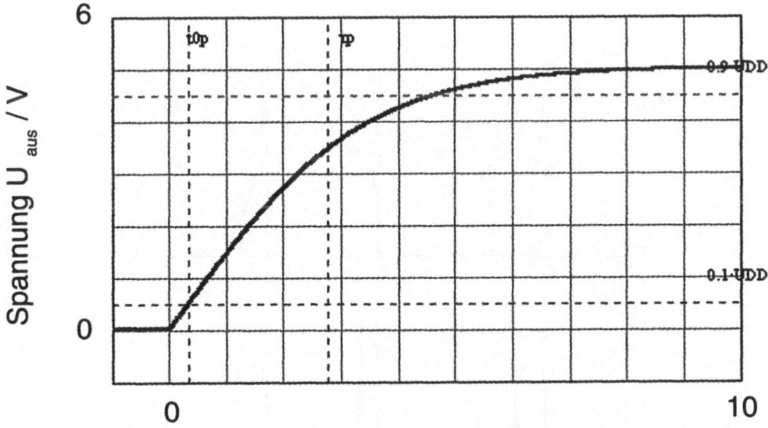

Abb. 7.18 Einschaltverhalten der Ausgangsspannung eines CMOS-Inverters (geometrische und elektrische Parameter siehe Abb. 7.17)

7.8.3 Dynamische Verlustleistung des CMOS-Inverters

Auf Grund der Eigenschaften von CMOS-Bauelementen zeichnen sich die logischen Endlagen durch Stromlosigkeit aus, weil immer einer der beiden komplementären MOSFETs dabei sperrt. Dabei sehen wir vom Leckstrom ab, der um Größenordnungen geringer ist als der Schaltstrom und i. Allg. vernachlässigt werden darf (vgl. Abschnitt 7.7)[1].

Wir gehen bei der Berechnung davon aus, dass wiederum wie zuvor die Last rein kapazitiv (C_L) angenommen wird, also z. B. eine gleichartige CMOS-Stufe folgt. Für die Berechnung der **dynamischen Verlustleistung** ***P*** wird die Periodendauer T in zwei Zeitabschnitte unterteilt, von denen der erste Teil T_1 den **Pulsanstieg am Eingang** (d. h. Stromfluss durch

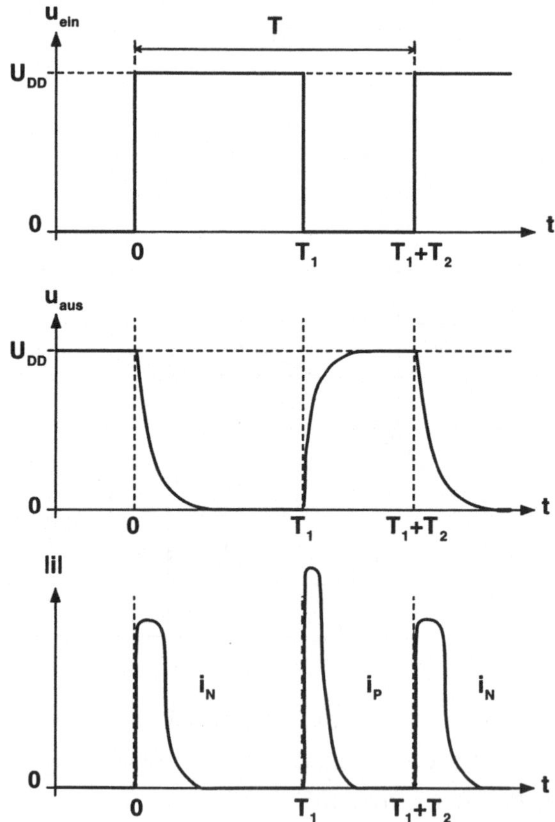

Abb. 7.19 Zur Dynamischen Verlustleistung des CMOS-Inverters: transiente Eingangs- und Ausgangsspannungen, sowie Schaltstrom (stark schematisiert).

1. Anmerkung: mit zunehmender Miniaturisierung ist der Leckstrom immer weniger vernachlässigbar und muss in Verlustleistungsbetrachtungen miteinbezogen werden. Grund dafür ist im Wesentlichen die Schwellenspannung U_{TH}, die typischerweise mit jeder neuen Technologiegeneration sinkt und damit den Unterschwellstromanteil des Leckstroms exponentiell anwachsen lässt (vgl. Gl. (7.26).

den n-MOSFET) und der zweite Teil T_2 den **Pulsabfall am Eingang** (d. h. Stromfluss durch den p-MOSFET) betrifft: $T_1 + T_2 = T$.

Entsprechend gilt nach Abb. 7.19

$$P = \frac{1}{T} \cdot \left[\int_0^{T_1} i_N \cdot u_{aus} dt + \int_{T_1}^{T} i_P \cdot (U_{DD} - u_{aus}) dt \right] \tag{7.56}$$

$$\text{mit } i_N = -C_L \cdot \left(\frac{du_{aus}}{dt}\right) \text{ und } i_P = -C_L \cdot \left(\frac{d(U_{DD} - u_{aus})}{dt}\right).$$

Das negative Vorzeichen berücksichtigt die Richtung des Schaltens

$$P = \frac{-C_L}{T} \cdot \left[\int_{U_{DD}}^{0} u_{aus} du_{aus} + \int_{U_{DD}}^{0} (U_{DD} - u_{aus}) d(U_{DD} - u_{aus}) \right]. \tag{7.57}$$

Hierbei gilt für die Integrationsgrenzen (vgl. auch Abb. 7.19)

$u_{aus}(t = 0) = U_{DD}$; $u_{aus}(t = T_1) = 0$;

$U_{DD} - u_{aus}(t = T_1) = U_{DD}$; $U_{DD} - u_{aus}(t = 0) = 0$.

Damit können die Integrale gelöst werden

$$P = \frac{+C_L}{T} \cdot \left[\frac{1}{2} \cdot U_{DD}^2 + \frac{1}{2} \cdot U_{DD}^2\right] = \frac{C_L \cdot U_{DD}^2}{T}. \tag{7.58}$$

Mit der Frequenz $f = 1/T$ ergibt sich die wichtige Gleichung für die **dynamische Verlustleistung von CMOS-Schaltkreisen**

$$P = \alpha \cdot C_L \cdot U_{DD}^2 \cdot f \tag{7.59}$$

mit der Schaltaktivität α. Die **Schaltaktivität α** beschreibt, wie oft pro Taktzyklus ein Gatter den Ausgangszustand (logisch 0 oder 1) ändert. In dem aufgeführten Inverterbeispiel gilt $\alpha = 1$, in komplexen CMOS-Schaltkreisen gilt jedoch typischerweise $\alpha \ll 1$. Aus Gl. (7.59) erkennt man, dass für sehr große CMOS-Schaltkreise mit mehr als $10^6 \ldots 10^7$ Einzeltransistoren **Miniaturisierung** (kleines C_L) und **geringe Betriebsspannung** U_{DD} wichtig sind, um die Verlustleistung P klein zu halten. Wenn es sich außerdem um batteriebetriebene **Geräte mit begrenzter Versorgungsenergie** handelt (z. B. < 10kJ Batterie-Energie beim Herzschrittmacher, aber auch wichtiger Gesichtspunkt für Satellitenelektronik, Armbanduhren, Mobiltelefone u. a.), ist es ratsam, die Betriebsfrequenz f nicht unnötig hoch zu wählen, sondern sie im Hinblick auf die dynamische Verlustleistung stets für die jeweilige Anwendung abzustimmen.

8 Herstellungsprozess von Halbleiterbauelementen

Wir haben nun die Grundlagen der Siliziumplanartechnologie, der Simulation und der Modellrechnungen zur Halbleitertechnik schließlich die Grundformen der Bauelemente (engl. device) der Festkörperelektronik bis zur (niedrigsten) Integrationsstufe ("Komplexität") des CMOS-Inverters entwickelt. Die Umsetzung bzw. Anwendung für einen industriellen Herstellungsprozess von marktgängigen Bauelementen bedarf jedoch noch eines erheblich größeren Aufwands.

Ein Bauelement der Elektrotechnik leistet eine eindeutige elektronische Funktion (z. B. als Inverter; Operationsverstärker; Speicher usw.) mit statistisch quantifizierter Zuverlässigkeit für die Parameter der Bauelemente eines Lieferloses und mit zugesicherter Qualität als garantierte Lebensdauer bei Einhaltung der Betriebsbedingungen. Zu diesen Bedingungen macht der Hersteller seinen Preis und sichert Regress bei nachgewiesenen Fabrikationsmängeln zu.

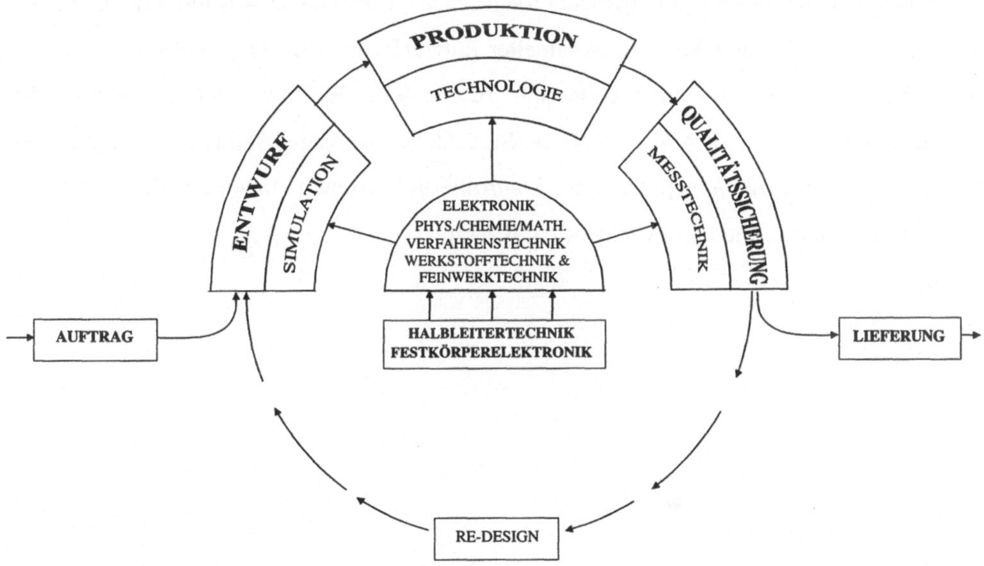

Abb. 8.1 Die Entwicklung eines Bauelements als Massenprodukt vom Auftrag bis zur Lieferung [Wag99]

Dieses Fabrikationskonzept läßt sich bei Serienfertigung erfüllen, wenn die Produktion ständiger messtechnischer Kontrolle aller Werkstoffe und aller Zwischenprodukte unterliegt und für die Qualitätsbeurteilung Erwartungswerte aus Simulationsrechnung und früherer Fertigung vorliegen. Insofern ist der technologische Fortschritt im Fabrikationsprozess stets auf die überwachte Weiterentwicklung einzelner Produktionsschritte beschränkt, in den seltensten Fällen darüber hinausgehend. An einer vorhandenen Produktionslinie läßt sich die Erfüllung eines Auftrages bis hin zur Lieferung in der Form eines **Zyklus** beschreiben (Abb. 8.1). Zunächst wird ein Schaltungsentwurf gemacht, dessen Betriebsparameter untersucht werden durch Simulationsrechnungen von der Ebene der Bauelemente und ihrer Technologie ("device modeling") bis zur Ebene des Funktionsblockes mit Logik- und Dynamik-Tests (Gatterverzögerungszeiten, Temperaturverhalten usw.). Mit einem getesteten Entwurf beginnt die Produktion innerhalb der Technologie. Dabei und danach werden Messungen zur Qualitätssicherung durchgeführt, die fortlaufend die Technologie kontrollieren (z. B. $C(U)$-Tests u. a.) und zum Produktionsabschluss alle Bauelemente einer Funktionsprüfung am Testautomaten unterziehen. Damit ist meist eine Sortierung der produzierten Bauelemente in "Klassen" verbunden im Hinblick auf die Qualität ihrer Funktionsparameter (z. B. Sperrströme und Durchbruchspannung von Dioden, Steilheit von MOSFETs u. a.). Für den Fall zu großer Ausfallzahlen, d. h. zu geringer Ausbeute (engl. yield), findet keine Auslieferung an Kunden statt, sondern der Zyklus wird nach eventueller Entwurfskorrektur (engl. redesign) nochmals durchlaufen, um die Bauelemente-Qualität zu steigern. Es muss betont werden, dass Bauelementqualität niemals allein durch die Statistik der Klasseneinteilung entsteht, sondern stets durch eine sorgfältig geplante und kontrollierte Fertigung, innerhalb derer frühzeitig Fehlerquellen erkannt und eliminiert werden [Cha96].

Literaturverzeichnis

[Bar47] J. Bardeen, “Surface States and Rectification at a Metal Semi-Conductor Contact”, Phys. Rev. 71, p. 717-727, 1947.

[Bra53] W. H. Brattain, J. Bardeen, “Surface Properties of Germanium”, Bell Syst. Techn. J., Vol. 32, p. 1-41, 1953.

[Ber92] Bergmann, Schaefer, *Lehrbuch der Experimentalphysik: Festkörper*, Band 6, Kap. 6, Walter de Gruyter Verlag, 1992.

[Blu74] W. Bludau et al., J. Appl. Phys. 45, p. 1846ff, 1974.

[Böhm] M. Böhm, persönliche Mitteilung, 1989.

[Bul93] C. Bulucea, Solid State Electronics 36, p. 489-493, 1993.

[Bur64] J. R. Burns, RCA-Review 25, p. 627-661, 1964.

[Car81] G. Carter, W. A. Grant, *Ionenimplantation in der Halbleitertechnik*, Hanser-Verlag, 1981.

[Cha96] C. Y. Chang; S. M. Sze, *ULSI-Technology*, Mc Graw-Hill, 1996.

[Coh66] M. L. Cohen, T. K. Bergstresser, Phys. Rev. 141, p. 789ff, 1966.

[Dav92] B. Davari et al., “A High-Performance 0.25µm CMOS Technology: II-Technology”, IEEE Transactions on Electron Devices, Vol. 39, No. 4, p. 967-975, 1992.

[Goe73] A. Goetzberger, M. Schulz, Festkörperprobleme XIII, p. 317ff, 1973.

[Gra93] J. Graf, persönliche Mitteilung, 1993.

[Gro67] A. Grove, *Physics and Technology of Semiconductor Devices*, John Wiley, 1967.

[Hal52] R. N. Hall, “Electron-Hole Recombination in Germanium”, Phys. Rev. 87, p. 387ff, 1952.

[Hod88] D. A. Hodges, H.G. Jackson, *Analysis and Design of Digital Integrated Circuits,* Kap. 2.6.1, Mc Graw Hill, 1988.

[Hof90] K. Hoffmann, *VLSI-Entwurf*, p. 312ff, Oldenbourg-Verlag, 1990.

[Irv62] I. C. Irvin, „Resistivity of Bulk Silicon and of Diffused Layers in Silicon“, Bell Syst. Techn. J., Vol. 41, pp. 387ff, 1962.

[ISE03] Programm zur Simulation der Prozesstechnologie DIOS der Firma *Integrated System Engineering - ISE*, http://www.ise.com/dios.htm, 2003.

[Ker70] W. Kern et al., RCA Rev. 31, p. 187-206, 1970.

[Kuh70] Kuhn, Solid State Electronics 13, p. 873-885, 1970.

[Lan83] J. E. Lang et al., J. Appl. Phys. 54, p. 3612ff, 1983.

[Mey71] J. E. Meyer, "MOS Models and Circuit Simulation", RCA-Review, Vol. 32, 1971.

[Pri87] W. Pribyl et al., Siemens Forschungs- und Entwicklungs-Bericht 16, pp. 253ff, 1987.

[Que86] H. J. Queisser, “Von der Elektronenröhre zur Mikroelektronik”, Siemens Forschungs- und Entwicklungs-Bericht 15, pp. 272ff, 1986.

[Rug84] I. Ruge, *Halbleiter-Technologie*, Halbleiterelektronik-Reihe: Band 4, Springer Verlag, 1984.

[Sah81] C. T. Sah et al., IEEE Transactions on Electron Devices, Vol. 28, p. 304-313, 1981.

[Schu91] G. Schumicki, P. Seegebrecht, *Prozeßtechnologie*, p. 370ff, Springer-Verlag, 1991.

[Sho49] W. Shockley, "The Theory of pn-Junctions in Semiconductors and pn-Junction Transistors", Bell Syst. Techn. J., Vol. 28, p. 435-489, 1949.

[Sho52] W. Shockley, W. T. Read, “Statistics of the Recombination of Holes and Electrons”, Phys. Rev. 87, p. 835, 1952.

[Smi58] F. M. Smits, „Measurement of Sheet Resistivities with the Four-Point-Probe“, Bell Syst. Techn. J., Vol. 37, pp. 711, 1958.

[Smi62] F. M. Smits, „Measurement of Sheet Resistivities with the Four-Point-Probe“, Bell Syst. Tech. J., Vol. 41, pp. 387, 1962.

[SPI03] SPICE wurde in verschiedenen kommerziellen Programmvarianten weiterentwickelt, z. B. PSPICES der Firma Orcad, http://www.orcad.com, 2003.

[SUP03] Programm zur Simulation der Prozesstechnologie SUPREM, siehe z. B. http://www-tcad.stanford.edu, 2003.

[Sze85] S. M. Sze, *Semiconductor Devices, Physics and Technology*, John Wiley Verlag, 1985.

[Tam32] I. Tamm, “Über eine mögliche Art der Elektronenbindung an Kristalloberflächen”, Phys. Zeitschrift der Sowjetunion 1, p. 345ff, 1932.

[Tya83] M. S. Tyagai, R. Van Overstraeten, „Minority Carrier Recombination in Heavily-Doped Silicon“, Solid State Electronics 26, p. 577-597, 1983.

[Uhl55] A. Uhlir, „The Potentials of Infinite Systems of Sources...“, Bell Syst. Techn. J., Vol. 34, pp. 105, 1955.

[Val54] L. B.Valdes, „Resistivity Meassurements on Germanium for Transistors“, Proc. IRE, Vol. 42, pp. 420, 1954.

[Wag99] H.G. Wagemann, A. Schmidt, *Optoelektronische Halbleiterbauelemente*, Teubner, p. 113, 1999.

Index

N

O

P

Teubner

Teubner